SHIMANTO River Present & Future

四万十川の現在と未来
水と生き物の再生に向けて

小松正之 編著
KOMATSU Masayuki

雄山閣

❶佐賀堰　❷四万十町新開橋　❸アオサノリ養殖場
❹津賀ダム　❺中筋川の西南高知中核工業用地排水溝
❻佐竹ファームの生姜畑

『四万十川の現在と未来』に寄せて

一般財団法人　鹿島平和研究所　会長　平泉信之

　鹿島建設勤務という仕事柄かねてから防災に強い関心を抱いていた小職のNBS（Nature-Based Solutions、自然のプロセスや生態系を利用して環境問題や社会的課題に対処する方法）との出会いは、2013年10月にPBS（米国公共放送サービス）が放映した科学番組"NOVA"のエピソードの一つ"Megastorm Aftermath: Investigating Hurricane Sandy（『巨大嵐の余波：ハリケーン・サンディを捜査する』）"だった。そこでは、気候変動に因る海面上昇、降雨量増大、風水害の激甚化に伴い、国土の1/4が海面下のオランダでは、堤防や河口を塞ぐ防潮堰等の「ハードな（コンクリートの）解決法」に加え、アオコの大発生や堆積物の減少といった生態系への悪影響つまり環境問題にも考慮した、河口の砂州や湿地及び砂浜の復元、地下駐車場や公園・運動施設の貯水池としての活用等の「ソフトな解決法」が行われていることが紹介されていた。加えて、米国の東海岸を襲った2012年10月のハリケーン・サンディ後、米国でも導入が検討されていることが報告されていた。

　このDVDを小職が現在会長を務める一般財団法人　鹿島平和研究所の客員研究員（研究会座長）である小松正之博士に紹介したところ、同博士は大変感銘を受け、持ち前の情熱で旧知の米メリーランド州のスミソニアン環境研究所（Smithsonian Environmental Research Center）の研究者であるデニス・ウィガム（Dennis Whigham）博士、更に同博士の理論の実践上のパートナーであるNBSの設計施工会社アンダーウッド＆アソシエイツ（Underwood & Associates）等を動かし、2023年4月には山口壯衆議院議員と鶴保庸介参議院議員等と共にアンダーウッド＆アソシエイツが手掛けたNBSプロジェクトを視察する米国出張を実現させた。その後、2024年4月から鹿島平和研究所で始まった研究会も『天然循環水とNBS』と銘打ったものとなった。

　NBSには水質改善、生態系復元、防災、単年度予算削減といったベネフィットがある。一方、ハードな（コンクリートの）解決法に比べ、プロジェクトの予算規模が小さく予算獲得に介在する国・県・市町村議員にとって選挙時の訴求要因となり難い、国・県・市町村の担当部局にとって予算規模＝権限・人員の縮小を意味する、当初費用は小さいが半永久的に維持管理費が必須であり単年

度主義に馴染まない（基金を設置する等の付加的な手間がかかる）、といった導入に当たっての障害が予想される。

　しかし、国連気候変動枠組条約（COP）や国際サステナビリティ基準審議会（ISSB）基準等の営為にもかかわらず、気候変動は着実に進行しており、今後4年は、気候変動を認識しないトランプ政権、民主主義国家と権威主義国家の対立に伴う経済安全保障的考え方の蔓延による世界経済の非効率化、ロシア周辺及び中東で拡大している戦火によって問題の悪化が懸念される。その結果、日本を襲う風水害も規模・頻度の両面で懸念される状態が続き、高度成長期にそれ以前の気候データに基づいて設計されたインフラでは対応できなくなろう。しかしながら、新設にせよ改修にせよ何処までの気候変動を見越した仕様とするかは難問だろう。更に「2025年問題」がやってくる。団塊の世代が75歳以上の後期高齢者となるのに伴い、医療費や介護費用の急増が予想されいるので、財政的な制約も大きくなろう。

　こうした気候変動問題とインフラを取り巻く情況の中で何より必要とされるものが柔軟性、選択肢の多様化ではなかろうか。NBSの上位概念とも言うべき流域治水と相俟って、「ハードな（コンクリートの）解決法」を補完する選択肢としてNBSを確立することが喫緊の課題ではなかろうか。その観点において、四万十川の分水嶺におけるNBS導入は、日本の環境・防災・財政面での持続的な未来に向けた先駆的な事例となろう。本書が少しでも多くの人の目に触れること、NBS採用の機運が盛り上がること、NBSの事例が積み上がること、NBSが流域治水の一翼を担う存在となること、最終的に「ハードな（コンクリートの）解決法」を補完する選択肢としてNBSが確立されること、を願って止まない。

はじめに

小松正之

　自らの豊かさと便利さを求めて、日本人も人類もどこまで自然からの搾取と自然破壊を続けるのか、多くの人が疑問と懸念をますます嵩じています。
　地球環境の悪化に対しては、地球がその活力のバランスの上に成り立つとの認識を世界中持っていると思いたいのですが、現実には、日本国内も世界もその脆弱なバランスが崩れていることに多いなる懸念を有しています。
　地球温暖化の進行は気候変動ガスの排出が問題であるので、これを大きく削減することすなわち、経済活動を大きく削減し、抑制し、かつ効率化する必要があるとの考えが主流となるべきです。そのことは当然ですが、そうではなく、地球環境の改善、すなわち温暖化ガスの削減に向かうのではなく、温暖化ガスを放出しなければ、何を行っても良いとの認識で気候変動対策ビジネスを起業する企業と事業者がなんと多いことか。
　温室効果ガスの排出が停止しても、鉱山からの土壌流出や熱帯雨林の伐採と温排水により河川と海洋環境・水質の悪化を招いています。

　日本国内でも四万十川が1983年NNK特集で最後の清流ともてはやされました。最近でも木曽川と長良川が清流をPRしていますが、これらの河川は、特に河口部と川底の汚濁は著しいです。このような傾向は日本全国のいたるところの河川と沿岸域でみられます。
　「日本では水に流す」の諺がありますが、汚いものはすべて川を経て海にごみと一緒に流しています。その結果河川と海は汚染されています。

　最近の日本政府と地方自治体の排水処理、廃棄物処理と自然災害に対する水害防災の取組を見ると、排水処理が不十分でも即座に、または塩素（次亜塩素酸）処理をして川と海に流しています。これでは沿岸域の生態系は破壊されます。
　陸上に設置された都市下水処理場、火力発電所と原子力発電所そして製紙工場・製鉄工場も同じです。河川と海に排水を流し込んでいます。
　その結果、河川ではウナギもアユも大幅に減りました。川底と海底の土壌の悪化は目を覆うばかりであり、ほとんどでエビや貝類が生息できない状態です。

はじめに

浮魚とカキ養殖が漁業生産の一部のみを構成するだけになりました。クロダイとエイも餌が足りなくなり、養殖のカキ殻を歯で粉砕し食べています。それほど食べものが環境破壊で減少し、喪失しました。

　ここまでの環境と生態系の悪化は、人間が楽をしたいと思い、化石燃料を使い、大気を汚し、楽に、短期的に食糧を得るために農薬と肥料を過剰に使い、土壌や水質を悪化し、土壌の二酸化炭素を吸収して炭素化する能力を奪っているからです。

　飲料水を求めるダムは水流をせき止めて河川の生態系や土壌・地質を破壊しています。これまでは、利水と治水が目的で、その反作用としての環境破壊と水質の汚染などは気にも留めずに、科学的な解析も全くおろそかでした。

　世界は自然の再生力を活用する NBS: Nature Based Solution を実際の環境修復の現場に使い始めました。使わなくなったダムの破壊、三面張りの農業排水口のあぜ道や灌漑排水路の湿地帯造成による水質浄化と土壌流出の低下、そして直行護岸から生きた海岸線の造成で自然回帰できます。これらは欧米では良く進展していますが、コンクリート工法と土木建築優位な日本ではほとんど注目されていません。これらの NBS の投入を急ぐべきです。

　本書は四万十川の分水嶺を土台として、NBS 導入のモデルの促進を目的として書かれたものです。本書が大いに役立ち日本の真の自然再生のスタートになることを心から期待します。

四万十川の現在と未来　目次

『四万十川の現在と未来』に寄せて……………………………平泉信行……… 1

はじめに………………………………………………………………小松正之……… 3

NBS: Nature Based Solutions　自然力活用の生態系再生
　………………………………………………………………………小松正之……… 7

四万十川の現在と将来—科学調査で見えた四万十川の姿とは—
　………………………………………………………………………小松正之……… 23

四万十川の歴史と風土と人びとの暮らし………………………神田　修……… 59

トンボから見た四万十川の自然……………………………………杉村光俊……… 67

座談会「四万十川の現状と具体的改善策」……………………………………… 77

四万十川調査報告書（2021年度〜2024年度）………………………………… 96

　2021年3月15〜16日　四万十川流域事前調査………………………… 97

　2021年8月1〜3日　四万十川の環境科学調査………………………… 101

　2021年11月7〜10日　四万十川河川環境科学調査…………………… 114

　2021年11月7日　仁淀川河川環境科学調査…………………………… 136

　2022年3月12日　四万十川河川環境科学調査：
　　家地川ダム（佐賀堰）と津賀ダム ……………………………………… 141

　2022年3月13日　四万十川の河川環境調査四万十川下流 …………… 145

　2022年3月13〜14日　四万十川の河川環境調査
　　中筋川、広見川と四万十川・窪川地区 ………………………………… 151

　2022年7月3日　四万十川の河川環境調査
　　四万十川・窪川地区 ……………………………………………………… 160

5

目　次

2022 年 7 月 4 〜 5 日　四万十川の河川環境調査
　四万十川下流域と西土佐地区調査 ……………………………… 165

2022 年 11 月 14 日・16 日　四万十川中流域調査
　津賀ダムと窪川地区 ……………………………………………… 174

2022 年 11 月 14 日・16 日　四万十川下流域調査 ……………… 181

2023 年 2 月 28 日四万十川下流域と 2 月 27 日　窪川地区調査 … 191

2023 年 2 月 27 日〜3 月 1 日　四万十川の環境調査
　津賀ダムと梼原川調査並びに高知県・四国電力の会合記録 …… 200

2023 年 8 月 4 日・5 日　四万十川シンポジウム
　2023 年 8 月 4 日㈮四万十市・5 日㈯四万十町で開催 ………… 208

2023 年 8 月 5 日　公益財団法人トンボと自然を考える会との会合 … 225

2023 年 9 月 12 日　四万十川下流域と西土佐地区の水質環境調査
　トンボ王国訪問を含む …………………………………………… 229

2023 年 9 月 11 日と 13 日
　津賀ダム調査と四万十川窪川地区調査 ………………………… 239

2024 年 1 月 15 日〜17 日
　四万十川中流域窪川地区、佐賀堰の調査 ……………………… 253

2024 年 1 月 16 日　四万十川下流域と黒尊川、西土佐地区広見川、
　奈良川と三間川調査 ……………………………………………… 262

おわりに ……………………………………… 小松正之 ……… 270

NBS: Nature Based Solutions　自然力活用の生態系再生

小松正之

1. NBS は自然力を活用した水質・土壌浄化と生態系回復

　NBS（エヌ・ビー・エス）とは日本人にはほとんど聞きなれない言葉である。私も、2015 年頃から米国の東海岸のチェサピーク湾とスミソニアン環境研究所（SERC）を訪問し、この言葉を知った。2007 年 7 月に、私は「これから食えなくなる魚」（幻冬舎）を執筆した。その時に日本は周辺の漁業資源の管理を全くしてこなかったことが原因で漁業の衰退を招き、更に衰退が進行するとの警鐘を鳴らしたが、残念ながらそのことが全くあたってしまった。しかし、衰退の原因は水産庁による科学に基づく漁業・資源管理の遅れだけではなかった。むしろ主たる原因は公共事業の埋め立てによる湿地帯と干潟の喪失で、動植物の生息域・生物多様性が大きく減少したこと、陸上産業と都市排水処理場からの排水に汚染物質が多く含まれること、基本的に生物を殺傷する塩素系化合物で排水の最終処理をしていることと、火力と原子力発電所からの温排水で沿岸域の水温上昇・温暖化が進み、トリチウムやストロンチウムなどの放射性汚染水で沿岸域が汚染されていることがあげられる。汚染と地球温暖化の問題の解決に有効な対策が NBS であると欧米各国は考えている。

NBS はみどりの事業—日本はコンクリート事業が中心—

　日本では相変わらずコンクリートを多用したダム建設、堤防建設と埋め立てが盛んである。これらは自然破壊につながっている。コンクリートの方が簡便に製造しやすく、そして一事業の規模が大きく材料費が安く、メンテナンスやモニターの費用もかからないからというのが理由であるが、コンクリートでの建設はその場所の自然を失い、また、コンクリート壁面で水流が著しく速くなり、水のなかの汚濁物質の分解が進まず、生態系と水質の悪化につながる。

　NBS は、河川と沿岸域に流入する汚染された排水の処理と浄化の対策として欧米では導入されてきた。自然生態系サービスの力を活用して、バクテリア、微生物や小動物が排水と汚染土壌を浄化する機能である。そして欧米では NBS の導入と施工が年々盛んになってきた。しかし、日本では相変わらず、排水が河川と沿岸域に急速に一時的に大量に流され、川沿いや沿岸の生態系に

物理・化学的に害を及ぼしている。巨大堤防の建設が東日本大震災後に盛んなったように、主たる巨大堤防の目的は防災である。三陸の大船渡と釜石の湾口防波堤は一瞬にして津波で破壊されたが、津波から生命と財産を守ったのかの科学的な再評価もなく、さらに巨大な堤防と湾口防波堤が再び建設された。また津波が来たら破壊されるか、または津波が防波堤を乗り越えるであろうことは、岩手県土木部のシミュレーションの結果でも判明している。

湿地帯は排水と汚水を浄化し、稚魚とプランクトンや植物などの生命を育み、二酸化炭素を吸収し酸素を空気中に放出して糖分（栄養）を体内に蓄積する。

このような自然生態系の力を活用して、自然再生、修復と活用を果たす目的の事業を NBS という。

（1）欧米の NBS

欧米では堤防などで自然の力に抗うのではなく、自然の力を逃がし、自然の力を活用して生態系回復を図るなど、自然との調和を通して防災も期するという考えが 2000 年代に持ち上がった。

このような自然と生態系の力を活用する工法は Nature-Based Solutions（NBS）と言われる。米国政府は NBS とは「生態系を保護し、持続的に管理し、自然または人工改変後の生態系を回復する行動を言い、これによって、社会の課題に挑戦し同時に人々と環境にとっての便益を提供すること」としている。米国政府は科学者グループの推定では「地球温暖化解決目標の三分の一に NBS が貢献する」と述べている（ホワイトハウス NBS のロードマップ）。

欧州委員会は 2013 年から「調査とイノベーション政策」に積極的に取り入れている。英国、オランダ、ドイツとベルギー

写真1　山口壯衆議院議員（起立）及び鶴保庸介参議院議員（山口氏の陰）とホワイトハウス環境諮問委員会（CEQ）のリディア・オランダー部長（右 4 人目）、サラ・ワトリング連邦緊急事態管理庁分析官、ポール・フェリチェッリ同庁気候部長、ステファニー・サンテル環境保護庁気候担当上級アドバイザー、アレクシス・ペロシ住宅都市開発省気候担当上級アドバイザー、キム・ペン海洋大気庁沿岸管理官、ジュリー・ロザティ陸軍工兵司令部技術部長（2023 年 5 月 2 日撮影）

がNBSを導入している、国連は2018年の「世界水の日」を「水のための自然」と名付け、NBSを公式に導入した。

(2) 米国ホワイトハウス環境諮問委員会（CEQ）

米国環境諮問委員会（CEQ）とは米国の大統領府内にあって、連邦政府の環境政策・行政について関係省庁・機関と調整をする役割を持っている。この委員会は国家環境政策法（National Environmental Policy Act/NEPA）に基づき設立されて、各省庁の環境政策の実施状況を監督し、各省庁の政策などの食い違いが生じた場合はレフリーとして行動する。そしてNEPAはCEQに対して各省庁がNEPAを遵守して行動しているかを確認するという環境保護に関して重要な権限を与えている。そして各省庁間のワーキング・グループを通じて大統領のアジェンダ（環境と自然資源政策）を進める役割を有する。

(3) NBSによって気候変動緩和の3分の1を達成

米国内の気候変動の緩和の約3分の1をNBSなどによる自然環境力の活用での二酸化炭素やメタンガスなどの吸収によって達成が可能であり、また、気候変動のリスク軽減策として活用できるため、気候変動対策として大きな可能性があると考え、現在、関係省庁会議を設けNBSの取組を加速させている。

縦割りが一般的な行政組織である日本にとっては、関係省庁を一堂に会して意見と情報の共有を図る場は参考になる。

写真2　リディア・オランダー部長（中央）、隣が筆者、ステファニー・サンテル環境保護庁気候担当上級アドバイザー（右から2人目）、アレクシス・ペロシ住宅都市開発省気候担当上級アドバイザー、キム・ペン海洋大気庁沿岸管理官（右端）（2023年5月2日撮影）

写真3　メリーランド州、スーザン・リー州務長官、前列右から3人目他と（2023年5月2日撮影）

また、バイデン政権は、気候変動対応のインフラに対して連邦政府がNBSを取り込んで大規模な投資を行っている。また、NBSの費用便益分析、NBSの許認可プロセスの効率化、人材開発等の検討も進められている。
　NBSは米国政府にとっては新しい取組ではなく従来から取り組んできたものである。現政権でさらに加速させている。従来は研究的な側面が強く、小規模なプロジェクトだったが、現在は大規模なものになりつつある。

（注）2023年5月2日、山口壯衆議院議員及び鶴保庸介参議院議員と筆者らはホワイトハウス環境諮問委員会（CEQ）を訪問し、同委員会のリディア・オランダー部長ほかと、自然を活用した解決策（Nature-based Solutions：NBS）の普及に向けた意見交換を行った。ホワイトハウス訪問は首相以外では、日本の閣僚でもその機会は少ないので筆者らにとっても大変有意義かつ名誉な機会で、1時間半にわたり会合した。
　また同日、メリーランド州のスーザン・リー州務長官とNBSに関する協力合意を締結した。メリーランド州は、汚濁が進んだチェサピーク湾の水質の改善にいち早く取り組んでおり、NBSの技術レベルが全米でも高い。

2. NBSの事例
（1）序論
　NBSは自然と生態系の力を活用して、防災と汚染された排水などを浄化し、河川、湿地帯と沿岸域の水質の浄化を図り、生物多様性を増大させて、自然環境の改善を図るものである。そのNBSの具体的事例は対象となる自然が破壊され、劣化した環境とその周辺の状況ならびにどのような技術が利用可能かによって、その導入内容が異なる。ここではNBSの具体的事例を米国のチェサピーク湾の水質浄化と向上を目的としたいくつかの例で見ていくこととしたい。
　具体例としては、以下のものがあげられる。
　①ダムと堰の撤去による自然流水と魚類などの回遊促進
　②生きた沿岸線の造成による沿岸生物・生態系の回復と波高による浸食の防止
　③湿地帯と流水路の造成による排水の浄化と植物と動物の増大による水質の　浄化と生物多様性の増加

（2）堰の撤去と自然の流水回復と魚類などの回復
　日本では15メートル以上の堤高があるものをダムと言い、それ以下のもの

を堰という。米国では、堰に相当するものが1956か所撤去されている。大型ダムの撤去もワシントン州のエルワダムなどで実施された。日本でも2018年3月に球磨川水系の荒瀬ダムを撤去した。

米国のニューイングランド地方に無数に存在する堰（小型ダム）は、欧州からの入植者が栽培した小麦を製粉化するための動力として多数つくられたが、現在では放置されている。撤去するにもコストがかかり放置される。河川の魚類の遡上と降下を阻害し流水を止め、アオコの発生と悪臭のもととなっている。これらを撤去し、元の自然環境に戻そうとする動きが活発である。

1956か所の米ダムの撤去

ダムは特定の目的に活用されてきた。しかし、産業構造が変化し、その必要性が無くなっても放置されたものも多い。また、ダムは水力発電、農業用水と飲料水の供給の目的を持つが、一方でマイナス（負）の側面がある。それは、河川の土石や生態系の破壊、魚類の遡上と下降を阻害することである。水と土壌の流れを停滞させ、溶存酸素（DO）が低下し、濁度、COD（化学的酸素要求量）、水質や土壌を悪化させ、ヘドロの堆積物を多くする。米国で1952年以来撤去されたダムは1956か所にのぼる。しかしこれは全ダムの4%にしかすぎない。撤去の20%は日本の国土交通省に相当する米国陸軍工兵隊（US Army Corp of Engineering）によって行なわれた。（資料：American Rivers 2022年2月）バイデン政権はダムの撤去を予算化しており、撤去は増加しよう。米国でのダム撤去で象徴的なものはワシントン州オリンピック半島にあったエルワダムであり、日本のダム撤去で有名なものは熊本県球磨川水系の荒瀬ダムである。日本の堰も

写真4　アンダーウッド社の提供のBishopvilleの撤去前と現在（右）（2022年12月3日著者撮影）

撤去例がいくつかあるという（国土交通省談）。

メリーランド州のビショップビル（Bishopville）の堰撤去

　2014 年に完成し小石の間の水流が緩やかに再生された。以前は特に夏には停滞した堰・池の汚水（鶏糞のにおい）が２キロ先まで到達して悪評であった。それが、水柳（Water willow）などの植物が繁殖し、また、淡水性カブトムシ／ヒラタドロムシ（Water Penny beetle）が再発見された。このカブトムシは極めて水質が良好・清浄なところにしか生息せず、水質判断のバロメーターであるため、生息する場所の水質は清浄となった。

　工事完成後にはメリーランド州の固有種である大西洋白杉（Atlantic White Cedar）が付近に生息するようになった。

堰に代え 5 段の小石・倒木の Weir（間隔のある石積み）を建設

　1860 年に建設された６フィート（約２メートル）の小型ダム（日本基準では堰）を撤去した後、横に間隔を開いて５ヵ所に亘る小型のダムの状態の小石と枯れ木・倒木と石などから構成される Weir（間隔をあけた小石積み）を造り、水流を自然に置き石に当てることにより抑えて、上流の池の水量が保持されるようにした。堰は製粉所（Mill）の水力・動力として以前は活用されたが、現在では必要ではない。しかし、地元の住民からは水が恋しく、祖母が過ごし愛着を持っている、冬のスケートを継続したいなどの要望が多く、池を残した。

（3）生きた沿岸線造成

　沿岸線がコンクリートブロック（Bulkhead）と捨石護岸（Riprap）であると、その前面には魚類・底生生物が生息しないか、著しく減少する（米国 NOAA、スミソニアン環境研究所論文他）。

　これらコンクリートのブロックを撤去して生きた砂浜状の沿岸線へと修復する。自然砂の持ち込みで砂浜を造成し、砂浜の両翼には、小石、砕石と倒木・枯れ木を置き波と更に河川と海中の砂を砂浜に誘導する。砂が次第に砂浜に堆積する。年間に数センチ堆積する（Kyle Point 沿岸）砂浜は高波対策にもなり、その砂浜には、ブルークラブやカブトガニなどが戻った。希少種のテラピン亀の営巣場「生きた砂浜」になった（参考２）。

写真5　Havre de Grace 市の Bulkhead（護岸）（左）と生きた海岸線（中央）、Havre de Grace 市の堤防を撤去した自然な砂浜（右）（2023年5月3日撮影）

NBS の現地視察例：Havre de Grace 市他の生きた砂浜・海岸

●コンクリートではなく自然素材活用

　メリーランド州都アナポリスからセバーン川の北10キロの右岸にあり、高級住宅街でヨットハーバーもあるカイル・ポイントは住宅街の真下のセバーン川に面した西側の崖が崩れ落ち、工事の承認に時間がかかり、工事期間中の9年間に内側の崖が10メートルも崩壊した。また。崖の東側には直立護岸（Bulk Head）があり、波を跳ね返して崖の崩壊を促進している。カイル・ポイントは2012年のウィンディ・ヒルと2018年のアサティーグ（Assateague）の経験を生かし改良された。土砂などで三日月形に造成した土地に、小石と大型自然岩石と倒木などを入れて自然の突端を造る。三日月型の沿岸線を利用し押し寄せる波のエネルギーを抑制しつつ造成した砂浜に向けることで、さらに湾内の浮遊砂を砂浜に堆積させて、砂浜の砂量が増大した。これで浸食により断崖となった沿岸線とその後背地の急斜面の安定を実現した。

　この沿岸線は1,367フィート（約417メートル）で、この中に三日月形の沿岸線が3か所形成された。

　沿岸線を三日月形ではなく直線型の沿岸線にすると、波が直接海岸・砂浜にぶつかり、その力で

写真6　カイル・ポイントは年々砂が溜まる。オーナーのジャネット・クラウソン氏と筆者（2022年12月2日）

砂を運び去り、砂浜が減少する。三日月形砂浜の効用の科学的根拠は経験的（Empirical）に実証・証明する文書がある。岩手県陸前高田市の現在の高田松原砂浜は直線で、震災直後に 3,000 トンを搬入した。(岩手県三陸地区土木センター)。その砂が失われている（2021 年度四万十川調査、大船渡湾・広田湾調査報告書 66 ページ (8)、一般社団法人生態系総合研究所）。

　三日月形の突端をコンクリートにすると波を跳ね返して、形を変えることができない。だが、突端を波の力で移動する小石や砕石、木材などにすれば、石などを置いた場所が自然の潮流に合わない不都合が生じた場合には石が波や潮流によって移動することで、砂浜の両翼の変形が可能になる。自然の状況に応じて破壊されることなく適応するということである。

　カイル・ポイントの土地所有者ジャネット・クラウソン氏は土地の浸食が止まり、景観も良くなり、カブトガニや固有の植物などの多くの生物が戻ってきたとプロジェクトを高く評価した。

生きた沿岸線　Havre de Grace

　Havre de Grace 市は米独立（1776 年）前からの歴史ある街である。名は「優雅な港町」との意味であり、フランスの海峡の街にちなんで命名した。カモ猟でも有名であり、初期の産業はカニとカキの漁業と果樹園栽培であった。その後缶詰などの食品加工のための製造工場が建てられた。

　しかし、工業の衰退とともにチェサピーク湾に面する工場地帯も放置された。2000 年以降は中流と上流階級の住宅建設が進んだ。人口は 12,952 人（2010 年）である。

　放置された湾岸線は、Riprap（捨て石）ないし直立護岸で固められて、沿岸域には動植物もほとんど生息しなかった。また、陸上の都市下水施設から湾内に流れ出る汚染水と道路からの雨水（ストームウォーター）も汚染水のままでチェサピーク湾に流れ込んで、バクテリア、微小生物と小動物による分解浄化作用がなく同湾を汚染した。

州、郡の支援と民間会社の連携

　2022 年 12 月に筆者が訪問した折、市の担当者も数年前からこのままでは良くないので、湾岸線の改善と汚染水対策の必要性を強く考えていたところ NBS の設計／施工会社のアンダーウッド社を知り、州（天然資源局、高速道路局郡）、

ハーフォード郡の資金と市の資金も組み合わせ、生きた沿岸線（Living Shoreline）と取水（ストーム水）が湿地帯を経由する工法によって改善する対策を手掛けることを計画した。

2022年8月に工事の約3分の2は終了したが、残りの3分の1は新たに申請して追加工事とし実施する。

写真7　生きた砂浜に植物を植生中。鹿の食害防止ネット（2023年5月3日撮影）

多額資金をかけ街再生の市長決断

ビル・マーチン（Bill Martin）市長から、「はじめは自分も1,600万ドルの予算規模の地方都市で総工費が1000万ドルのNBS事業ができるのかが不安であったが、部下とアンダーウッド社からの説明に納得した。そこで小規模なプロジェクトからモデル事業として開始、それを市民に説明した。市民の理解も得られて、大型の沿岸線を造成することとした」と説明があった。

浸食を防ぐために設置されたコンクリートの岸壁を撤去し、小石、自然石と倒木で突端・岬と三角形の土地を造成し、生きた沿岸を造成するために砂を入れた。その後チェサピーク湾からの潮流に乗ってもたらされた砂の蓄積が起こった。加えて、地下の排水管を経由し直接排出していた都市下水と汚染雨水は湿地小河川を通過させ汚染物質を浄化後にチェサピーク湾に流出させた。そして湿地小河川は遊歩道として市民が憩う場所となった。

写真8　三面張の水路（左）と水路近くに造成された湿地池（真ん中）、水フクロウの巣とヘビ侵入防止のための金属製傘（右）

（4）湿地帯造成と水質の浄化と生物多様性増

●農地に湿地帯造成　肥料、農薬を浄化

　農地は肥料と農薬が使用され、それらが河川に流れ込み、河川水質の悪化原因の一つとなる。その河川水が海に流れ込むと沿岸域生態系、繁殖と漁業生産にも悪影響を及ぼす。そこで農地に数か所の湿地池を造成し、そこに農地からの排水を流し、通過させ浄化・生化学分解を促し、その後に河川と海域へ流す（参考3）。

　結果、河川と海域の水質の向上につながり、当然漁業にも良き影響となる。

St. Paul Episcopal Church: 水路から直接流れる水を SRC（Stream Restoration Channel　湿地帯水路）により浄化

　プロジェクト前：コンクリート三面張の水路から川に直接水が流れ込んだ。

　プロジェクト後：水路傍に湿地池を造成し、水の流れを緩和し流水したのち河川へ。水フクロウが繁殖するようになり、ヘビとアライグマによる食害から保護するための金属製の傘を設置した。

　農業と畜産業は、過剰肥料、農薬と排泄物が、土壌と河川水と地下水などを汚染するので、国際食糧農業機関（FAO）では農地と畜産業からの水質・土壌汚染の分解・浄化という対策が重点政策として具体的に検討されている。日本の農林水産省でも農薬の使用量の削減と畜産業の排水処理対策を講じることが農政の柱である。これに NBS を活用すべきであることを歴代の末松、枝元と横山および渡邊など農林水産次官にも（一般財団法人）鹿島平和研究所研究会の主査として申し入れている。

　排水の浄化対策を生態系が、バクテリアや微生物の力を借りて二酸化炭素やメタンガスを吸収分解し水と二酸化炭素から糖分と酸素を生成する作用などの生態系サービス力を活用しながら、水質の改善と植物が繰り返し土壌を強固にすることによって土壌流出防止対策を講じようとするのが、NBS の一部である「湿地流路の再生改善」（Regenerative Stream Channel; RSC）である。この取り組みは農地と河川だけでなく、沿岸域の水質と土壌・砂浜の質と量の改善と沿岸域の生物多様性と、魚類資源の増大と養殖生産物への栄養の供給にも貢献する。

　メリーランド州のチェサピーク湾上流の同湾に流れ込む河川への水質改善を取り組む例である聖ポール・ケント聖公会教会脇の農業排水処理用の湿地流水路を、筆者は2度（2022年12月と2023年4月）に亘り視察した。

一部の農地を湿地帯造成用に提供させる

　同地では一部の農地を放棄させて湿地帯を造成した。付近の農地と側溝（Ditch）から流れこむ流入水をため込んで、一部を堰で流水を遅くし、緩い傾斜の流水路を流すことによって、バクテリア、小生物、水生植物と樹木による水分吸収力と二酸化炭素分解力の自然の力を活用して、流入汚染水などを浄化する。

　聖ポール・ケント聖公会教会の脇の本プロジェクトのために農家は進んで農地を提供したが、彼らも農地を環境保護や水質浄化のための提供が、住民や消費者にアピールしたことにより、農家はこれを利益と考えたので、一石二鳥の効果が農業事業者にも生じた。

湿地帯造成による水鳥の回復

　この湿地流水路の池に水フクロウやアオサギ（ブルーヘロン）などの鳥が繁殖し、この農業者は狩猟業も兼業し狩猟業での収入でもプラスとなった。

　水フクロウ用の巣箱が設置され、下に取り付けられた金属製の傘は蛇やアライグマが巣箱の中のひなを食べに上ってくるのを防ぐためである。

3. 目標となる汚染物質の総量規制

　米国東海岸、首都ワシントンの東、メリーランド州とバージニア州にはさまれたチェサピーク湾は面積が1万1603平方キロメートル、瀬戸内海の約半分で東京湾の約8倍、全長は322キロメートルに及ぶ。汽水域が広大である。平均水深は6.4メートル（東京内湾は15メートル）で、流域では約1,800万人（東京湾は3000万人）が暮らし、主要河川150（東京湾は約60河川）が流れ込む。

　チェサピーク湾内にはシマスズキ、バージニカ・カキとブルークラブなどが生息し、総漁獲量は約22万7000トンである（東京湾のピークは約15万トンで現在は2万〜2.5万トン）。

日米で異なる規制手法

　日本は水質汚濁防止法（1970年法律2022年最終改正）と瀬戸内海環境保全特別措置法（1973年法律2022年改正）に基づき、東京湾、伊勢湾と瀬戸内海に総量規制を導入した。他の道府県も総量規制の導入が可能である。

　沿岸域などの水質は都市下水と工場・発電所などの排水で年々悪化（一般

NBS: Nature Based Solutions　自然力活用の生態系再生

図1　チェサピーク湾合意のメンバー：NY・ニューヨーク州、PA・ペンシルベニア州、MD・メリーランド州、DC・ワシントンDC、DE・デラウエア州、WV・ウエスト・バージニア州と VA、バージニア州（資料 EPA）

社団法人生態系総合研究所自然活用の水辺再生プロジェクト2022年度報告書他）しており、最後の清流といわれた四万十川など総量規制の導入が好ましいと考える。

総量規制では、小規模の施設や農畜産業（1日の排水量が 50m³ 以下）と雨水（ストーム水）並びに農地など排出源が特定できないものは対象外であり、規制の抜け穴がある。

東京湾の総量規制は、技術的な達成可能性（許容限度）から設定し、環境・水質の回復目標から定めた米国のチェサピーク湾とは異なる。

92カ所の規制排出量を設定

米国は高度経済成長に伴い1970年代から野生生物などの減少が問題となり、1980年代には、汚染物質の流入で湾水質が悪化し、生物多様性が減少した。

そこで1983年にチェサピーク湾合意書にバージニア州、メリーランド州、ペンシルバニア州とワシントンDCが署名した。汚染への対応の協力の執行委員会が形成された。

1987年には、湾流入の窒素とリン酸を2000年までに40%削減することで合意した。2000年に「2000チェサピーク合意」に合意し、上流のニューヨーク州、デラウエア州とウェストバージニア州（同州は2002年）が加わった。

2009年にはオバマ大統領が大統領令を発して、2年ごと（2年毎のマイルストーン）に達成状況を迅速かつ短期間に検証する事を義務付けた。

2010年には総量規制である TMDL(Total Maximum Daily Load: 総最大日別排出量)を設定した。これは連邦政府環境保護庁（EPA）が定める汚染物質総量の規制であり、湾に流入する汚染物質・栄養源と土壌量を規制した。湾水質ゴールを満たすことを目的とした。この TMDL は92か所の分水嶺（Watershed）毎に定めた。州政府には、分水嶺毎の TMDL を見守り指導する役割が課せられた。

生態系の保護状況を住民と共有

この合意で後に加入した州にも完全なパートナーシップが認められた。2025

年までに決められたTMDLの達成を明確にした。モニターと評価の強化が盛り込まれた。

目標は、2009年レベルから窒素を39%、7,200万ポンド削減、リン酸を49%の480万ポンド削減、土壌は100%の削減が定められ、2025年までの目標達成が決定された。

EPAは他の連邦政府機関と州政府と市など地方自治体を調整し水質と生物資源の向上に努めること、TMDLを分水嶺毎に計画と2年毎にチェックすること、チェサピーク湾の分水嶺の生態系の回復と保護状況について住民他に情報提供し、対話を促進する。

NBS実施母体　陸軍工兵隊（USACE）

我が国の河川、海岸と道路建設などの公共事業は国土交通省（旧建設省）が担う。米国の土木工事は陸軍工兵隊（USACE）が担う。国土交通省は長良川河口堰が完成して運用を開始した1995年から2年後の1997年（平成9年）に河川法を改正し、その目的に「環境」を明記した。また、流域治水が導入されたが、自然活用による防災、治水そして自然と環境との調和を図る取り組みはまだまだこれからである。

克服するべき課題

「USACEの現在の課題は、数十億に及ぶ経済的、環境的かつ社会的価値の損失への対応である。そのために、公共事業、そのパートナーもNBS増大の期待に応える必要がある。NBSの導入と実施には頑健な科学、道具（ツール）と技術のガイダンスが必要で各省、部門を超えた共同作業が必要である。2035年までに、NBS事業を100億ドル（1兆5000万円）とすること。USACEが持続可能な21世紀のインフラとして整備すること。環境と土木エンジニアリングの対立を削減すること」であると語った（陸軍工兵隊（USACE）のジュリー・ロザティ技術部長）。

写真9　スミソニアン環境研究所と筆者
（2023年5月1日）

グレープロジェクトから NBS の変化

1990年代後半、カリフォルニア州のサンフランシスコ湾に注ぐ「ナパ渓谷」では度重なる洪水に対して、USACE は当初河川の堤防のかさ上げと暗渠での市街地を通す地下水流を提案した。

しかし、「生きた川」を強く提唱する市民と NGO 並びに市機関の湿地帯があり魚が泳げる川にしたい、そのためには既存の建物を移動するとの提案に、USACE も協議の結果 NBS を入れ込んだ工事に変更しその結果「ナパ渓谷」は全米と世界から注目された都市となった。

スミソニアン環境研究所（SERC）の自然工法による水辺再生

2022年6月、デニス・ウィグハム博士の訪日に同行したアンダーウッド社は自然工法を活用した水辺再生に数々の具体的な経験と実績を有する。ダムを撤去して、地元産の倒木、小石、残土と樹木を活用した段差のある水路の造成、排水処理場からの汚染水や農地の排水は湿地帯を通して通過し浄化したのち河川への流出、垂直のコンクリートの堤防を破壊し傾斜をつけた砂浜を造成して、親水性の海岸造成と維持などである。

防災上 NBS は脆弱との懸念への答えは明確に提示できる。津波で壊れた堤防と湾口防波堤のごとく自然に対抗し、自然の力を封じ込めるのではなく、力を逃がすのである。津波のケースでは、ある程度の高さの津波（5～6メートル）までは人工構造堤と土嚢で対応できるが、2011年3月におそった15.5メートルの津波のような高さのものへの対応は、人工堤防では明らかに不可能である。従って、高台移転と避難道を造る。河川では氾濫原を設け、湿地帯・緩衝帯を造る。

陸前高田市の12.5メートルの設置場所はいったい何が目的であったのか。中途半端な妥協の産物であった。

川の守りびとのリバーキーパー

●漁業者団体から発展

リバーキーパーはエジソン社のダム建設に反対したニューヨーク州のハドソン川の漁業者が源である。ハドソン川はニューヨーク市マンハッタンも流れる。1966年に創設されたハドソン川の漁業者協会がもとで、1986年にリバーキーパーに変更

写真10　ハドソン川を望む
（2023年5月8日、筆者撮影）

し、1999年上部団体「ウオーター・キーパー」を結成している。2019年12月現在、46か国で350組織がメンバーである。組織の目的は、①水質を守り、②気候変動と闘いながらエネルギーの安全性を確保する。原子力と水力発電には反対である。

ハドソン川のダム計画中止

　エジソン社は、ハドソン川中流に大型のダムと発電施設建設を計画した。これに住民、漁民（後のハドソン川リバーキーパー）などが反対運動を組織し「景観ハドソン保存会議」を作った。

　連邦電力委員会は建設許可を与えたが、1965年に景観ハドソン保存会議や周辺自治体などがその許可に反対する裁判を起こした。

　その後、同社は計画を修正し、原告の保存会議は修正計画もシマスズキに悪影響を及ぼすとの主張を展開した。

　1970年3月連邦電力委員会は修正計画を再度承認し、保存会議とニューヨーク市は上告した。最終的にエジソン社は経済的に合わないとの理由で計画を断念した。

4. 日本にもNBSが導入できるか

　世界はNBSを導入して、自然の活力を理解して、汚れた水質や失われた生態系や動植物そして漁業生産量を取り戻し回復させている。また最近では台湾や韓国と中国にもNBSの導入例がみられる。日本のみがひとり遅れている。

　そして、河川や沿岸域は汚染されて、良好な環境に依存する農林水産業も高齢化と相まって衰退を加速させている。

　しかし、一般社団法人生態系総合研究所の2021年5月から4年間の四万十川流域での取り組みもあり、現地の地方自治体と農業者と漁業者の理解と協力ができあがりつつあり、農地での湿地帯造成や堰の一部ないし全体の撤去による水質環境の改善などに動き出した。

　2024年8月には、日米のNBS専門事業者が四万十川流域を現地調査して、NBS実施候補地をいくつか選定した。これらを2025年3月に四万十市と四万十町で開催する四万十川NBS国際シンポジウムで、日米の科学者から市民・町民の方々に具体的なNBSの導入候補例として提案する予定である。これが日本でのNBSの最初の事例となることを期待し、かつこれをモデルとしてNBSが全国に広がることを切に期待している。

四万十川の現在と将来 ―科学調査で見えた四万十川の姿とは―

小松正之

第1節　2021年四万十川科学調査の開始

　四万十川の汚濁・汚染は、2000年頃から年々進行している。2021年8月からの調査の結果では、2021年から2024年までの3か年でも水質の悪化の傾向が止まらない。人間や生物の活動が活発で水質が悪くなる傾向の夏だけでなく水質が良好な冬も悪くなった。

　その象徴として、四万十川を含むウナギ、シラスと鮎ほか高知県の漁業生産量が1970年代から1980年代半ばのピーク時の3％に減少した。

　四万十川の下流域（竹島川、後川と中筋川）そして窪川の中流域でも水質の悪化が計測された。後川の中央排水処理場からの排水が急激に悪化した。

　四万十川下流域のアオサノリ養殖高が1984年に45.7トンであった。しかし2022年からゼロとなった。これは、国営農業地から流れる水質汚染が原因であるとみられる。

　四万十川の汚染原因は、
　①流水域全体からの農業排水の四万十川水系への流入
　②四万十市中央排水処理場排水・高知南西中核工業団地の工業排水の浄化対策・能力の不足
　③至る所での公共事業：自然を改変したコンクリートの工事
　④津賀ダム、佐賀堰、奈良川と仁井田川橋堰による水質と水流の悪化と土壌の堆積
　⑤森林伐採
とほぼ断定される。

　四万十川の水質と環境は今後も悪化がさらに進行すると思われる。従って改善の明確な目標と具体的な行動計画の設定（現状に手を加えて水質と環境をどこまで戻すのか）と、そのために必要となる方法と手段を明確にすることが必要である。

はじめに

　四万十川は、東津野村の不入山（1,336メートル）に源流を発し流程は196キロメートルで南下した後、東から西に蛇行してさらに南下する。（図1）また、

図1 四万十川の流域（資料：四万十川財団）

支流の梼原川も本流と同じ長さを持つが梼原町に源流地点がある。

　四万十川は、日本では有数の清流として1980年代からもてはやされた。しかし、四万十川を知る地元の漁業関係者は、四万十川は2000年頃から特に汚くなったと口をそろえた。四万十川条例が1990年代に高知県と四万十川流域の市町村で、連続して採択された。そして、旧中村市と旧窪川町などは町名を四万十を冠するものに変更して、そのネームバリューに頼ったが、それが実体の伴わないものであるとの現実は地元の人々が最もよく理解していた。

四万十川と土佐湾から魚（イオ）が消える

　私の高知県在住の知人でカツオ漁業を営んでいる漁業者から、土佐湾の水が汚くなり魚（イオ）が寄り付かなくなった。このままでは人類は魚（イオ）を食べられなくなる。その原因は陸上の川から汚い農薬と人間が汚染した汚水が海に流れ込んでくるからでないかとの話を何度も聞かされた。また、高知県の研究者と漁業の関係の多くの方々からは2000年頃から目に見えて、四万十川が汚くなった。四万十川の氾濫後の土砂での汚濁からの回復力が無くなったとの話をよく聞かされた。そして、彼らはその原因を客観的に知りたいという。四万十川の地元民は川が汚くなった。水量が少なく水質が悪くなったといってもそのことを客観的に知るすべを持たなかった。県庁には膨大なデータがあったが、四万十川の水質と環境の情報変化を読み取るデータとしては使いこなしていなかった。また私もデータを見たがデータの継続性に難点があった。また、継続して取られたデータがないか、あるいは少なかった。また、県庁や市役所と町役場の問題点は2〜3年で担当が変わると、その後継者は前任者がやったことが、わからない。やりたがらないのである。これは日本全体の問題でもある。また、全国どこでも最も汚れているのは、汚濁物質が蓄積する川底やダム底の底質である。それらの計測をしていないのである。それでは、川や海や湖が汚れていることに気づかない。

小松正之

このようなことから結果的に四万十川の水質と環境の変化を読み取ることができる科学的なデータが無かったのである。そこで私たちの一般社団法人生態系総合研究所の出番となった。これに協力してくれたのが㈱高知銀行である。高知銀行は高知県の第一次産業の振興に力点を置いていた銀行であり、四万十川の科

写真1　2021年3月四万十川にかかる旧中村市街の赤鉄橋　一見清流に見える。

学的の調査の意味合いを根本的に理解し、これに協力体制を敷いてくれたことにより、2021年3月から調査活動が実施できることとなった。この体制に四万十川漁業協同組合連合会とその下部漁協とが協力した。また、佐賀堰と津賀ダムの調査に四国電力が協力した。

2021年から私たち一般社団法人生態系総合研究所が四万十川の水質・環境調査を実施して、四万十川の汚れがひどいことに気づくと、四万十の人々は、その現実を、それほどの時間を必要とせずに受け入れた。

高度経済成長で日本の河川が劣化

なぜ私が四万十川の調査を開始するようになったかというとそれは、日本の海が汚くなり、生産力が無くなったのが、陸地の活動と川からの本来あるべき姿が変化していて、栄養が陸地と川から流れてこなくなった、むしろ害になる物資が流れ出るようになったせいであると考えたからだ。そして最初に手がけた私の生まれ故郷の岩手県陸前高田市広田町にある広田湾と気仙川との関係であった。近隣の大船渡湾と盛川を調べた、そして、サクラエビの不漁の原因を探るため富士川と駿河湾を調べた。万石浦の変化を見るため北上川と仙台湾（石巻湾）も調査した。

これらの地域ではどこでも平常時の川の水量が大幅に減少し、漁業生産量は大幅に減少した。気仙川でも50年前までは川だけの漁業で生活できたのが、現在では、漁獲量が日本全体でも最盛期の20%にまで減少した。多くの河川

ではさらに減少している。四万十川を含む高知県の内水面（河川と湖沼）ではピーク時の3％にまで減少しもはや生物学的には死を意味している。

河川では、漁業がおこなわれ、河川を活用した水運があった。これは運航をダムや堰などの工作物のように遮るものがなく、また、余分な治水と利水が行われずに水量が多かったためである。しかし現在では、水量が少なく、時には干上がり、土砂の流出が多く、ダムや堰で水流が堰き止められる。そうすると水の流れがよどむし、魚類や水生生物が海から川へ、川から海へと回遊・降下することにも支障が生じてしまった。ウナギ、アユ、サクラマスとサツキマスなどが自由に河川と海を行き来して、源流までたどり着き、これらは海で得た栄誉を河川にもたらしていた。そこから、これらを捕食して糞尿を排泄する熊と鳥などにより樹木にも栄養がもたらされたが、ダムと堰ができ、これらの魚類も途中で死滅しこれらのサイクルが断絶した。河川と海との生態系の断絶である。

産業優先の高度経済成長と私たちが失ったもの

四万十川が最後の清流であったなら、日本の他の河川は汚い。本州の利根川と信濃川、四国の吉野川、北海道の石狩川と九州の筑後川なども汚染が進んだ。

日本は、エネルギー（特に石油）の不足で、第2次世界大戦では、インドネシアの油田地帯を狙って南方への進出を果たそうとした。しかし、そこも日本が必要とする十分なエネルギーが無かったのである。中東の油田地帯かカスピ海付近の油田地帯に頼るしかなかった。

しかし、戦後は、石油の輸入に頼りつつも国内でもエネルギーをもとめる政策に大転換する。それは水力発電であった。1952年に電源開発促進法が成立し、我が国の電気の供給を増加し、産業の振興に貢献することを目的とした。各所に大型のダムが建設された。その典型が黒部川ダム。奥只見川、北上川と熊野川水系のダムであった。これらのダムは戦後の高度経済成長を支える日本の復興のシンボルであり、日本の世界に伍する経済力と技術力を示した。この法律では電力の調達以外の観点は考慮されなかった。すなわち、自然環境を保護し、漁業生産を維持し、河川舟運の生活の糧とすることは無視された。従って、電力供給と利水および防災以外の考慮はダムにはないといっても過言ではない。

また、1958年6月の東京都の江戸川の本州製紙江戸川工場からの排水による汚染が知られる。これらの事件がもとで水質規制法と工場排水規制法の旧水

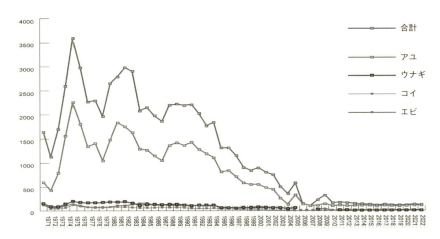

図2 高知県の内水面の漁業生産量（資料：高知県）

質2法が成立する。その後水質汚濁防止法が成立したが、それらの規制は未だに産業界寄りで、真に環境と生態系の保護と保全に配慮したものからは程遠い。

そのために何が犠牲になったかというと、水質汚染、内水面・河川漁業の大幅減少と自然生態系の破壊であった。特に内水面の漁業生産量を見ると、漁業生産のピーク時の16.6％にまで減少した。

日本の河川から消えたウナギ、サクラマスとアユ

ところで四万十川はかつて天然の魚類や甲殻類も豊富な自然が豊かな河川であった。アユやウナギ、川えびとゴリが豊富で、青のりとアオサノリ（養殖他）も多く獲れた。付近は森林で覆われ、林業と農業が盛んであった。しかしウナギに至ってはわずか、2.9％に減少した。ウナギとアユは海と河川の間を遡上型であり、降下型であり、かつ、河川では餌と隠れ家を必要とし、河川の生態系の破壊が敏感に響く魚種であるので、この2.9％までの減少が物語る河川の底質と砂礫の環境の変化は著しくマイナスであった。

四万十川流域の漁業者、住民やNGOは2000年頃から急激に四万十川の水質と環境の悪化がみられると言い、実際に魚類や手長えびなどの甲殻類と良質の水を好む水生昆虫のトンボ並びに青のり・アオサノリの生産量が大きく減少した。その結果、現在のアユやウナギの漁業生産量はピーク時の3％となり、アオサノリの養殖生産量は1984年には45.7トンあったが2020年では年は4

トンで、2021年はわずか1.2トンに減少した。2022年と2023年はその生産量はゼロとなった。これの原因は、養殖場に流入する水質の悪化が主たる原因であると考えられる。特に国営農場からの排水が流れ込む下田養殖場で、水質の悪化を示す濁度（FTU）と溶存酸素量（DO）の悪化が著しい。

天然記念物ニホンカワウソが絶滅

四万十川は天然記念物のニホンカワウソの生息地であった。毛皮を目的とした狩猟の対象になり、その後は中筋川などのダム建設の開発行為により、生息地が狭められ、えさ生物である魚類などが激減し、ニホンカワウソ自体も昭和30年代に絶滅をしてしまった。このころから四万十川の環境保全対策が必要であった。

また、四万十川は、たびたび水害に襲われ、その水害の防止のために河川工事を行い、その結果、河川流域の自然の湿地帯の喪失、蛇行河川の直進化や河岸の三面張りの拡張など、自然の生態系と生態系が生み出す酸素量と光合成による糖質生産などの生産力を喪失した。

また、稲作農家、生姜農家と畜産農家などの農業排水が四万十川に流入し、四万十川環境悪化の大きな原因の一つである。このことは、下流域漁業協同組合、四万十川漁業協同組合連合会並びに四万十町にあるNGOなどからも表明された。

ダムがある四万十川

梼原川には1940年に建設された堤高が45.5メートルで堤頂長が145メートルの津賀ダムがあり、これが四万十川水系では最も大きなダムである。本流の四万十町の家地川との合流点には佐賀堰（通称「家地川ダム」）があり、これは堤高が8メートルで堤頂長が112.5メートルとダムの定義である堤高18メートルに達しないが、発電と利水を行っておりダムであることには変わらない。よく地元の方々も四万十川にはダムがないとの言い方をするが、正確には適切な表現ではない。それで、環境保全を行っているという言い訳に聞こえるが、実際はダムに等しい水流を妨げる佐賀堰があり、また、梼原川という本流と同様の長さの支流に建設された津賀ダムからは四万十川の本流に発電後の使用水が放流される。この水量が貧酸素状態のダム堰湖の水を放流し、魚類と貝類の生息に悪影響があると漁業者と住民から非難される。

水害と治水

　江戸時代から後川や中筋川などの河川が氾濫し、旧中村市などが何度も水害に見舞われた。このために河岸工事やダムの建設が盛んに行われた。しかし、これらの工事はほとんど環境の保全と水質の浄化と維持に、適切な配慮がなされている形跡は見られない。

　しかし、国土交通省の中村河川国道事務所では配慮しようとする意欲は見られるが、基本的に対策がコンクリート活用の土木事業であり、生物・生態系の保全対策も生物の視点ではなく、結局は土木事業として実施されているので、結果的に漁業生産の増大などには貢献しておらず、下流域の漁業者など漁業者からはむしろ余計なことであると指摘されている。

四万十川 ―期待と幻想―

　1983年に「NHK特集　土佐・四万十川～清流と魚と人～」で「最後の清流」として放送され四万十川は一躍脚光を浴びた。

　多くの観光客が訪れた。しかし、観光地としての受け入れが十分でなく、マイカーなどで訪れる観光客が落とすごみの増加や観光地の整備などに対応できない問題が生じた。

　四万十川の観光地としての人気の上昇と観光需要の増大や農業や開発・振興から環境の劣化への対策を求められて高知県は、橋本大二郎知事のイニシアチブで「高知県四万十川の保全及び流域の振興に関する基本条例」（略称：四万十川条例）を2001年（平成13年）に制定した。「水量が豊かで清流が保たれる、天然の水生植物が豊富に生息していること、天然林と人工林が連なり、人工林が適切に管理されていることなど」が記述されている。しかしながら、本条例には拘束力がなく、また明確な環境保護の目標も提示できなかったことから、本条例が四万十川の水質・環境の保護に貢献しないばかりか、却って、幻想を与えたのではとこの疑問を呈する者も多い。

第2節　科学調査の結果

1. 調査の目的：河川の水質と環境把握

　四万十川の河川環境の悪化には①護岸の工事による自然の回復力並びに、土地力の低下、土砂の流入と浮遊②生姜農業の殺菌剤など農業排水の流入③処理不足の工業排水と都市排水の入流があげられる。しかし、このほかにも④ダム

と堰による水流の堤体を水質の悪化⑤森林の伐採が進み、裸山が放置され手入れを怠って、土壌や樹木幹・樹葉の保水力の劣化が進行、土砂が河川に流入していることが原因としてあげられる。

<u>本科学調査では、河川環境の状態を科学的指標で客観的に表示すること、計測数字の意味を提供すること、環境の悪化の原因を解明し推定している。</u>

2. 調査体制と調査項目

(1) 調査体制

調査は、一般社団法人生態系総合研究所代表理事小松正之農学博士が調査リーダーとなり、同所の阿佐谷仁が調査助手を務める。高知銀行本店が支援した。また、調査の船舶は、四万十川下流域（河口から赤鉄橋まで）では四万十川下流漁協（山崎明洋組合長〈当時〉）の川船（船内エンジン、長さ23フィートで幅が5フィート）で、山崎清実理事と山崎明洋前組合長の両名が、参加・支援した。その他の場所では、陸地から観測機器を水中に投入し計測した。また、津賀ダムと佐賀堰では四国電力が小型作業船を提供したので、これに乗船し計測を実施した。

(2) 調査地点

①河口域土佐湾、竹島川下田地区、津蔵淵河口の四万十川左岸、中筋川河口付近、四万十川本流の後川合流地点、赤鉄橋までの四万十川本流②四万十川の中流域の旧窪川町内の仁井田川、吉見川と四万十川本流。③その後、黒尊川と広見川水系（奈良川と三間川）を対象とした。

また、梼原川の津賀ダムと佐渡ダムと中平ダム並びに四万十川本流の佐賀堰も調査対象とした。これらを繰り返し観測した。

(3) 調査項目

流向と流速、クロロフィル量、濁度、水温、塩分、水深などである。

(4) 使用機器

① AAQ-RINKO AAQ170 を使用した。水温、塩分、クロロフィル量、濁度と溶存酸素量を計測し、D-10総合水質計用ハンディターミナルで瞬時に表示した。後刻データはパソコンに取り込んだ。

②小型メモリー流速計 INFINITY-EM AEM − USB を使用した。

③下船渡地区のカキ養殖いかだ（地点⑮）に連続水温計 DEFI-1F 長期間計測用に設置した。

(注)濁度 FTU は清浄水の場合は 0.3FTU である。従って 1.0 を超えると清浄水の 3.3 倍の濁度であり、濁りが進行している。条件基準値は JIS 規格で似たような計測値を示す COD を参考にすると 2FTU（COD の場合は 2mg／ℓ）である。

(注) 溶存酸素（DO）は％で表示した。mg／ℓ で表示する方法もある。通常 10mg／ℓ の酸素濃度が 100％である。これらの総存量は水温と深度（水圧）と他の物質の溶解度（塩分など）によって変動する。一般に、適切な溶存酸素（DO）は人体の場合、酸素吸入が必要とされるケースは 93％（コロナウィルス感染症が悪化し、酸素不足で ECMO の使用が必要な場合）といわれた。従って 80％台では酸素が少ないと、本調査ではみなしている。適切な溶存酸素（DO）については、科学的論文で、例が示されているが、まちまちである。

第 3 節　2021 〜 24 年の科学調査の結果
1. 四万十川下流域と中流域：窪川地区

表 1 からは、竹島川、中筋川と後川の 3 地点のすべてで、2021 年から 2023 年の夏の期間での濁度（FTU）の悪化が著しく高いことがわかる。特にアオサノリの養殖を実施している竹島川では 543 倍にまで、濁度が急に上昇していることである。そして 2021 年にはわずか 1.2 トンとはいえ生産されていたアオサノリが、2022 年と 2023 年には生産量ゼロになってしまった。

下流域の水質が悪化の度合いについて 2021 年 8 月 2 日と 2023 年 9 月 12 日について比較した。（2022 年 7 月 12 日に関しては、台風の直後で竹島川での調査が実施できなかった。）

図 3 と 4 から、竹島川のアオサノリ養殖場、中筋川と四万十の合流点と後川と四万十の合流点の 3 か所を選択してその地点での 3 か年（2 年後の夏）の比較を試みたところ竹島川のアオ

表 1　下流域の濁度比較
（2021 年 8 月 2 日と 2023 年 9 月 12 日）

	竹島川	中筋川	後川
2021 年 8 月 2 日	1.8	1.2	1.7
2023 年 9 月 12 日	976.8	22.6	2.8
2023 年／ 2021 年	543 倍	18.8 倍	1.6 倍

単位（FTU）

表 2　溶存酸素（DO）の比較
（2021 年 8 月 2 日と 2023 年 9 月 12 日）

	竹島川	中筋川	後川
2021 年 8 月 2 日	82	74	89
2023 年 9 月 12 日	38.9	87.4	97.1
2023 年／ 2021 年	47	118	109

単位（％）

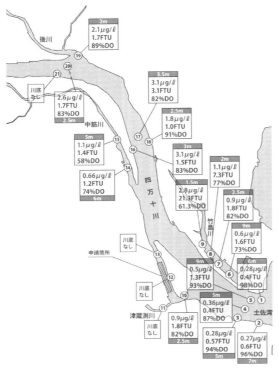

図3　2021年8月2日四万十川調査
（海・川底のクロロフィル、濁度、溶存酸素）

サノリの養殖場の水質の悪化が他に比較して著しく悪化している（表1・2を参照）。濁度は543倍の976.8FTUで、これでは生物が生存できる環境とはいいがたい。また溶存酸素（DO）も82％から38.9％まで大幅に低下した。極めて悪化した貧酸素水塊である。2024年も含め最近3か年はアオサノリの収穫量はゼロであるが、水質の悪化が著しいことが原因である。また、中筋川では濁度は1.2FTUから22.6FTUに上昇した。18.8倍である。これも、水質の悪化である。しかしここでは溶存酸素は74％から87.4％に18％改善した

がそれでも酸素が少ない状態であることは変わりない。後川は濁度は1.6倍の1.7FTUから2.8FTUとなったが、一方で溶存酸素は89%から、97.1%と問題のない量まで回復した。

竹島川、中筋川と後川での水量減少

　これらの水質の比較の作業中に、気づいたことは、計測水深の変化である。水深は川底を計測している。2021年8月2日の竹島川のアオサノリ養殖場の水深は2.5メートルであったが、2023年9月12日では僅か1.4メートルであった。1.1メートルも水位が減少している。これは、干満の差を考慮に入れる必要がある。2021年8月2日の午前7時03分に82センチ、午前10時頃は基準水位から110センチであると推定される。2023年9月12日は満潮が午前4時09

分（水位は 171 センチ）で干潮
は 10 時 53 分（水位は 52 センチ）
である。従って、竹島川の
計測は 11 時過ぎであり、基
準水位から 60 センチ程度と
推定する。すると 110 セン
チから 60 センチを引くと
50 センチの差がある。しか
し、実際は 1.1 メートルで
あったのでこの差の 50 セン
チは水量の低下とみること
も可能である。特に中筋川
では 6 メートルが 0.8 メー
トルに減少している。渡川
大橋の付近では 5 メートル
が 1.7 メートルに減少して
いる。5.2 メートルと 3.3 メー
トルのこの差は潮汐の差で

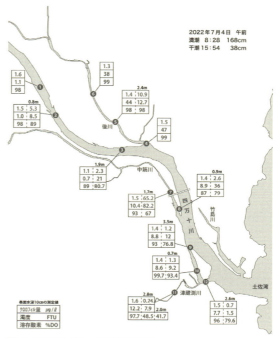

図4　9月12日の四万十川下流域での
　　　クロロフィル量、濁度、溶存酸素

説明がつく 50 センチの差をはるかにしのいでいる。後川では水深 2 メートル
あったが、2023 年 9 月 12 日はほぼ水深が無かった。

　この計算では場所にもよるが竹島川で 60 センチ、中筋川で 3.3 〜 5.2 メー
トルそして後川では 2 メートルに相当する水量が減少している可能性がある。水
量の計算は 365 日にわたって実施が必要であるが、今回の計算では、水量の減
少を示唆する。

2. 中流域：窪川地区の水質・環境の悪化

　窪川地区ではすべての河川（仁井田川、見附川〈吉見川〉）と四万十川の本流の
いずれも、2022 年 7 月 3 日の台風 4 号の襲来の時を除いては、通常は水量が
乏しく、その結果、流れも停滞し濁り、水質が悪化している。渇水は近年継続
して生じており、計測値からは四万十川の中流域の水質と環境は年々悪化して
いるように類推される。

　四万十川の本流の太井野橋は総体的な水質の悪化が、支流の仁井田川と吉見

表3　2021-24年の窪川地区の濁度（FTU）の推移

	仁井田川橋	吉見川橋	新開橋	大井野橋
2021年11月10日	2.7	2.4	-	1.0
2022年3月14日	8.2	1.1	1.2	1.5
2022年7月3日 （台風9号）	88.9	78.7	86.9	21.9
2022年11月16日	6.1	2.3	5.8	0.4
2023年2月27日	3.7	20.8	1.4	1.3
2023年9月13日	(137.7) 着底 2.9	3.7	2.7	1.3
2024年1月17日 （渇水状態）	4.0	50.2	2.9	6.1

資料：一般社団法人生態系総合研究所

川（見附川）に比べればまだ、ましではあるが2024年1月17日の渇水時における濁度はこれまでになく高かった。

　ところで最も水質が悪いのは仁井田川である。ここには橋梁の真下に堰があり、この堰が渇水時には、水流を停滞させる要因となっていることが明らかである。仁井田川ので濁度の計測値は他の計測地点（吉見川橋と新開橋）に比べて高い傾向がある。また、吉見川橋は渇水時には、水量も少なくなるので新開橋に比べても濁度は著しく高くなる（2023年2月27日と2024年1月17日　表3を参照）。

　しかし、増水が仁井田川と吉見川の水質の良い影響を与えているかというと、むしろ更に悪い影響を及ぼしている。2022年7月3日の台風4号の襲来時には濁度がすべての計測地点で極端に増加した。70〜90FTU；表3を参照）増水時には本流の大野井橋でも21.9FTUとなっており、通常は0.4〜1.5FTUであることから見て、支流と本流共に、増水による土砂が四万十川に流入していることをこのデータが示しているとみられる。仁井田川橋の堰は今となっては誰が何の目的で設置したのかが不明であり、かつ、現在は誰も使用していない。撤去することで少しでも四万十川水系の水質の向上に繋がる。

3. 中央排水処理場と高知南西工業団地の排水

　四万十市（旧中村市）の排水処理の事情は数十年前の垂れ流し状態に比べれば大幅な改善という市民が多いが、そのような言動は四万十川の水質改善には何も役に立たない。また、赤鉄橋の付近でも水が本当にきれいだったとか、今では下流域で漁獲されたウナギと鮎は臭いので食べたくないと地元の人々は語る。

　後川にそそぐ中央排水処理場の排水口では2021年から毎回水質調査を実施

している。排水口はいつでも塩素系化合物の強烈なにおいがする。この臭いは、調査を実施する調査員全員が感知している。中央排水施設では放水の直前に2200トン／日に対して1.5キロの無機塩素剤「ナンカイスタークロンPT」（商品名・ナンカイ科学）を投入して殺菌している。これが放水口での塩素系の異臭の元である。

過去3年間で中央排水口の排水の濁度が年年悪化している。溶存酸素は特段に悪化しておらずむしろ100％の前後で安定している。これは表面の水深が浅い場所の計測であり酸素に触れるからである。

濁度は清浄水では0.3FTUである。2FTUを超えると水質は悪化していると判断される。

2021年11月8日には2.6FTUであったものが、2022年7月4日と11月5日も10以上のFTUを記録した。次第に上昇し、2023年2月28日は冬であり、汚染が進行していなかったとみられ、2.6FTU（清浄水の0.3FTUとの

写真2　中央排水処理場の排水口付近の後川
　　　塩素化合物の臭いがする（2024年1月16日著者撮影）

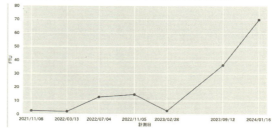

図5　後川・中央排水処理場の排水口の濁度

表4　後川・中央排水処理場の排水口の水質

2021年 8月2日	2021年 11月8日	2022年 3月13日	2022年 7月4日	2022年 11月5日	2023年 2月28日	2023年 9月12日	2024年 1月16日
濁度（FTU）							
計測せず	2.6 FTU 水位 0m	2.1 FTU 水位 0m	12.7 FTU 水位 2.4m	14.6 FTU 水位 0.6m	2.6 FTU 水位 0m	36.3 FTU 水位 1.5m	69.9 FTU 水位 1.7m
溶存酸素（DO）							
計測せず	89.8%	97.9%	98%	104.8%	95.4%	98.8%	109.7%

比較では約9倍高い値である)。2023年9月12日からは急速に上昇した。そして2024年1月16日には冬の水質が良い状態であるべき時期にも関わらず69.9FTUの値を示して汚濁・汚染が極めて急速に進行した。通例春から夏にかけて、自然の活動と、農業と都市活動の人間の活動も活発化する。今後更に上昇する要因がある。深刻な状況である。

　塩素系化合物の除去対策を講じなければ、排水口付近の生物が死滅し、生物による汚濁物質の分解機能も劣化する。また、中央排水処理施設の活性生物分解量力を含めて処理能力の向上が必要である。塩素系化合物を必要としない正常な排水を流すことである。スウェーデンのストックホルム市郊外の排水処理場は、無色透明な排水にしてから排出している。このままではますます後川と四万十川の本流の水質と生態系に悪影響があろう。

第4節　高知西南工業団地の排水と中筋川

1. 中筋川中流域の状況

　高知西南中核工業団地は宿毛市平田町内あり昭和60年に団地造成工事に着手し、63年8月に第1期分譲を開始し、平成2年には第2期分譲を開始した。工場面積は41.1ヘクタール、総事業費91億円（国が51億円）、立地企業が22社と1グループである。

　高知西南中核工業団地の排水は、中筋川に放出している。中筋川は大きく蛇行していたが、蛇行を直線状に修正され、かつ、川中島がたくさんあったがこれが少なくなった。

　平田駅と国道56号線の間に上記の堰がある。この堰の目的は不明である。しかしこれを石積みを中心とした、5段の水流を阻害しない、また、魚類の遡上と降下を阻害しない堰に変えることは可能であり適切である。

写真3　中筋川の平田地区：中核工業団地内の堰
　　　（2022年3月13日）

写真4　排水口（2022年3月13日）　　　写真5　植物を活用した浄水池（2022年3月13日）

2. 工業団地の排水口と汚濁の進行

　次に工業団地の排水口で計測した。ここは工場でいったん排水を浄化処理したと推定されるものが各工場をつなぐ排水溝に流し込まれる。排水はいったん貯水池（直径20メートル程度）に貯められる。貯水池の周囲には植物が植樹されており、この植物で汚染水の化学物質を吸収し分解しようとしているとみられるが、①規模が小さくその効果が期待薄②手入れと管理が行き届いていないように見えるので、植物の機能が発揮されない。特に枯れ木が多く、活力のある植物相を植え込む必要がある。

　この地点ではクロロフィル量も増加し 2.22 μg／ℓ で、濁度は 3.18FTU まで上昇し、排水口では、富栄養化ないし、排水処理の機能が十分に作用せずに汚染された化学物質を含んだとみられる。

　排水は、未処理あるいは処理が不十分な状態で、河川に排出することはやめるべきであると考える

　高知西南中核工業団地の場合も一見すると、排水処理が不十分である。それぞれの工場での排水処理がどの程度なされているのかを、調べる必要がある。工場は、排水処理の経費がかかるので、この費用を回避したいとの思惑が働く。すなわち、浄化処理と作用を自然に委ねる。工場の数と規模が小規模の場合で

あって、かつ、河川と海洋の汚染が殆ど進行していない状態で河川と海洋の浄化の能力が莫大な場合は、それが大目に見られてきた。その方が工場にとってもコストがかからないからである。しかし、工場が増えて、その機能と規模が大規模化してくると、河川と海洋の浄化の機能が追い付かず、汚染が進行する。

3. 機能していない浄化池

　高知西南中核工業団地の場合は、灌木・低木が雑然と繁茂した排水処理池を経由してその後に排水口から中筋川に排水を流しているが、この排水処理池が、十分に機能しているようには思えない。通常は、灌木・低木ではなく、一年草と二年草などの湿地帯に繁茂する雑草などを中心とした湿地帯を造成し、それも広く大規模に、そして、段差のある流れを伴ったものが好ましい。それによって、汚染水が太陽光とバクテリアと微生物の力を活用する植物によって二酸化炭素と汚染物質が吸収分解されて、酸素が排出されて、二酸化炭素は光合成で、糖分として植物内に蓄積される。この作用を生態系サービス力という。

　写真6は、チェサピーク湾に注ぐ河川に流れ込むクリーク（支流）に流れ込む汚染排水を浄化するため造成された湿地帯である。農地からの排水を周囲に大量の植物が繁茂し、段差を作り流れのある池には小魚が生息している。この池を通過する汚染水は土壌や水中の微生物やバクテリアなどにより分解・浄化されからクリークに流れ込むことになる。最終的に浄化された排水がチェサピーク湾に流れ込む時には、浄化されている状態である。チェサピーク湾の清浄な水質を保つ。

　同様に高知西南中核工業団地の工場から排出される汚染排水も、写真5にみられる灌木・低木では、その浄化能力が低くかつ、池と湿地帯の造成が必要である。

写真6　米 St Paul's Kent Episcopal Church 侵食防止農業用排水の浄化（2023年4月30日）

小松正之

写真7　下田アオサノリ養殖場（2021年3月16日）　　写真8　下田アオサノリ養殖場（2024年1月16日）

第5節　農業廃水

1. 国営農場の排水とアオサノリ養殖場の壊滅

　アオサノリ養殖場は四万十川の下流域の下田地区の支流である竹島川と津蔵渕川の中に設置されている。2021年3月から三年後の2024年1月の下田のアオサノリ養殖場を比較してみると、写真8では全くアオサノリが繁殖せずに、ノリの支柱だけが遠くに見える。

　四万十川下流域の2か所に26人程度がアオサノリの養殖業を営んでいた。一枚の面積が20メートル×1.5メートルで30平方メートルで、全体で2900面が免許されている（2021年度）。養殖期間は3～5か月である。

　種苗は天然のアオサノリをなるべく活用するようにしているが、養殖の親からの種を利用することもある。10月に種苗を培養して、胞子を海苔網に付着させて2月から5月ごろまで河川水域内で、干出養殖をする。干出は、ノリの組織を強固にするために必要である。

　30年前には青のりの生産が10トンあった。2024年の現在はゼロである。アオサノリは30トンあったが、2020年

表5　四万十川のアオサノリ養殖量の推移

	下田・津蔵渕地区 （単位：トン）
2000年	30
2020年	4
2021年	1.2
2022年	0
2023年	0

四万十川下流漁業協同組合からの聞き取りにより作成

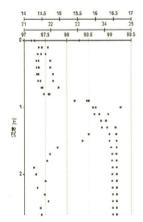

図6　下田養殖場の2024年1月16日の水温塩分と溶存酸の垂直分布

で4トン、2021年で1.2トン、2022年と2023年はゼロである。以前は桃屋の江戸紫に使われていた。養殖業を営む漁業者も大幅に減少した。

ノリの養殖には干出とノリが浸る汽水域の混合塩分帯（15～25‰）が必要であるが、図6では表面でも1‰以上の塩分濃度でありほどんど汽水域の塩分濃度帯（15～25‰）がみられない。これは海水の流入が多いのと、淡水の普段の流入がほとんどない下流域では、表面の淡水と混合域がほとんどなくなって塩水域（海水域）となったと推定される。また、少ない淡水の流入があっても、上流の国営農場からの汚染水が流入して、これが表面に少しばかりみられる汽水帯の水質を悪化し、アオサノリ養殖に悪影響を及ぼしている。

①国営農場からの排水の浄化の措置を施すことである。
②普段から、四万十川の常時の淡水の流量を増大させて、四万十川の下流域での淡水層と汽水層の厚みを増加させる。すなわち四万十川本流と竹島川本流を区別して分離してしまった下流域の堤防が問題の根源である。従って以前は淡水量が竹島川でも多かったと考えるところ、この堤防の一部を削除して竹島川に四万十川の本流水が流入する量をコンスタントに増加させる事が重要である。

2. 農薬規制と生姜農業
生姜農業の連作障害

生姜は、根茎腐敗病に弱く、一時農薬として使われていた臭化メチルが使用禁止となり、現在はクロルピクリンが主流となっている。クロルピクリンは劇薬農薬として、近年タイでも使用禁止となった。日本は世界から見れば、農薬の規制が甘く、四万十川の流域の生姜農業でもクロルピクリンが使われ、残留・流出農薬が四万十川に入り込んでいる。

生姜は冬場に土壌作りを行い春先に植付け夏場に潅水を施し10～11月に収穫を迎える。

高知県は日本最大の生姜産地でその収穫量は21,400トンと全国の43％を占めておりその作付面積も445haと県内最大である（中国四国農政局HPより）。

ところで、連作障害による根茎腐敗病を避けるために冬場の土壌作りは必須である。

以前は土壌消毒を施す際に臭化メチルが使われていたがオゾン層保護の観点から2012年に全廃、以降はクロルピクリン／ダゾメットが主流となった。こ

のクロルピクリンは第一次世界大戦で使用された毒ガスに起源を持ち水生生物及び地下水へのリスクから欧州ではすでに全廃、米国や中国でも特別免許の対象農薬である。

　農薬が、土壌中のバクテリアを殺して、土壌中の分解力と炭素の固定緑芽減少し土壌への酸素供給が減る。すると、通常のバクテリアが存在する状況を好む根茎腐敗菌は生姜の根を分解して生き残ろうとする。このように、農薬の使用と過肥料および畜産からの排水が水質と土壌の汚染の原因であることを、国連食糧農業機関（FAO）は十分に理解しており農地と畜産地からの水質・土壌汚染の対策を重点政策としている。農林水産省でも農薬の使用量の削減対策を講じることが農政の重要課題となっている。「みどりの食料システム戦略」が樹立されて、水質と土壌の健全性の環境問題を意識し、脱炭素と農薬の使用量の削減が掲げられている（農林水産省）。

　農業者自身が農業が四万十川の水質を悪化しているとの自覚がある。

　農業排水が、四万十川の水質悪化の原因であると下流域漁業協同組合、四万十川漁業協同組合連合会並びに四万十財団などから指摘もあった。

四万十川水系への農薬流入

　四万十町は標高が200メートルの地点にあり、寒暖の差が大きく、このことが生姜の栽培に適している。

　クロロピクリンは無味無臭であり、従って事故防止のために人工的に着色し着臭する。スポイトの一滴で人間1人を殺す殺生力があり、危険であることを農家は日々認識している。

　慣行農法では生姜の場合の連作障害は発生しやすい。2～3年米を作り、生

写真9　生姜と稲作農場（2024年1月17日）

写真10　取水路（2024年1月17日）

姜を休耕しても根茎病は発生する。8年の休耕は必要である。

側溝を経由して、残余のクロロピクリンや過剰肥料は四万十川に流れ込む。側溝は3面がコンクリート張りである（佐竹孝太・佐竹ファーム専務）。

できるだけ農薬（クロロピクリンなど）を使わない生姜農業に持っていくためには生姜生産の連作をやめる必要があり、米を交えた栽培としたい。しかし、2年の間隔では生姜を再度栽培した場合には根茎病が多少の水：雨でも発生してしまう。そのためには畑に水が停滞する量を削減する必要があり、米作の時期でも、水を減らすことができれば、米作から生姜に転作した折にも生姜の根茎病の発生が抑えられないか研究中である。

水を使わないで米作を行う方法を、乾田で稲作農家から学び、成功した暁には生姜にも良い効果があると期待している。

根茎病は人間には害であるが、自然の摂理からすれば、バクテリアが茎と根を腐らせて土に返す。これはバクテリアの機能としては当然であり、人間の都合で勝手に、病害であると判断しているのは身勝手である。

NBSの導入

取水路や排水路にNBS概念を入れ手を加えるには、近隣の農地関係者の合意を得ることが望ましい。

四万十川に排水をそのまま流すのではなくて、NBSの考えを入れて、排水路のコンクリートの3面張りを土の畔にして、微生物と植物の力を活用して過剰肥料と農薬の分解を促進して、その後に四万十川に流すことが四万十川の水質改善にも必要である。

取水路もコンクリートの3面張りで、植物相が繁茂する生態系サービス活用の取水路にすると水質が改善が病害予防などにも貢献しよう。

更には圃場の内部にも湿地帯を造成して、そこを通して水を供給すると、良質の水がその後の圃場に供給されるのではないか。有機的な、農薬を使用しない生姜農業に代える。農薬を使用しないことは結局土壌にもよく、土地力を向上するので、長期的な農業生産にも好ましい。取水路と排水路に手を付けることは、関係者との話し合いが必要であり、切り出したい（佐竹孝太・佐竹ファーム専務）。

3. 水田と山奈排水処理場

近隣の風景と地形から見て、農業排水、工業排水と家庭排水が山奈排水処理場に、流れ込むとみられる。その中で最も多いとみられるのは近隣の水田の数から見て農業排水（水田からの排水）と考えられる。山奈排水処理場排水から流出する水と排水の色は青白色ないし青黄色であり、通常の河川の透明な水色ではなくあたかも種々の物理・化学物質を含んでいることが連想される。

クロロフィル量は4.05μg／ℓと最も高く、濁度は117.0FTUであり、極端に高い。汚染が極度に進行している可能性を示している。この濁り・濁度の削減対策が必要である。

写真11　四万十市山奈排水処理場の排水口（2022年3月13日）

この状況がある限り、下流域の四万十川の改善は不可能である。山奈排水処理場付近を流れる中筋川は直行河川に変えられていた。そこにいくつかの河川内の小型島を造り、そこに繁殖した植物で浄化作用を果たそうとしているが、まず、直行河川を蛇行する河川とすること、小型島の数とそこに移植する植物を大幅に増加することが必要である。それによって、流れをゆるやかにして植物と付随して繁殖するバクテリアと微生物そして動物相によって、汚濁物質と過栄養を分解して水質の浄化を進行させることである。あわせて、酸素も植物の光合成が活発になって増加するし、これが魚類などの繁殖にも好適な環境を創り出す。

第6節　防災のための公共工事

1. 四万十川の防災工事と歴史

中筋川と後川は江戸時代前半から家老野中兼山による治水事業が行われてきた。江戸時代には岩崎堤防が決壊し中村の全村が流出したことがしばしば見られた。明治に入り9年と18年には中筋川と後川が決壊し死者多数と記録される。従って中筋川と後川の治水事業は、必須事業との位置づけをされてきたとみられる。

1988年（平成元年）には中筋川のダム工事に着工し、1998年（平成10年）に

写真 12　四万十川鍋島付近の堤防補強・防災工事
　　　　（2023 年 9 月 12 日）

は中筋川ダムが完成している。最近では 2016 年（平成 27 年）に四万十川周辺で 693 ヘクタールが浸水した。2019 年（令和 1 年）には横瀬ダムが稼働を開始した。

　災害・水害の多い四万十川下流域であるが、そのために、治水工事が多数行われてきた。それまでは蛇行していた中筋川は直行河川となり、川中島の数も激減した。また、川中島も護岸で覆われる。四万十川の水質は悪化する。付近は空き地と休耕田が多く、そこには太陽光発電パネルが設置される。これらの空き地と休耕田に排水を通過させる湿地帯とすることで、水質の浄化が可能である。

2.　新開橋の河川の橋梁の補強工事

　目的がはっきりしない河川敷の工事が行われた。少なくともこの工事で四万十川水系の環境が改善されることはない。むしろ自然の浄化力や洪水時の水の吸収力を失う。近所の住民も何でこのような工事が必要なのか疑問視している。また、この河川敷から出た工事土砂は別の河川敷のような場所に移動してただ置かれているとの証言もある。高知県須崎土木事務所四万十町事務所の発注事業である。説明が不足するし、環境の影響の評価もないと思われる。

写真 13　高知県須崎事務所が発注
　　　　（2022 年 5 月 31 日）

写真 14　河川工事が行われた新開橋
　　　　（2023 年 2 月 27 日）

3. 河川敷の掘削

　金谷光人四万十川漁業協同組合連合会の組合長は、2022年（令和4年）2月2日に四万十川中流域の江川崎付近で、河川敷の掘削工事を実施した。実施個所は岩間沈下橋付近（芽生地区）の河川敷の川側の水際付近3か所と山側の雑草が生えた場所2か所で

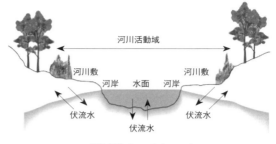

図7　河川流域の断面と伏流水域
（米チェサピーク湾再生ガイドから筆者が作成）

あった。約2メートルの深さに掘削し、伏流水は確認されなかった（注）。

（注）2月22日に橘地区で同様の掘削調査を実施したところでは、河川に近い場所（水際）の掘削地点では伏流水が確認された。

　伏流水が河川敷に行き届いていない。このことから判断されるのは、本来であれば河川床の下にも伏流水は流れるのであるが、閉塞している可能性が大きいと類推される。これらの河川敷の土壌は工事で四万十川に流れ出た流出土砂などで、細かい空穴が目詰まりを起こしたと考えられる。

　一般に河川では河川敷と河床の下に常に河川水が、流れ込んだり、戻ったりしている。これらを伏流水というが、伏流水は、バクテリアや小動植物の作用で汚濁物質を分解し光合成で酸素を発生するが、これらの機能が失われることを意味する。従って、河川に浄化の作用が衰えて、河川水の汚染が進行する。

第7節　森林伐採

　黒尊川はきれいな川であると聞いていたが、調査の結果は全く異なる結果となった。黒尊川と四万十川本流の合流点は、水不足で黒尊川の水が全くなくなっており、地下に河川水がもぐっていた。下流域の計測は天皇橋（地点①）から計測した。一見清浄な川に見えたが、計測値を見ると川底の0.3メートルで濁度が39.4FTUもあった。そこから上流に20分ほどさかのぼると土手があり、一見きれいだが足を入れると滑り、小石の表面は小さな綿状の繊維のような微生物が付着していた。

四万十川の現在と将来―科学調査で見えた四万十川の姿とは―

写真15　黒尊川の中流地点②　一見きれいだがぬめりあり
　　　　（2024年月16日）

図8　グーグルマップによる玖木オートランド付近の森林伐採

汚濁も進んでおり、濁度は65.7FTUとかなり高い値であった。更に上流の玖木橋の上から計測したが、これも濁度が67.5FTUと極めて高かった。

このように汚濁度合は四万十川の他の地域にみられない汚濁度合であるが、その原因は、地元の人に尋ねてもわからない。唯一の反応は水量が少ないことではないかとのこと。これはその通りである。

高知県の林業に詳しい専門家の中嶋建造氏の情報によると、黒尊川の沿道の遊歩道黒尊と玖木・オートランド付近で森林伐採があった。この森林伐採による土壌と有機物の黒尊川への流出があることが推定された。加えて、小規模ではあるが農業があり、農業排水の影響も推定される。

第8節　ダムと堰

河川法の定義は堤高が15メートル以上のものをダムと、それ以下のものは堰という。

日本のダムは2,760基（社団法人日本ダム協会2022年）ある。堰は297基（2012年国土交通省）である。ダムは高度経済成長期に多数建設されたが、現在は人口減少、農業衰退、工業用水リサイクルと家庭風呂・洗濯の節水で需要が減少する。

ダムは目的によって治水ダムと利水ダムに分けられ、双方を兼用する多目的ダムもある。

形状により①アースダム②重力式コンクリートダム③アーチ式コンクリートダムと④ロックフィルダムなどがある。

46

写真16 佐賀堰（2022年3月12日）

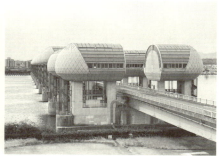

写真17 長良川河口堰（2024年3月19日）

1. 河川環境の悪化

　ダムは、河川の水流量と土砂の下流への流出を削減、流路を寸断、ダム湖では土壌・ヘドロが堆積し水質も悪化する。

　ダムと堰は魚類にとっては回遊と遡上を阻害する。ウナギ、アユとサクラマスなどの遡上の経路を遮断した。ダムに魚道がなく、あったとしても魚道や堰が高すぎると鮎とサクラマスなどの遡上を不可能にする。

　只見川の田子倉ダムと奥只見ダムは堤高が140メートルを超え、魚道もない。ダムが建設される以前には遡上していたサクラマスとシロザケ

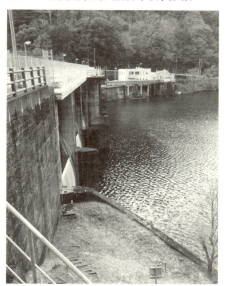

写真18 津賀ダム右岸からダム湖
（2022年3月12日）

も、上流の奥只見湖まで全く遡上できない。人工放流のヤマメ（サクラマス陸封型）が生息する。このヤマメは自然サイクルの中での生活を全うできない。ダム上流で毎年放流というケースが梼原川と太田川など多数ある。津賀ダムにも魚道はないので、津賀ダムから上流にはアユもウナギも遡上はできない。従って、梼原川の津賀ダム上流では毎年アユの人口種苗による放流を行って、アユの生存を確保している。これでは全く人工的なアユである。

写真19　荒瀬ダムの撤去地の案内図
（2023年3月17日）

2. ダム・堰の撤去

米国でのダム撤去で象徴的なものはワシントン州のオリンピック半島に住むカラワラ族（Klalam Tribe）がサケ類の遡上を阻害し通常の土壌の流れを止めた結果、彼らの生活と文化を失ったとしてエルワーダム（2011年）とグライン・キャニオンダム（2014年）を撤去したケースである。

日本のダム撤去は熊本県球磨川水系の荒瀬ダムである。2010年誕生の民主党政権がダムに拠らない治水を掲げた。水産業への配慮と地域との共生を目指した蒲島郁夫知事が撤去を決定した、2018年3月に撤去された。民主党の政権時に蒲島知事は、川辺川ダムの建設を一度は白紙撤回した。しかし2020年12月に再度建設を容認した。川辺川ダムは流水型ダムである。

3. 佐賀堰
濁度と溶存酸素

四国電力は2023年11月13日から24日の間にゆっくりと堰を開けて放流をした。その結果は堰湖の上澄みの部分の水質は大変に清浄であり、今回の水質調査にも反映されていた。全ての計測地点で、表面の計測値は濁度と溶存酸素とも良好な値を示した。しかしながら湖底の濁度は高すぎた。これらは堰を開放したにせよ、結局は堰湖の水を流しただけで、積年に蓄積した土砂・ヘドロなどの堆積物はそのまま残ったと考えられる。堰湖の水が下流域の黒潮町の飲料水になっているのであれば、なおさら堆積物・ヘドロの除

写真20　渇水状態の吉井川橋下の堰：水がせき止められて水質が悪化する傾向を促進する（2023年2月27日）

去の対策が必要である。

堰提のそばの内側ではほぼ水流が止まっているに等しい

佐賀堰の堤体の近くでは表面では流速は1.1センチ／秒から5.3センチ／秒であった。

1938年に竣工した佐賀堤は、電力供給が主目的であった。1万5700キロワットである。今は四国電力は、出力が56.6万キロワットの伊方原発を擁している。この堰

写真21　リッパー掘削をかけた奈良川と堰　堰が水流と土壌流を止めている
（2024年1月16日）

の発電目的は終わった。黒潮町への飲料水供給も、四万十川の地下水の供給で可能と考えられる。この堰がなくなれば四万十川本流の水質と魚類の生息への貢献は多大である。

4. 仁井田川堰

渇水状態であり、仁井田川橋では、通例のごとく、左わきから少量の水流が下流に下るが堰を超えない状態で水流が停滞した。従って濁度は3.0FTUと高かったことで水質の悪化が継続しているとみられる。この堰は現在では誰も使っていない。いつできたかも不明である。50年前程度か。これも仁井田川の水質向上のために撤去が好ましい。

5. 奈良川の河口堰

広見川水系の広見川、奈良川と三間川はどの計測点をとっても汚濁度合がかなり極度に深刻に進行しているとみられる。

西が方の沈下橋付近は、濁度が49.4FTU、松野町の「虹の森」公園前は40.6FTUである。三間川の宮ノ下も19.1FTUであった。

最も汚濁度合がひどかったのは奈良川である。砂防用と説明される堰が多数存在し、水枯れ状態である奈良川の架橋下で、濁度は140.3FTUであり、広見川水系の計測値としては最も汚濁度が進行していた。クロロフィル量は372.8μg/ℓという高い値である。

奈良川は渇水状態であり、ほとんど水が流れず濁度が高くなり、沈殿物もへ

写真 22　津賀第1と第2発電所の排水口で多数の死貝が見える。泥に埋まって貝片が見えるもの、貝殻が欠けたもの、全体の死貝が見えるものなど多数である（2022年3月12日）

ドロ化していよう。その後リッパー掘削をかけた場所の水質を計測したところ、堰がないところと比較して若干計測値がよかった。

2024年8月31日に日本の科学者とともに視察した時は台風での大出水の最中であり、堰を超えて流水が流れていた。土砂の流出をせき止めることにより下流への土砂の供給がなくなり、水質の改善は停滞して悪化し、魚の遡上も妨げられて問題が多い。

6. 津賀ダム

　水力発電の目的で津賀ダムが引き続き必要と四国電力からは聞いている。本ダムが建設されて以来の電力の供給と梼原川と四万十川水系の水質と環境への悪影響を勘案し、かつ、ダムの建造年が1940年であることから見れば、本ダムの必要性を改めて問う必要があるとの考えを有することは適切である。1937年に建設され長い年月が経った佐賀堰についても同様のことが言える。津賀ダムと佐賀堰から四国電力が全体のどれだけの電力を供給（全体の％で何KWT）しているのかを把握することが重要である。

湖底の水質が悪化の2022年3月調査

　津賀ダム湖の調査を開始したのは2022年3月12日からである。その時は、津賀ダム湖の堤長の左岸側からとダムから下流1キロ地点そして、四万十川に注ぐ第1と第2発電所の設置場所の下流における計測と目視観測を行った。その際はダム湖では濁度が水深10センチで1.9FTUと非常に高かった（また、2度目の計測では39.8FTUを記録）。溶存酸素は104.5％を超えて何ら問題がなかった。1キロの下流でも濁度は0.77FTUで高かったが特段問題があるほどではなく、溶存酸素は101.8％であった。津賀ダム第1と第2発電所では濁度は1.08FTUと高く、溶存酸素は100.5％である。しかし、この際にシジミの死骸が排水口付近で多数発見された。

この調査と水質測定から判明したのは、津賀ダム湖の水質も表面から約 8 メートル水深までは、濁度は 0.5 〜 0.7FTU であり（清浄な水質の FTU は 0.3）、溶存酸素は 97 〜 98％ を記録し特段問題がなく清浄水であることが確認された。しかし、底質付近は濁度による汚染と貧酸素水があり、特に左岸に比較すると右岸では湖底に近いほど水質は悪化していることが数値で示されている。また、津賀ダム湖の中央の汚濁と貧酸素が進んでいること、そして堤長に近い中央部が最も水質の悪化が進んでいると考えられる。

夏期の調査（2023 年 9 月 13 日）

　四国電力の協力を得て実施した。ダム湖 8 か所を水質調査した。

　3 月 1 日には濁度は 8 メートル水深を超えると急速に低下し悪化した。湖底附近まで水深が低下すると、さらに急速に濁度が高くなり、湖底に汚染物質が蓄積していることが類推される。

　湖底に関して上記の傾向がさらに悪化した値として観察された。ダムの堤体の直近の真ん中（地点②）では、466.1FTU（水深 20.8 メートル）を観測した。3 月 1 日では 181.3FTU（水深 18.2 メートル）であったので約 2.5 倍に悪化した。

溶存酸素

①3 月 1 日は溶存酸素も表面水では何ら問題はない。全てが 97 〜 98％代であった。表面で低いのが第 3 発電所排水口での 91.3％であった。

②しかし 9 月 13 日の溶存酸素量は軒並み二悪化した。最も悪化したのは堤体中央部の湖底の 0.3％であり、これは無酸素状態である。

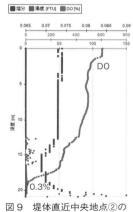

図 9　堤体直近中央地点②の垂直方向断面

　これらの垂直方向断面図と図 9 の水平方向図からわかることは、3 月 1 日にはダムの水深約 8 メートルから下層の水深水層に水質の悪化が見られるが、9 月では水深 12 〜 13 メートルから溶存酸素と濁度の悪化が顕著に表れている。水深 2 〜 3 メートルから既に溶存酸素量の低下が顕著になり、12 メートルから急速に溶存酸素量の値が悪化する。

　その悪化の程度は極めて急速であり、最終的には 0.3％の無酸素状態まで低下する。（水深 20.8 メートル）。

表6　津賀ダムの水質：溶存酸素と濁度（冬と夏の比較）

	溶存酸素（DO）	濁度（FTU）	
2023年3月（冬）	30.5%	181.3	水深 18.2m
2023年9月（夏）	0.3%	466.1	水深 20.8m
比率	0.9%	257.0%	

（注）
1. 計測地点はいずれも堤体のすぐ内側地点②である。
2. 濁度（FTU）の上限値は2FTUである。
3. 一般社団法人生態系総合研究所の資料から作成。

　今回の調査と水質測定から判明したのは、底質付近は濁度（汚染）が高く貧酸素水塊と無酸素水塊がある。

　津賀ダム湖の中央の汚濁と貧酸素が進んでいること、そして堤長に近い中央部が最も水質の悪化が進んでいると考えられる。

　表6から明らかなことは、冬でも津賀ダムの堤体付近の湖底は水質が悪化しているが夏ではそれが更に進行する。夏の濁度は冬の2.6倍にも達する。もともとの値が冬でも基準上限値の2FTUをはるかに上回る181.3FTUであるが、それの2.6倍466.1FTUである。また、溶存酸素量は夏の貧酸素の30.5%の更に0.9%にあたる0.3%しかないという極端に悪化した数字である。これでは無酸素水である。四国電力は、水を堰き止めて、多大な恩恵を被っており、これを住民と環境に還元するために夏場の対策を至急に講じる必要がある。現状のまま何もしないことは決して許される状況ではない。

　津賀ダムは、1944年（昭和19年）に完成し、すでに80年を経過していて常識的には老朽化している。発電所は9000万キロワットである。四国電力の販売電力量は50億キロワットなので、津賀ダムは2%程度の割合である。

第9節　四万十川の将来に向けて

2023年8月　四万十川シンポジウムの開催と決意表明（参考を参照）の採択

　一般社団法人生態系総合研究所主催・高知銀行共催による四万十川シンポジウムが2023年8月4日（金）と8月5日（土）の2日間にわたり四万十市ならびに四万十町で開催された。8月4日の四万十市でのシンポジウムは新ロイヤルホテル四万十で開催され、約80名が出席した。また、8月5日の四万十町でのシンポジウムは四万十町役場本庁東庁舎多目的大ホールで開催され、約60名が出席し活発な議論が展開された。2日間にわたるシンポジウムのあと、四万十川決議（後に共催者の意向により「決意表明」と変更した）が採択された。

写真23　主催挨拶する筆者：四万十市
　　　　（2023年8月4日）

四万十川の将来に向けて

　四万十川の水質と環境は調査した地点のすべてで悪化している。当初は冬は溶存酸素と濁度で示す水質が比較的清浄であったが、年々、悪化

写真24　四万十町会場（2023年8月5日）

していることが判明した。既に示した5つの原因がその根源であるが、それに加えて、渇水の状態が頻発していることが上げられる。渇水状態では、水流が弱まり、物資の交換が低下し、濁度（FTU）が増大し、植物の活動も低下し、貧酸素となる。四万十川ではこれらの傾向が今後も継続することが懸念される。

　5つの原因：農業・畜産業、都市・工業排水、公共工事、ダムと堰並びに森林伐採については、現状において、これらを改善するための方策がとられていないので、四万十川の水質・環境は今後も、現在の水質・環境の悪化の傾向がそのまま継続しよう。更に渇水で増長されることが加わる。一方で台風や低気圧も四万十川の土砂の流失を招き、これも水質・環境の悪化要因である。

　従って、四万十川の改善・改良を目指し、住みよい街としてきれいな、豊かな四万十川とともに生きるのであれば、現在のまま、四万十川をよくするために何もしないことは、許されないことは明白である。即ち、改善・改良のための行動を起こす以外の選択肢はないことは明らかである。

　それでは具体的に、現在の四万十川をどの時点の四万十川に戻すのか。

　（1）具体的な水質と環境の目的と指標をどこに置くのか、その時の生物相と魚類・藻類のアユ、ウナギとシラスウナギ、モズクガニとアオサノリの生産目標をどうするのか。

（2）上記の（1）を実現するための具体的な方法は何をどうするのか。
　①例えば、コンクリート工事をNBS；自然再生型にどのくらい、どの場所でどの規模で実施するのか。
　②ダムと堰の撤去をどこで、どうするのか。
　③農薬の使用量をどの程度（3分の1、半減）削減するのか。
　④中央排水処理場と工場排水処理場の改良を具体的にどこまで進めるか。
　⑤森林の伐採と植林の実施をどこまで実施するか。
　以上についても、今回の科学調査の結果を踏まえて、デザインし、実行していくことが肝要である。

参　考

1. 四万十川シンポジウム 2023 参加者による決意表明

四万十市／四万十町において　2023 年 8 月 4 日／5 日

　高知県濱田省司知事の後援を受け、四万十市と四万十町において四万十市長、四万十町長（代理副町長）と金融機関頭取をはじめ一般市民、漁業者、市役所職員、銀行員とマスコミ関係者などの参加者約 80 名が参加し、2021 年 3 月から 2 か年間にわたる四万十川の環境・水質調査の報告と専門家のパネル・ディスカッションを聴取し、近年 40 年間における四万十川の水質と環境ならびに生態系悪化に懸念を表明した。

　四万十川を含む高知県の内水面の漁獲量が 1975 年の 3,500 トンから 2022 年の 100 トン（3％）に激減したことを改めて認識し、今後も、各自の立場においてあるいは協働して、現状の確認や他地域・他国における事例の調査を進めるとともに、四万十川流域の環境改善に向けて取りうる施策を検討し、実行に移していくことに賛同した。

　具体的には、以下のような項目を含め、各自において可能な活動をしていく。

1) 2023 年以降以下に配慮し四万十川の水質・環境につき、科学的・人文学的な調査の継続、あるいは調査への協力。
①防災と自然環境の保護の双方を目的とした河川工事の確実な実施。
②過肥料と除草剤・殺菌剤と稲作代掻きの影響を含む農業排水の把握。
③工業排水と都市下水排出の適切なあり方。
④ダム及び堰の及ぼす水質、生物や環境への影響。
2) 四万十川流域の環境改善に資するような手法（例として、NBS、近未来工法、または水質を浄化するノリの養殖や農業など）の研究、実施検討、導入。
3) 国際機関、国、地方自治体、関連団体などへの働きかけ。

主たる参加者とパネリストと講演者は以下の通りである。

シンポジウム参加者　　　四万十市、中平正宏市長
　　　　　　　　　　　　四万十町、森武士副町長
　　　　　　　　　　　　株式会社高知銀行、海治勝彦頭取
　　　　　　　　　　　　株式会社高知銀行、河合祐子副頭取
パネリスト　　　　　　　四万十市農林水産課、岡田圭一課長補佐

参　考
　　　　　　　　　　　　　　四万十川下流漁業協同組合、山﨑清実理事
　　　　　　　　　　　　　　公益社団法人トンボと自然を考える会、野村彩恵
　　　　　　　　　　　　　　四万十町人材育成推進センター、中井智之次長
　　　　　　　　　　　　　　公益財団法人四万十川財団、神田修事務局長
　　　　　　　　　　　　　　株式会社佐竹ファーム、佐竹考太専務
講演者　　　　　　　　　　　一般社団法人生態系総合研究所、小松正之代表理事

2. アオサノリ養殖の漁業権

　漁業権とは、世界にも例をみない日本独特の制度である。世界では漁業と養殖業を営むための許可を与える。日本でも、個人と法人の漁業者には漁業の許可を与える。しかし、沿岸漁業が盛んであった日本の沿岸の漁業地帯では特別の扱いがなされて漁業協同組合が全国各地に設置された。漁協の数は明治期には4,000組合に上ったが、現在では経営の悪化と合併の推進でその数が減少し約900である。

　日本は漁協の事業の支援を目的として、漁業権制度を編み出した。これは政府（都道府県）からの免許を一旦漁協に交付して、漁協が漁業者に再配分して与える制度である。この場合、漁業権を漁協に「免許」するという。（許可という言葉は使わない。意味は同じ。）日本では、漁業権の種類は、共同漁業権（釣りなどの漁業を営む漁業）、区画漁業権（海面を区画に区切って養殖業を営む漁業）と定置漁業権（定置網を敷設して魚を堰き止め追い込んで漁獲する漁業）の3種類があり、いずれも原則的に漁協に一旦免許される。その後、個人の漁業者にそれぞれの権利の部分が免許されるのである。

　四万十川には漁業協同組合が設置されている。四万十川の漁業協同組合は内水面の漁業協同組合で、海面の漁業協同組合とは性格が異なる。しかし、四万十川の漁業協同組合のうち下流組合だけは、その漁場である下流域が活動の場所が海面とみなし、沿岸地区の漁協を同じ扱いを受ける。

　下流域のアオサノリの養殖の漁業権は、漁業者による区画の占有のための排他的な免許の取得が必要である。都道府県知事から漁業協同組合に対してその土地の占有の免許が出され、漁業協同組合が、組合員である漁業者に対して、その免許された漁業権の行使権を与える。区画漁業権は日本の他の地区のカキなどの沿岸漁業者に与えるものと同一であり、区画が設定される竹島川と津蔵渕川が対象の河川である。その土地の占有については海面と同じ区画漁業権として免許がなされている。これに加えて、河川の占有許可を国土交通大臣から漁業協同組合はこれを取得する

ことが必要である。その概要は以下の通りである

　アオサノリの養殖のためには、2か所（四万十市間崎地先と四万十市下田）から鍋島地先の港湾区域に関して：

①高知県知事からの第一種区画漁業権を下流漁業協同組合が免許されている。
加えて以下が許可される。
②間崎地先に関しては河川を管理する四国地方整備局長から河川法第24条及び第26条第1項に基づき占用の許可がされた。期間は漁業法に基づく漁業権の期間が5年かであるが、河川占用の許可は当該養殖の期間；10月1日から5月31日までである。場所も特定されている。
③下田から鍋島は港湾区域であり、港湾内の占用について港湾法第37条第1項第1号の規定に基づき、高知県幡多土木事務所長から許可されている。期間は同様に10月1日から5月31日までである。

　以上のような方針により、アオサノリ養殖場の設置が許可され、養殖業が免許されている。

四万十川の歴史と風土と人びとの暮らし

神田　修

1. 四万十川と流域の暮らし点描

　四万十川は絶えず人の暮らしの横にある川だ。手付かずの川というよりも、いわゆる里川や運河をイメージしてもらった方が近いかもしれない。住民にとって四万十川は道であり、なによりも食糧調達の場であった。流域に暮らす人々は、かつてこの川から日々の糧を得、道として使った。

　四万十川に限らず、日本の川はかつて物流の動脈であった。豊富にあった木材は筏に組んで川をくだし、下田の港から畿内に向けて送った。筏師の中には子供好きもいて、筏まで泳ぎつくとしばらく乗せて下ってくれた。子供の方でもそういう筏師を覚えていて、この人は乗せてくれる、この人は乗せてくれない、を見分けて筏に近づいたものだったそうだ。また、流域は江戸時代から炭や紙の産地だったが（野本 1999：107 頁以降）、そうした産物は、中流域はセンビと呼ぶ船や高瀬舟、西土佐の江川崎から下流は船母（せんば）という大型船に積み替えて運んだ。四万十川にはそうした船乗りたちが名付けたと思われる岩の名が多く残っている。川下りをする船乗り、筏師にとって、一番注意しなければならないのは瀬の岩に船を当てて転覆することで、それを避けるために全ての危険な岩を把握している必要があった。船乗りたちは、その一つ一つに名前をつけて記憶した。急ぐ夜は山の形と谷を月明かりで見て下った。西土佐から下流には、そうした谷につけられた名もよく残っている。

　灌漑用水としての利用については、四万十川本流に関して言えばあまりない。四万十川は地形的に少し変わった川で、土地が隆起した結果、大野見から窪川にかけての高南台地（本流筋の上流域）に広い—といっても知れているが—水田地帯が広がっていて、本流筋の堰はここから上流にしか存在しない。窪川から下流の大正、十和、西土佐は、田にできる平地が川の蛇行の内側と支流の合流点に少しあるだけで、したがって、灌漑用水は谷水で事足りた。もう 1 つの理由は、河床勾配がゆるすぎて、用水路を遥か上流から長い距離引いてこなければならなかったからだ。「水はそこに見えても遠い」大野見に残るこの言葉が四万十川の特徴をよく表している。流域の食は、水田よりもむしろ「キリハタ」と呼ぶ焼け畑を含む畑作物によって支えられていた。キビや粟、蕎麦、芋類を

育て、山の幸、川の幸で人々は暮らしていた。

　春三月、最下流の町中村には、「ゴリ」と呼ばれるチチブ類の稚魚が海から上がってくる。女の人たちがそれを「ソウケ」と呼ぶ平たい竹ザルにいれて中村の町を売り歩いた。中村の人は、このゴリ売りの姿に春の訪れを感じたそうだ。ゴリからはいい出汁が出るので、おつゆにしたり、卵とじにしたりして食す。中村には都市伝説があって、昭和25年、昭和天皇が中村巡幸の折、ゴリのおつゆを召し上がってお替わりを所望されたという。「通常陛下はお替わりなどされないものだが、それほどゴリのおつゆは美味いもんだ。」と中村の人は自慢する。これは事実と少し違っていて、召し上がったのはゴリの刺身で、場所は山﨑鮮魚店。初代と二代目店主が工夫してゴリをお造りにして出し、陛下のお褒めにあずかったそうだ。お替わりを所望されたという話はどうも本当のことらしい（https://www.facebook.com/bannoutare.bakatare/posts/1980733332031818/ を参照）。

　同じ頃、アユの稚魚が幅１メートルほどの黒い帯になって遡上してくる。三月皿丈（さらだけ）と言う言葉があって、この頃の稚魚はちょうど小皿ほどの身の丈をしているという意味だ。もう少し遅れて針子と呼ばれるうなぎの幼魚も登ってくる。支流の滝や、堰堤に小さな針子がぎっしりくっついている様は壮観だったそうだ。

　梅雨時になると、コイやナマズ、それにウナギが田んぼに入ってくる。コイとナマズは産卵のため、ウナギはカエルやドジョウを食べに来るのである。流域の人は田植えしたばかりの田に容赦なく投網を打つ。ウナギはカンテラで照らして、ノコギリの背側で叩いて獲ったりした。同じ頃、流域の子供たちは小魚を釣って、うなぎの延縄を仕掛ける。夕方に浸けて翌早朝に引き上げるのだが、それが学校に行く前の一仕事であった。獲れた鰻は買い取ってくれるところがあって、それが子供達のお小遣いになった。

　初夏、若鮎たちはさらに川を遡る。中流域窪川の人たちは、そのキウリともスイカとも言われる独特の香りが河原一面に漂うので、アユの訪れを知ったそうだ。初夏の若アユは骨もまだ軟らかいので、骨ごと筒切りにして、「セゴシ」にして食す。この時期の獲りたてでしか味わえない、地元ならではの楽しみ方だ。

　夏を迎えると、子供たちは毎日川で遊んだ。川が学校、川が先生だった。真夏になるとアユも最盛期で、大人たちは仲間内での火振り漁を楽しむ。火振りには子供も駆り出され、河原に逃げる鮎を拾って歩いた。人によっては竹箒で鮎を掃いて獲ったそうで、それほど川に魚が溢れていた。「アユは川のムクリ（ムクリ＝蛆虫）」と言われるほどアユが湧いた四万十川では、火振り漁などしなく

神田　修

てもいくらでも鮎が獲れたが、一度に獲って焼き鮎を作るのと、獲った後のオキャク（飲み会）を目的にしてのことだ。焼き鮎はハラ腸を出して遠火で焼き枯らし状態にするが、出したハラ腸は塩をしてウルカにする。ウルカからは美味い出汁が出るので、それでナスを炒めて食べたりした。

　夏はテナガエビの季節でもある。四万十川には3種類のテナガエビがいて、海に近いところにはテナガエビ、河口から60キロ、大体四万十町十和地域くらいまでの流れの緩やかなところにミナミテナガエビ、河口から100キロ、四万十町大正地域くらいまでの瀬にはヒラテテナガエビがいる。ヒラテテナガエビのオスは太い腕が特徴で、「ヤンチャ」とか「ポパイ」などと呼ばれる。四万十の子供達は泳ぎながら、「エビタマ」という小さな網や、チャン鉄砲などと呼ぶ自作の水中銃で、石の下に潜むテナガエビを獲る。獲ったエビは大きく育てたキウリと炊き合わせにするか、出汁をとってそうめんつゆにした。今でこそテナガエビの素揚げが観光客に人気だが、昔は子供が遊びで獲って来てオカズにするくらいで、専門に獲る漁師はいなかったという。

　夏の盛りが過ぎて、クズバカズラ（葛）の花が咲く頃になると、ツガニ（地域によってはヅガニともガネとも呼ぶがモクズガニのこと）が海へ降り始める。この自然暦は諺のようになっていて「イタドリの花が咲くとツガニが川をくだる」とも言う。獲ったツガニはカボチャを餌にして飼っておいて、祭りの時など、人が集まるときに炊いて食べた。少しかわいそうだが生きたまま臼でついて（甲殻類は自家消費が激しいので死んだものを調理するとあたりかねない）ツガニ汁にしたりもした。地域によっては同じく臼で突いたものに糠、卵、大蒜、生姜を混ぜ、塩で味を整えたものを焼く、または揚げて「ガネミソ」という保存食にしたりもした。

　秋も深まると、源流域の津野山では、津野山神楽、津野山古式神楽が執り行われ、中流域では津野山神楽に倣った幡多神楽が舞われる。梼原から大正、十和、西土佐の愛媛に接するところでは、祭りに牛鬼も出て村を練り歩く。これら神祭の晴れの料理にも、もちろん川の幸が使われる。

　ヅガニと同じくイタドリの花が咲くと鮎たちが産卵のため川を降り始める。産卵を守る禁漁期を経て、12月1日に落ち鮎漁が解禁される。中村の人たちは産卵で痩せほそったこの鮎を、「塩煮」にして食べる。脂こそ乗ってはいないが、さっぱりしている割に肉の味自体は濃くて乙なものだ。10匹くらいは平気で食べられる。11月下旬に一條神社の大祭「イチジョコさん」があって、

中村の人たちは毎年三日三晩を飲み明かした。各家庭が皿鉢料理を構えて「オキャク＝（大宴会）」をするが、鮎の塩煮はそこになくてはならない祭りの料理だった。だが、鮎が激減するに及んで、中村の人たちは苦渋の決断をした。実はかつての落ち鮎漁解禁はイチジョコサンの前だったのだが、温暖化の影響なのか鮎の産卵期が遅くなったこともあって、流域の漁業連合会は再解禁の日を半月遅らせることを決めた。中村の人たちは、なくてはならない祭りの料理を繋ぐよりも、鮎資源を守ることを選んだのだった。

　イチジョコさんが過ぎて木枯らしが吹き始めると、汽水域の川底が緑に彩られる。アオノリ漁の始まりだ。テカギやカナコと呼ぶ漁具で川底のアオノリ（スジアオノリ）を絡め取り、丁寧に砂やゴミを洗い落として河原で干した。この時期の河口周辺は、河原も川底もアオノリの緑一色だった。漁師の中には、「アオノリだけで子供三人大学に行かせた。」と自慢するおばちゃんもいた。同じ頃、アオサノリ（ヒトエグサ）も収穫期を迎える。こちらは養殖で元々は海藻だが、汽水域で育てた方が大きく良質なものがとれる。かつて国内シェア90％を誇ったという四万十川の天然アオノリは、ここ数年全く採れない年が続いている。最大の原因は海水温が高くなったことだと言われるが、まだ完全に解明されているわけではない。アオノリの不作を追うようにして、アオサノリもここ数年ほとんど採れない。四万十川に一体何が起こっているのだろうか。

2.　一周まわって一番前

　昭和元禄を迎えても、流域はひと時代昔の暮らしをしていた。いわば、戦後の高度経済成長から取り残された土地であった。日本一の森林率84％を誇る高知県は、沖積平野が高知市周辺を除きほとんどない。山がそのまま海に落ちこむような地形がほとんどで、ということは、土地に沿って道をつければ遠回りになるし、最短距離を橋とトンネルでつなぐとお金がかかる。結果としてインフラの整備がいつまで経っても進まない。

　四万十川はその陸の孤島高知の中でも西の端に位置する。ブームが訪れる前は、よそから人が来ると言えばお遍路さんかアユの釣り師くらいで、鮎師たちはアユを氷詰めにして大阪へ朝一の汽車で送る、それを世過ぎにしている人たちだったという。従って旅館も、商人宿が交通の要衝にぽつぽつとあるくらいで、道も狭ければ駐車場などというものもほとんどなかった。川にアユは溢れていたが、獲っても売り口がない。冷蔵庫もないから、必要なアユは欲しいと

きに獲りに行く。「必要な時に必要な分だけ川へ行ってもろうてくるわけじゃけん、四万十川はうちの冷蔵庫みたいなもんや」。『四万十川がたり』で話者の野村春松さんは語っている（野村・蟹江 1999：131 頁）。

　今では四万十川の代名詞とも言える沈下橋も、四万十川固有のものではない。他所では沈み橋、潜水橋等とも呼ばれるこのタイプの橋を日本で初めて造ったのは、中国西湖の洗い橋を見て発案した高知市の土木技師の吉岡吾一と、それを事業化した高知市の土木課長、清水真澄だとされるが（金井 1997：114 頁）、使うコンクリートが少なく建設費が安上がりで済む沈下橋は、その後全国で作られた。ただ、近くに抜水橋がかかると障害物として取り壊されていき、次々に姿を消していった。先述のように地形的に不利で、インフラ整備が進まなかった高知県において、抜水橋をかけることは住民の悲願だった。増水したら渡れない沈下橋では、急病人が出たら諦めるより他に仕方がない。四万十川流域にもやっと抜水橋の計画がなされ、沈下橋と引き換えに橋がかかり始めた頃、四万十川ブームが起きた。日本最後の清流にやってきた全国の人たちが、沈下橋の上から四万十川を眺め、その景観を絶賛した。流域にも、武吉孝夫さんのように、沈下橋の価値に早くから気付き保存を訴える人はいた。そうした訴えを、よそからの評価が強く後押ししてくれた。結果、四万十川条例とともに沈下橋保存方針が定められ、流域 47（現在は 48）本の沈下橋に関しては抜水橋ができても保存し、流されても基本的に修復することとなった。インフラ整備が遅れていたのが幸いして、現在の沈下橋は残ったのである。

　温暖化の影響からかこのところそれほどでもなくなったが、かつて「台風銀座」とも言われた高知は、毎年のように洪水に見舞われた。特に四万十川は河況係数（最小流量と最大流量を比で表したもので、大きいほど不安定な環境であることを示す）が 8,920 を記録したこともあるほどの暴れ川であるため、一度、暴れ出したら人間の力ではどうこうすることもできない。年に 2 度 3 度家が浸かる事はザラであったし、田畑が川の底に沈むのも日常茶飯事であった。

　住民たちはただただ諦めていたかと言うと、決してそうではない。人力であらがえない自然の力に対しては、守るべきものだけは守って、それ以外は諦めるという生活の知恵で対処した。河口の街下田には、水が来たときに床を底上げするための工夫がなされた家があるし、かつての中村の町屋の軒には、1 階部分が水に浸かったときのために舟がかけてあった。稲作にしても、水に浸かる田んぼでは早稲を育て、台風シーズン前に収穫するようにしていたし、最も

川に近い土地には茶や桑の木を植えていた。こういった木は、水に浸かると害虫が流れて、かえって良いなどともいった。

　四万十川流域の中山間地の土地利用は、こうした暮らし方に合わせてできている。すなわち、川に近い土地から、農地、道路、人家、裏山、そして、神社やお墓の順に配置されていて、流域を巡ってみると、細かい違いはあるものの、基本的に同じ考え方で集落ができていることがわかる。

　こうした暮らし方が生活文化財として評価されたこともあって、平成21年2月、四万十川流域は日本で初の広域連携した重要文化的景観として、文化庁の選定を受けた。時代から取り残されてきた感の強い四万十川流域の暮らしだが、今になって振り返ってみると、エネルギーを使って自然を無理に抑え込もうとしない、取るものは取り捨てるものは捨てるその生き方は、時代の最先端を行っていたと言えるかもしれない。「一周回って一番前」四万十発の地域商社の雄、「四万十ドラマ」の畦地履正社長がよく口にする言葉である。

3. ただの「オオカワ」から「清流四万十川」へ
―日本最後の清流の意味したもの―

　「日本最後の清流四万十川」― 1983年9月に放送された「NHK特集　土佐・四万十川―清流と魚と人と―」の中で使われて以来、四万十川のキャッチフレーズになり、四万十川ブームが巻き起こった。あまりに有名なので、この言葉が番組のサブタイトルになっていると思っている人もいるようだが、何度確認しても開始1分40秒付近でナレーターの広瀬修子アナウンサーが「四万十川。この四万十という名前はアイヌ語の『シ・マムタ』からつけたと言われています。シ・マムタとは大変に美しいという意味です。長さが200キロ、山間を縫って大きく蛇行を繰り返します。日本有数の大河でありながら、今も清らかな流れを保ち、その名の通り『日本最後の清流』とも呼ばれています。」とたった1回さらっと言っているのみである。ちょうど国鉄の「ディスカバー・ジャパン」のキャンペーンの後で、まだ見ぬ日本への関心が高まった時期であったことも功を奏したのだと思う。道もトイレも駐車場も未整備で、宿もない陸の孤島四万十川に、どっと人が押し寄せた。流域の人は受け入れきれない観光客を、戸惑いをもって迎えたという。

　人々を四万十川へ駆り立てたのは、川それ自体の魅力もさることながら、

「しまんと」という大和言葉らしからぬ響きにもあったのだろう。だが、この「四万十」という名は、その由来も来歴もはっきりしない。遠流の地土佐のそのまた辺境に位置する川が都人の記録に残らなかったのは仕方ないが、この川の存在が文献に現れるのは天正年間（1573-1592）の長宗我部地検帳を待たねばならない。太閤検地よりも前に長宗我部元親が土佐一国の検地を行ったもので、そこには「オオカワ（大河・大川）」と「ワタリガワ（渡川）」の名が見えるのみで、「四万十川」はない。

　そもそも、ついこの間まで、流域住民にとってこの川は「オオカワ」であった。「ワタリガワ」「シマントガワ」は、いわばよそ行きの呼び名だった。明治以降、国はこの川の名を「渡川」と定めたが、あまりに「四万十川」が有名になったため、平成6（1994）年7月25日に「渡川」から「四万十川」へ正式に名称変更し、高知県はこの日を「四万十川の日」と定めた。明治以前の記録類を見ても、この川は「オオカワ」で、中村での局所的な呼び名が「ワタリガワ」だったと考えられる。「四万十川」の名が登場するのは、18世紀に入ってからで、宝永年間（1704-1711）の『土佐州郡志』または宝永5（1708）年の『土佐物語』に「四万十川」の文字が見える。特に、「土佐州郡志」は現地調査に基づき編集された地誌であるので信頼に足る資料だ。この頃は各藩の財政立て直しのために風土と特産品把握の必要性から、全国的に地誌類編纂が行われた、いわば江戸時代版の「ディスカバー・ジャパン」の時期だった。爾後、「四万十」の命名由来に関する様々な説が出されるようになった。この辺りの詳細については武内文治氏のホームページ「四万十町地名辞典」(https://www.shimanto-chimei.com/)が資料を博捜網羅してまとめてくれているのでそちらに譲るが、結論から言えば、結局まだ分かってない。命名由来が分からないそのこと自体が一つの魅力と言えなくもない。

　「日本最後の清流四万十川」は、有名なコピーライターや大手広告代理店が作ったわけでもない、キャッチコピーですらないこの「日本最後の清流―」が、なぜ人々の心に刺さったのか。言い方を変えれば、四万十川のどこが、当時の日本人の心をとらえたのか。

　それは恐らく、日本という国が戦後失ってしまった「日本人の普通の暮らし」だったのだと思う。経済的には豊かになったが、それは、田舎をあとにして都会に出た人たちが、夢中になって働いて手に入れたものだった。豊かさを手に入れて己のふるさとを顧みたとき、それは、もはや自分たちの知るふるさとの姿ではなくなっていた。地方でも公害が頻発した時代、泳いで遊んだ川はコン

クリート護岸になり、川にも田圃にもあれ程いた魚たちが姿を消してしまった。そんな時テレビの向こうの四万十川には、自分たちの昔の暮らしがあった。そういうことなのだと思う。いわば、四万十川はかつての自分たちの暮らしの、最後の砦だった。

　近年、その四万十川が弱ってしまっている。何が起きているのか、この本を通じて知っていただきたい。

主要参考文献

金井　明 1997『四万十川　赤鉄橋の町』高知新聞社
高知県教育委員会 1998『日本の清流　四万十川民俗文化財調査報告書』高知県教育委員会
高知県立歴史民俗資料館編 1997『四万十川―漁の民俗誌―』企画展図録、高知県立歴史民俗資料館
斎藤　功ほか 1990『地理学講座 第 3 巻　環境と生態』古今書院
澤田佳長 1992『ネイチャー・ウォッチング　清流 四万十川』NHK 出版
澤田佳長 1993『四万十川物語』岩波書店
澤良木庄一 1988『清流四万十を探る―人と自然と植生の旅―』高知新聞社
武吉孝夫 1993『沈下橋よ永遠なれ』写真のたけよし
立松和平 1991『最後の清流四万十川を行く―豊穣の川よ永遠に―』講談社
永沢正好 2012『岡村三男翁聞書　川は生きちょる―四万十川に暮らす―』大河書房
野村春松・蟹江節子 1999『四万十川がたり』山と渓谷社
野本寛一 1999『四万十川民俗誌―人と自然と―』雄山閣
山崎　武 1993『四万十川漁師ものがたり』同時代社

トンボから見た四万十川の自然

杉村光俊

1. 四万十川流域のトンボ相

　トンボは幼虫の生息環境によって流水性種と止水性種に大別され、前者は渓流に生息するムカシトンボや棚田を巡る水路等に生息するミヤマアカネなどで、溜池などに生息するオオヤマトンボやチョウトンボなどが後者のグループに属する。浅い湿地を好むモートンイトトンボやエゾトンボも過度の水温上昇を嫌うため、清浄な水が一定量流入する水辺に依存する傾向があり、厳密に言えばこれらも流水性トンボに含まれる。トンボ類だけでなく、野生生物は種類ごとに異なった環境に依存して命をつないでいるので、その数だけ異なった自然環境が存在していると言える。

　さて、これまでに高知県内で記録されているトンボの仲間は96種、四万十川流域に限れば90種が採集確認されている。しかし、この中でベッコウトンボなど3種が絶滅もしくはその可能性が高く、トビイロヤンマやスナアカネなど11種は定着が確認できていない、南西諸島や中国大陸などからの一時的な飛来（迷入）と考えられている。従って現在、四万十川流域で確実に世代交代しているトンボ類は76種と推察される。ちなみに、この中で流水性種は33種、止水性種は43種である。ただ、四万十川流域現存種の中には四万十市トンボ自然公園（通称・トンボ王国）が当地方唯一の生息地となってしまったオオイトトンボ、さらに県内唯一となったモートンイトトンボなどが含まれており、当該地域で今直ちに絶滅の恐れがないと考えられるのはせいぜい50種程度になるだろう。トンボ類の減少原因としては、宅地や道路等の整備に係る開発行為は無論、高知県では人口減少と高齢化に起因する里山環境（農地や低山の山林など）の荒廃、農薬の使用過多による水質汚染が主な原因と考えられる。さらに、集中豪雨や長期間の乾燥を繰り返すようになった「温暖化の進行」も見逃せない。何れにしても近年のトンボ類激減は紛れもない事実であり、流域の自然環境がそれだけ劣化したことを意味している。

2. トンボ王国

　このような状況にも関わらず、四万十川流域本来の生態系が高レベルで維持

写真1　トンボ王国

されている場所がある。それが約50haの四万十市田黒池田谷に整備されている、現在約5haの「四万十市トンボ自然公園（通称トンボ王国）」（写真1）である。

　さて、「手つかずの自然」と言うと、多くの人は輝くような生物多様性環境をイメージされることだろう。地球上のどこかにはまだ、台風や旱魃などの環境かく乱と多様な生物種の協働作業によって、奇跡的に生物多様性が保たれている地域があるかもしれないが、気候変動が顕在化するなど生物大量絶滅時代と言われる今、そのような環境の存在は期待薄と言わざるをえない。特に、日本の里山では「人の手入れ」なしで生物多様性は語れず、そこでの「手つかずの自然」とは、「手入れ不足の荒れ果てた環境」に他ならない。例えば山裾の水田。トンボならシオカラトンボやアキアカネが代表種になるが、四万十川流域の湿田地帯で耕作を止めると1年後にはセリやイグサなどが生い茂り、シオカラトンボがハラビロトンボに、アキアカネがヒメアカネに置き換わる。水はけのよい山間の棚田ならトンボなどの水生昆虫はすぐに姿を消してバッタ類などが進出してくるものの、これは一時的現象で、数年後にはススキや木本類が繁茂して水田時代の生態系は崩壊する。

　そのような観点に立ち、1985年の整備開始当初からトンボ各種の生態に合わせ積極的な人的整備と管理を続けてきたトンボ王国では、整備前には60種だったトンボ類の記録種を81種まで増加させ、2005年から年間（1シーズン）

杉村光俊

写真2 スイレン池

写真3 スイレン抜きボランティア

60種以上確認を継続中、ミナミメダカを始め、高知県希少野生動植物に指定されているニホンアカガエルなども多産、明らかに生態系をより豊かにしてきた。その実績から2024年3月、「世界に誇れる優良事例」との高評価を得て、モントリオール会議の議決に基づく国（環境省）の自然共生サイトに認定された。以下に、主な保護区で見られるトンボ類と管理手法などを紹介する。

スイレン池：日当たりと風通しがよい谷の中央部北側に整備、チョウトンボを中心に、ギンヤンマやショウジョウトンボなどが生息している。各種イトトンボ類の産卵場所および、審美的景観作りを目的に植え付けた温帯スイレンは、やや富栄養化的水環境で驚異的な繁殖力を見せ、短期間に水面全体を覆い空気を遮断、池の中を酸欠状態にしてしまう。また、日照が不足すると、スイレン自体も美しい花を咲かせることができなくなるため、生長の勢いが衰える厳寒期、7〜8割のスイレンを人力によって抜根している。これは同時に富栄養化物質を含む底泥の除去も兼ね、一定の水質浄化にもつながる（写真2・3）。

ハナショウブ池：谷の中央部南側は、周囲にハナショウブを密生させたトンボ池としている（写真4）。ここはウチワヤンマなどが好む水面の開けた水辺としていたが、好環境の証なのか近年、高知県版レッドリスト絶滅危惧Ⅱ類に指定されているコウホネが大増殖している。肝心のハナショウブは夏期に繁茂した葉々を、乾燥を嫌うイトトンボ類のシェルターとすることが本来の植栽目的であり、管理は池そのものよりも、ハナショウブの生育を阻害するススキやアオゴウソなどの刈り取りや、早春の株分けなどが主な管理作業となる。

写真4 ハナショウブ池

もちろん、花期は見学者に好評である。

　湿地保護区：枝分かれするように３方に伸びる、それぞれの谷奥には湿地状の保護区を整備。何れも田泥を広く掘り起こすことなく、元々の畦を活かした浅い水辺としており、水量が豊富な入口近くの保護地にはマルタンヤンマやシオヤトンボなどが生息、中央部の保護地は県内唯一のモートンイトトンボ生息地となっている。また、谷最奥の保護地には成虫越冬種ホソミオツネントンボやヒメアカネなどが多く生息している。これらの管理は、年２〜３回の除草作業とイノシシ防護柵の補修、不要な日陰を作る雑木の伐採などのほか、温暖化進行と推察される近年の頻発する渇水対策として、周囲に水路状の深みを整備した。またアキアカネ等、水田依存種保護のため、一角に有機水田を再生している。

　池田川：谷を二分するように流れる県管理の小河川で、セスジイトトンボやキイロサナエなどが生息。従来は谷内の農業従事者が共同で管理していたが、放置田の増加と共に、全作業をトンボ王国の実質的運営組織「公益社団法人・トンボと自然を考える会」だけで受け持つようになった。主な管理作業は年間５〜６回の、作業道も兼ねる土手周辺の除草と冬季の底泥除去、増水等によって崩壊した土手の修繕などがある。

　以上のような整備・管理作業には、しばしば市内外からボランティアが駆けつけてくれており、自然環境保全にかかる社会的関心向上にもつながっている。

　以上のような管理手法は、お世辞にも良好な自然生態系が保たれているとは言い難い現在の四万十川再生の参考になるものと確信する。かつては流域のどこにでも存在していた「生物多様性環境」が現存する当地での整備、管理手法を真に生態系豊かな四万十川再生に活かして欲しいと切に願う。なお、保護区の一角に建つ博物館「四万十川学遊館あきついお」（有料）で、トンボを主体とする昆虫標本や活魚の飼育展示を通し、生物多様性環境の楽しさと重要性を知ることができる。

3. トンボの活用

　かつてトンボは、蚊やハエなど、「害虫（あくまでも人の立場からの一般論とし

写真5　ムカシトンボ♀休止
　　　（右下円内は終齢幼虫）

杉村光俊

写真6　ミヤマアカネ

写真7　カトリヤンマ

て)」を駆除してくれる「益虫」として身近で大切な存在だった。しかし農業、家庭用問わず手軽な殺虫剤が多く流通する今日、害虫も益虫も単なる「虫」として嫌悪感を持たれている人が増加しているようだ。ただ、トンボの生態を深掘りしていくと、人々の暮らしを豊かにできる様々な情報を得ることができる。そんな例を少し紹介する。

その1　飲める水のありか　ムカシトンボ（写真5）：ムカシトンボの仲間は恐竜時代に栄えた古代トンボで、ユーラシア大陸から60種ほどの化石が発見されているものの、その時代さながらの清浄な渓流でなければ生きられないことなどから、現存種は日本のムカシトンボやヒマラヤ地方のヒマラヤムカシトンボなど4種のみ。その幼虫の存在は、災害時など「いざ」という際の飲用水確保に役立つ。しかも、ムカシトンボの幼虫期間は南日本でも5～6年かかるため、一年を通しその存在確認が可能だ。終齢サイズの幼虫が見つかれば、その流れは清浄な水が5～6年間、絶え間なく流れ続けていた証である。

その2　美味しい米　ミヤマアカネとカトリヤンマ（写真6・7）：北国生まれのミヤマアカネは真夏の蒸し暑さが大の苦手。南日本において、幼虫は谷水を引き込んだ水田地帯の水路に依存している。その水を引き込んだ「真夏でも水温が高くならない田んぼ」で育つコメは美味との評価が高い。さらに、美味しいコメができるもう一つの条件に「水はけがいいこと」があり、稲刈り後に人が普通に歩ける程度に固まった田泥に産卵するカトリヤンマの存在がその目安になる。また、両種とも水質の悪化など環境変化にも敏感なので、

写真8　オオイトトンボ

トンボから見た四万十川の自然

写真9　キトンボ

写真10　チョウトンボ

コメの安全性と味にこだわるなら、ぜひカトリヤンマとミヤマアカネにご注目を。

　その3　安全な農業用水　オオイトトンボ（写真8）など：農作物の安全性を求めるなら、栽培に利用される溜池や用水路などで生活しているトンボ類に目を向けたい。中でも、注目すべきはオオイトトンボ。水田はもちろん、平地から山地まで、止水でも流水でも暮らすことができる、生息環境には柔軟性のある種類だが水質の悪化にはすこぶる敏感なので、このトンボが飛び交う池や小川の水は灌漑用水として太鼓判と言える。また降水量が少ない地域には灌漑用の溜池が整備されているが、ここでは、キトンボ（写真9）の存在が安心、安全な灌漑用水の目安となる。

　その4　トンボの仕事：トンボの幼虫は、何れも水中で生活するヤゴ。水中の小動物（つまり有機物）を食べて成長する。言い換えると、放置しておけば「汚濁物質」になる恐れもある、水中の有機物を体一杯取り込んで水の外に運び出しているわけだ。つまり全てのトンボに課せられた最大の使命は水の浄化。池であれ川であれ、トンボ類を筆頭に羽化して飛び立つ水生昆虫の個体数が多ければ多いほど、その水辺はどんどん浄化されていることになるわけだ。

　その5　熱中症対策　チョウトンボ：日差しが強い時、水辺でメスの訪れを待つ多くのトンボのオスが、枝先などで見事な倒立を見せる。これは、必要以上に体温を上昇させないよう、体に当る日照面積を少なくするためのポーズである。しかも表面が反射板のようなハネを持つチョウトンボの逆立ちは、正に「熱中症警報」。特に、水面上で探雌飛翔するオスが太陽を背にした時、腹部を立てていたら気温38℃越の「命に係わる危険な暑さ」ということを知っておくといいだろう（写真10）。

　その6　見える温暖化　台湾型ベニトンボ：怖い話も一つ。1970年代以前には台湾まで行かなければ見られなかった台湾型ベニトンボが現在、分布域を

杉村光俊

写真11　ベニトンボ

写真12　ミヤマカワトンボ

広島県北部まで北上させている。その理由はもちろん「地球温暖化」。その言葉が聞かれ始めた1981年、それまで国内では鹿児島県の池田湖と鰻池だけから知られていたベニトンボより遥かに大型の、台湾タイプのベニトンボ（写真11）が沖縄県の石垣島で発見された。その後、沖縄本島などを経て1986年には鹿児島県の奄美大島まで、1999年には在来型の生息地を越え宮崎県まで北上、2000年代に入ると分布域は九州と四国のほぼ全域に、2010年代には近畿地方や東海地方まで広がり、さらに2020年代に入ると分布域は中国・山陽地方でも拡大した。このまま温暖化が進めば、世界の平均気温は産業革命時から5℃ほど上昇すると推測されており、当時生息していた生物の90％以上が絶滅したとされる、およそ1億5千万年前のペルム期末期に起こった生物大量絶滅の再来が懸念されている。温暖化対策の一環として、台湾型ベニトンボの動向にも注視して欲しい。

　その7　元気な里山のシンボル　ミヤマカワトンボ（写真12）：日当たりの良い清流に生息するミヤマカワトンボ。その存在は、よく管理された山林と健全な農業が営まれている里山環境の証となる。そんな環境で生産される作物を食べて暮らす人々は、きっと心身共に健康でいられるに違いない。

4. まとめ

　平地が少ない高知県では山間地の奥深くまで水田や畑地が整備されており、耕作が続けられていた頃は灌漑用水路として利用されていた渓流も日当たり良好で、ミヤマカワトンボやコオニヤンマなど明るい清流を好むトンボ類が相当な山奥まで生息、同時に好んで水生昆虫を捕食するタカハヤやカワムツ、アカザやオオヨシノボリなどの魚類も多産していた。このような人手による生物多

様性環境が県内中に存在した良き時代、人々の間では県内どこの川に分け入ってもウナギが採れると語られていたが、今は昔話。限界集落が急増する過疎化を前に、多くの山里は見る影もないほど荒廃している。ウナギ（ニホンウナギ）やアユ、川ノリなど、私たちに経済的利益をもたらす天然資源（野生生物）は少なくないが、その増殖にとって、中山間地での稲作に不可欠な日照確保のための雑木伐採や水路の管理、食の安全を意識した物理的な除草作業などが効果的に働いていたと推察される。しかし、作業当事者への経済的裏付けがないことも手伝って、中山間地の耕作地は衰退一途である。近年、品質・収穫量共に全国屈指だった四万十川のアオノリ（スジアオノリ）は不漁続き、激減したウナギも規制がどんどん厳しくなるなど下流域の生態系劣化は、中山間地の荒廃＝過疎化進行と決して無関係ではない。当たり前の話ながら、ある生物の保護・増殖を図るためには、該当種の（採集）規制以上に、生息環境全体の保全が重要である。例えばウナギなら、その餌になるだろう甲殻類を始めヨシノボリ類などの魚類やヤゴなどの水生昆虫など、川ノリなら生長の栄養源になっているに違いない水田を始めとする耕作地からの肥沃な土壌の流出など、必要悪的なものも含めた生態系全体の保護・管理策を考慮しなければならない。

　トンボ王国の整備開始当初、その活動を物心両面で応援して下さっていたのは、子供時代に里山の豊かな自然の中でトンボ捕りやフナ釣りなどに興じた楽しい思い出を持つ、少し高齢の方々が大半を占めていたように思う。ただ、生産性に優れた自然環境と共に、野生生物に関心を持つ人々も激減した今日、「トンボと自然を考える会」は支援者減少による活動資金不足でスタッフの雇用もままならなくなっている。とはいえ、活動を止めれば高知県から姿を消してしまうトンボがいることが分かっているため「知りすぎた報い」のごとく経済的弱者に甘んじている。生態系のことをよく知らない人々が「知らぬが花」のごとく経済的に恵まれた暮らしを送っている現況を情けなく思うばかりだ。

　今や、世界中で１日100種以上の野生生物が絶滅していると言われる生物大量絶滅時代。四万十川流域でも、すでにベッコウトンボやタガメ、カジカやニホンカワウソなど多くの野生生物が姿を消している。さらにイトトンボ各種やミズスマシ類など、その予備軍となれば枚挙に暇がない。温暖化進行による気候変動も加わり、もはや人手抜きに生物多様性環境は守れない。一方で、先進地では自然や野生生物の保護を不要と考える人は多くないだろう。このことは、生物多様性環境の保全が、過疎にあえぐ地方での雇用につながり、その再生に

つながることを示唆している。植物であれ、昆虫であれ、野生生物に興味を覚えた若年世代が「好きこそものの上手なれ」のごとく経済的保障がある暮らしができるようになれば、その先に自然豊かな四万十川の再生も視野に入ってくるだろう。しかし、四万十川流域のミヤマカワトンボが激減しているなど、タネまで消え失せそうな生物が目白押しの今、残された時間はそれほど長くはない。トンボ類の種や個体数の多さが、「食」や「気候」など私たちの暮らしの「安心」につながる、ということを早急に常識化したい。

座談会「四万十川の現状と具体的改善策」

【出席者】

金谷光人
(四万十川漁業協同組合
連合会会長)

武政賢市
(四万十川東部漁業協同組合
組合長)

大木正行
(四万十川中央漁業協同組合
組合長)

山崎清実
(四万十川下流漁業協同組合
理事)

山崎明洋
(四万十川下流漁業協同組合
理事)

佐竹孝太
(生姜農家・㈱佐竹ファーム
専務)

百田幸生
(高知銀行窪川支店長)

神田　修
(公益財団法人四万十川財団
事務局長)

津野史司
(四万十町役場企画課／
四万十川振興室長)

小松正之（著者）

座談会「四万十川の現状と具体的改善策」

座談会の様子

小松　2021年から四万十川の水質調査を3年間、年間3〜4回のペースでおこなってきましたので、その調査結果を、特に経年的変化が分かるような本にまとめることにしました。四万十川についてはいろいろな本が出ていますが、どれも清流礼賛というか〈物語〉めいたものばかりで、これからは科学的に分析したものが必要になります。実際3年間でますます汚くなっていますが、この対策として、例えば世界ではNBS、自然再生型の事業が主流になってきていますので、これが四万十川でもできるんじゃないかと提案もしたいと思っています。ついては本日、地元の関係者の方々に、これまでの経験と現状認識、そして将来についてどのようにお考えなのかをざっくばらんに語ってもらおうと集まっていただきました。

◆各漁協からの現状報告

武政（四万十川東部漁業協同組合組合長）　昭和30年代の頃の川と今の川を比べたら、もうすごく汚くなったと思います。といいますのは、津賀ダムが昭和19年に完成して、上流から岩石とか砂利が流れなくなって、そのため河床がひどい所では2、3メートル下がったと思います。私らが子供の頃は砂利——ここらではマナゴと言いますが——がいっぱい溜まっていて、夏場の夕方にはそこにウナギが頭を出していて、もうそこいらじゅうウナギがいっぱいおったのですが、今は砂利がないためまったくいなくなりました。また、我々が漁場にしている川でも、アユが生息しづらい状態になっております。ウグイ、オイカワ、カワムツといった従来いくらでもおった魚がものすごく少なくなりました。それから去年あたりから遡上してくる天然のアユが小型化してきました。川が痩

せてきたなあという気がしています。それと河口ではシラスのウナギを取りますから、こちらではゼロとは言いませんが、ほとんど私らのところではウナギは獲れんようになった。ウナギについては一番の被害を被っているのが東部漁協管内ではないかと思っています。

大木（四万十川中央漁業協同組合組合長）　私どもがこの川に寄せるその想いというのは単純な話で、良質な水産動植物をですね、安定的、継続的に獲れる良質な環境をずっと願っていて、それを基本に各方面の方々といろいろ協議をしているんですが、その中にあって連合会会長の金谷さんが、いわゆる河川の土砂管理を試験的にやられてます。我々は本当にこの河川の急激な環境変化にずっと翻弄されておるというのが現実なわけですよ。そこには人為的なものも含まれていて、砂利採取というのが四万十川でも昭和30年代から始まり、昭和60年代前には禁止になりましたが、その間に取った量が県の範囲内で600万トン、国交省の直轄部分で300万、合計したら1,000万トン近くの砂利採集がされてきたわけです。それが高度成長期、四国以外のところにも出て、高速道路やビルになったわけです。それでもダムがなければ砂利の生産域からの自然流出があって、ある程度は復元され、そんなに河床が下がることはなかったかもしれませんが、やっぱり砂利採取がすごくボディーブローのように効いて、今、河床がもう全体的に私どもの四万十市街地の近くでも2メートル近く低下してるような状況です。昔の川は豊富な礫が堆積し、浮き石があって、いろんな動植物が住みやすい環境だったわけですけど、今は上から流れてくるのはもう砂だとか、土に似たようなもんで、それが流れの緩い縁に積もってゆく。そうしたらもうそこはいわゆる魚類の生態系ではなくなってしまう。

小松　詰まってしまう。

大木　そうです。四万十川では手長エビというのが獲れておったのですが、もうここ10年ぐらいずいぶんと取れなくなりました。その原因を専門家の意見としては、漁獲圧を第一の要因に上げていました。たしかに四万十川ほど河川漁業に依存している地域は全国にも少ないのですが、実はそれだけではなく、生息環境や水温等の気象変化の影響を受けているんではないでしょうか。特に近年、四万十川の代表的な春の風物詩のボリという、これはヌマチチブのことなんでして、全国的にも四万十川のヌマチチブの漁獲量は多かった訳ですが、それが今、ずいぶん少なくなりました。ヌマチチブが好んで住むのは礫底の川なんです。礫底で、しかも石が積み重なったようなところに巣穴を作って、そ

こで繁殖をするので、そういった環境が少なくなりました。ここ2、3年、特にそう感じます。やっぱり自然再生の話が非常に大事だと今切実に感じるところなんです。その河川の自然再生に関して、私は常日ごろから興味をもっており、専門家の講演を拝聴したり、書物を見開いたりしていますが、どうも行き着く先は河川内の土砂管理に到達しているように感じます。ダムが建設されている河川ではその影響により、特に減水区間において影響が著しく、四万十川でも砂礫の粗粒化や露岩化が進行する現象とともに、夏場などの渇水期には川の機能が失われ、生息する魚類の減少や、アユの成長にも影響を与えていると思われます。全国には同じ悩みをもつ河川がたくさんあると思いますが、なかでも徳島県の那珂川が土砂管理に関して先駆的な取り組みをされていると聞き及んでいます。それでも事業の原点はあくまで河川管理、ダム管理を基調にしており、そこに暮らす漁業者などの考え方がどれだけ反映されているのか気になるところです。高知県でも一部の河川で土砂管理の試みを行っています。ただしその後の評価について知る機会を得ていませんのでよくわかりませんが、一時的な土砂管理によって、本来の河川機能を再生させる目的は相当困難なことだと思います。モニタリング調査を繰り返し、継続的な取り組みにしていくことが重要なことではないかと思っています。

山崎清実（四万十川下流漁業協同組合理事）　上流からお話が出てきているんですけど、結局土砂の供給がないことが大変な問題になっていると思うんです。土砂の供給がないってことは、それを濾過する河川敷がなくなるっていうことで、もう濁りがそのままずっと下流へ流れますわね。そのうえ土砂の供給がないので下流なんかは砂州がなくなるという大問題が出てきました。あったはずの砂州がないっていうのはすごいことだと思うんだけど、僕の記憶の中では、昭和40年代前半から50年代後半ぐらいまでの汽水域の河床には（青ノリが）びっしりとね、子供の頃、青ノリで足がすべってコケておぼれたことかあるくらい生えてたんですよ。河口から1～2キロぐらいのところでした。それがもうなくなったっていうのは、いろんな原因が複合してあるんでしょうが、川が痩せてきてるのだと思います。40年ぐらい前までは、まだ河口から4～6キロぐらいの汽水域のところにシジミなんかも本流で大量に取れていました。僕ら小学校、中学校の頃は夏場のお小遣い稼ぎになっていました。それが30年ぐらい前だよね、その頃からもうなくなってしもうて、本流では全然取れない。なんでかって言うたら、護岸工事をどこもかしこもやってしまって、ちょうどいい

砂泥が溜まる場所がなくなった。でっかい護岸をどんどん作って、手を突っ込んでも泥にも触れんような石積みを大量に作ったわけですよ。それと淡水シジミも佐田の沈下橋辺りではいっぱい獲れたんですけど、もうこのところないです。結局、水質の浄化には河川敷も河床も大事なんだけれど、礫とかも必要。それから貝類もいないから濁りがとれないんじゃないかと思います。本当にノリがもうゼロになっちゃったっていうのは、四万十川にとって一番悲しいことですし、これを復活させるのは、今の地域環境からも難しいかなって思います。海水温が1～2℃あがると、それが川にも影響するんですよね。ある先生から聞いたのは、水温の1℃は気温に換算したら4℃の差になると。それで考えたら8℃もあがったことになる。そりゃあ無理やろと、もうつくづく思います。

山崎明洋（四万十川下流漁業協同組合理事）　今、本当にノリはゼロです。いろんな影響があると思いますけど、青ノリとか、下流域にあったコアマモと水草が今全然ない。それは土砂がなくなったり、変な泥が溜まったり、海水温の影響が大きくなったこともあると思うんですけど、水生植物がいなくなったのは住む場所がなくなったからだと。やっぱり環境が悪かったら戻ってくるものも戻ってこないんじゃないか。アユだけでなく、他の生き物についてもやっぱりその影響がすごく大きいと思ってます。下流の方は結構護岸工事、コンクリートであったり石積みであったり、何かいろいろあって、正直ああいう工事がいるのかなって。そのことも県ないし国の人が考えてくれっていうのがお願いです。青ノリの復活は難しくてもやらなかったら、もう終わっていってしまうんで、今は本当に瀬戸際なのかなと思います。

金谷（四万十川漁業協同組合連合会会長）　私は連合会の会長として、四つの組合、それぞれの状況を報告しなければならないでしょうが、今日は各組合の方々が来られておりますので、私の想いから述べますと、非常に今、川自身が汚れております。それも年々進んでおるなと。これをどう改善をしていくかということで、昨年12月5日に、要望書を知事や高知県に出させていただきました。今まで考えてきたことを全部要望書として出して、今後の改善にどういう力を貸していただくか、ということをお願いをしたところ、気持ちよく引き受けていただいて、そういう方向性ができるのではないか、また、皆さんと力を合わせるような組織作りをしてゆく方向に進めばいいかと思っております。これはやっぱり机の上で考えるだけではなしに、実践に取り組まないと結果は出てこないし、改善はできないと思っています。今、皆さんと四つの組合が一つ

の方向になって少しずつ前を向いて進んでいる。先日も小松先生に行っていただいて、リッパーを掛けたところと掛けていないところを調査をしていただいたら、やっぱり少しリッパーを掛けたところは成果が出ておるというような数字も出ました。今後は研究者の方々にご指導を受けながら改善をしていこうと思っております。もう切羽詰まっておるんで、こういう機会を持っていただくことは非常にありがたいし、調査をして、意見を交換していただくことが、私は四万十川にとって大事なことだなと思っております。中でも我々が今一番問題視しているのは一番（四万十川）下流のノリのことであり、ノリの生産量がゼロになったということは、これは他人事ではないと思います。やっぱりこの原因の研究を一番先にどういう形でやっていくか。我々のところではウナギもアユもカニも獲れるんですけど、量としては数年前の10分の1の量ですから、言うたらもう目に見えて激減している。その上に下流ではノリの生産量がゼロだということが起きておりますから、この対策を皆さんから指導していただきながら、1日も早く結果を出す。先ほども言われたように、もう川の両側は粘りきっており、穴という穴がありませんから、川の環境を変えていくことが一番大事だと思います。

◆これからの農業とそれを支える資本について

佐竹（生姜農家・㈱佐竹ファーム専務）　僕は父の代から生姜栽培をやってきて、いろんな話を聞いていく中で、僕自身もすごく変わっていかなければいけないと思っています。30、40年前ならば土壌消毒のため薬剤を投入するとかは少なくて、それにガス化されるのもあったので、要するに流失することが少なかったかもしれませんが、同時に農業の生産物を作るときにかなり窒素とか肥料を入れて収穫量を上げてきた。それと生姜はやっぱり水が溜まってはいけないので、排水性をとにかく良くしようと圃場に降った雨をいかに早く落とすかっていうことをやってきましたので、土壌、肥料と農薬をかなり川に流してきた状況があったのかなと思っています。生姜作りは確かに農業の分野での基幹産業ですけど、本当に川を汚してきたんだなっていうのを改めて感じてます。土壌消毒等ではかなり人間にとってもきつい薬を使ってきたので、これは変えていかなければいけない。そうなると、より吸収性と浸透性のある土作りをやっぱりすごく考えていかなければならない。現にお米作り、特に代掻きとかで結構汚れたりする場合もあると思うんですけど、もう水を張らなくても米が取れる

技術もだいぶ出ていて、それが実行できるようになると代掻きの泥とかを川に流すことも少なくなってくるんじゃないかなと。そこから少しずつ取り組んでいこうかなと思ってます。生姜作りについても何かできることからと思って、今基盤整備してるんですけど、うちの前に一番低い田んぼがあるので、そこを排水を川に落とす前に一旦保水し、浄化の場所として、来年はそこに水を落としてから、一段階水質の改善を図ったうえで川に落としていこうかと思ってます。あとは地域でやっていく若い方も含めて、取り組んでいくことがすごく大事で、いろんなことを学びながら、一生懸命土壌作りに関する考え方を変えなければいけない。どういった形で微生物が育つのか、どういった形で植物が根っこを発根し、酸素供給するのか、そういう土作りから考えていけば、雨が降ったからまず自分の畑だけ水はけ良くして、あとは見ないっていうのはすごく良くないんじゃないかと思うようになる。僕たち農業者は農薬投入すればやっぱり楽なので、それがきちんと圃場内でとどまっていればいいんですけど、雨が降ったりするとかなり圃場外と四万十川に流れてしまっている。微生物とか川の生物が少なくなってきたっていうのは、生息できる環境を物理的、化学的に壊してきた責任を僕ら農業者が取ることなので、これを踏まえて、いろんなことを聞きながら、農業全体を変えていくことがこれからすごく大事で、子供たちに残せるように農業と川のあり方とか、ダムとかも含めて考えていきたいなと思っております。

百田（高知銀行窪川支店長）　ちょっと部門外の業種なので違う感じの話になるかもしれませんが、こういう現状になった根本というのが、やっぱり日本人の文化的なところで、どうしても単年度の利益を最大化していくっていう考えが強くて、例えば100年間で総利益が1万もらえるとしたら、はじめの30年間でもう8,000円ぐらい取って、それ以降はもう10とか20の利益しか出ないから持続性が途切れるっていうのが今のイメージなのかなと。利益の分配を考えたら、100年後でもずっと持続できる利益が出る見取り図があればできたはずなんですが……。問題は環境をどうやって元に戻すかっていうところになるかと思いますが、まずは各利害関係者の業界の方とかが、どこが中長期の利益のために短期的な利益と簡便性を我慢して、どう調整をとるのかっていう経営的なところが一番難しいであろうと思うんです。そこで小松先生の調査された結果で最終的に何ができるかっていう方向性が出てくるとしたら、どういうメリットがあり、そのためのどういう技術があるのかっていうのを提示できるように

していかんかなと。どうしても短期的な困難を考えて当面のパニックになる方々もいるとは思うんですけど、こうすれば後で経営が安定しこういうメリットがもう一度出てくるっていうことを、農家、漁家と事業者、そして各団体にやっぱり提示していけると話が決まるのでは、というイメージを持ってるんですけど。

小松 銀行もそれを考えなくちゃいけない（笑）。私が思うに、高知県で今の農業のやり方を続けていたら完全に衰退していく。そうれはもう残念ながら予想される。10年後に、人もいなくなるだろうし、土壌の問題、水の問題、自分たちが自分の首を絞めてる状態を変えてくことが大変重要だと思う。

百田 それは感じています。魚は宿毛湾周辺でも減少してますし、窪川も急速に休作地が増えてきて、高齢化でもう今年で引退するっていう話は結構聞きます。ただそれを改善する案を銀行に提示しろと言われましても……銀行は単年度利益を最大限追及する権化みたいなところで（笑）

佐竹 例えば、これから20年間、僕たち農業者が水質改善に取り組みましょうってなったときに、じゃあ全然売り上げが上がらないとか、売れないとか、その取り組みを評価されない10年間を、資本として資産を支える。それが銀行として一番できることなんじゃないかなと。その内容を精査するのは必要だと思いますけど、本当に何をどう支えるかっていうことならば、やっぱりね現金があることで支えられるっていうのはある訳です。但し取り組みに対してのきちんとした信用性とか、論理的な数字も含めて考えなければならないので、そこはぜひ一緒にやってはいきたいし、支えていただきたい分野ではないのかな。じゃないと僕たちも単年度でやっぱり利益をかけるので、農業排水を流さないとかどうすんのっていう話が出てくる。じゃなくって、できることと対応案を考えるところに金銭的に応援してくれると有難いと思います。

小松 技術面でやれることは、そろそろ見えてきたと思っています。来年3月4・5日に四万十川国際NBSシンポジウムをやりますが、その前の8月にアメリカの専門家を招いて、現場を見てもらいます。実際に金谷組合長がやってるようなことと米国でNBSとして実績を出していることを、うまくコンバインすれば、科学的、技術的な解決策っていうのは見えてくる。ただそれで自然を再生させたからといって、すぐに人の懐（収入）に反映するのかって言われたら、それ先の話になるわけですよ。そうするとやっぱり、特に個別の農業者・漁業者用に銀行が融資をして支援するという考え方をもって欲しいんですよ。高知

県で一次産業が衰退したら、一番困るのは銀行でしょう？
百田　ファイナンスっていう観点で金融機関の考え方としたら、大雑把な言い方になりますが、各業界さん、組合さんが意見を統一していただいて……銀行って資金を出すには結構大義も大切なので。
小松　なんで意見の統一が必要なの。意見の統一のために膨大なエネルギーを費やすより、先駆者である１人とか２人を支えないと何も出てこない。やっぱり個別の先駆者は少数派で変わり者で大切にすべき方々です（笑）
百田　個別の対応も当然していくと思います。ただ本当に大がかりな、その方向として金融機関が資金を出すとなったら、やっぱり各業界さんが一つの大きな塊としてこういう方向で進むっていう、それをすることで地場の産業にこういう影響を与えるという大義があった方が金融機関として支援はしやすいと思っています。
佐竹　僕は親父が残してくれたこの会社を次の世代に残すためには、潰れるかもしれないくらいの気持ちでやる気はあります。銀行さんにはそういった意味から、この枠の中でどれぐらい投資をするべきか考えていただきたい。僕は、これ先にやった方が勝ちやと思うんですよ、特に地銀さんは。もう地方銀行は絶対的に投資できる未来が見えかけていて、投資したら取れると思うんですけど。まあヨーロッパで変わってきてるように、物の買い方もきっと変わってくるし、少しずつ川に対する意識というか、センサーつけて泥の水を流さない装置を設置するとかで、「我々の会社はこういう取り組みできちんと川に汚してないんです」っていう言い方、売り方が僕らにはあると思うんですよ。とにかく〈取り組み〉を買う時代が来るのかなって。そういうところをね、先輩方と一緒にやっていこうとしています。

◆行政側からのサポートについて

津野（四万十町役場企画課／四万十川振興室長）　四万十川振興室というのは四万十町にあるんですが、こういう四万十川専門という形で作っている役所というのは、多分他にはないですね。10年ぐらい前に、当時の町長や町議会が四万十川の環境を四万十町役場として協議できる専門の部署が欲しいということで立ち上げたと聞きました。役場として、四万十川の保全と活用という２大テーマを持って取り組んできて、四万十川に関する調査も、アユの資源調査を続けてきましたが、ここに来て皆さんのご意見を伺うと、改善する方向には至って

いないなと。今度はやはり、それこそ漁協や専門家を交えた形で、具体的な提案をやってほしいとも言われてます。自分もまさしくそれはそうだと思って、これまでの形式ではなく、調査に基づいた提案、それと流域の話ですので、四万十町だけでなく、例えば四万十川流域には四万十川総合保全機構という首長がトップに立った組織もありますし、そういうところで、実際に各首長さんたちに協議していただく場や提言を作り、それを自分たちの方から伝えていける場があったらと考えています。

神田（公益財団法人四万十川財団事務局長）　私どもは流域の真ん中で、いろんな形で協力していただきながら四万十川の保全みたいなことを目指してやっているわけですけれども、もう現場のことは皆さんの方が我々なんかよりもよくご存知で、お話の通りなんだと思います。個人的に言ったら、自分が四万十川に来てから30年になりますけど、やっぱりこの間だけでも変わりましたよね。何が一番違うかってやっぱり生命感です。生き物の数が全然違います。我々もこの四万十川の価値を守っていかなくちゃいけない団体だと思ってるんですけど、四万十川の価値って何だったのか。やっぱり人が川に近い暮らしをしているってことですよね。子供が川で遊んで育って、おばあちゃんなんかでも朝起きたら川を見てからまた仕事に行くみたいな、そういう暮らしをしている人たちが、交通僻地でもあり、日本の最後の砦として残っていた。多分これって日本のどこにもあったものが高度経済成長時代にどんどん失われていって、世の中が公害だなんだって言ってる時に、まだ川でものを喰って暮らしてる人たちがいるってみんながびっくりした。それでみんな四万十川に来たんですよね。昭和58年の「NHK特集　土佐・四万十川—清流と魚と人と—」放送から火がついて、一気に人が来るようになった。みんな何を求めたかっていうと、人と川とが密接に付き合っている暮らし方を自分たちも見たくて、それに触れてみたくて来たんです。でもそれが今はだんだん薄れてしまって、流域に暮らしてる人の心すら、なんかちょっと四万十川から離れちゃってる部分がありますよね。四万十川ブームになったときに、いろいろ問題も起きたりして、四万十川を守るための組織もできました。その一つが四万十川総合保全機構であり、私ども四万十川財団であったんですが、そういった「官」の団体だけでなく、民間の人たちの中でもたくさんの組織ができたのですが、その世代の人たちが今70歳、80歳代になって、組織がだんだんなくなってきて、住民の方もそういう感じがやっぱり薄れてしまった。でもその一方で今日の皆さんのお話を聞い

ていて、まだやっぱりこういう人たちがいるんだ、今本当にチャンスなんだと思いました。四万十川って何度かブームがあって、ちょっと下り坂になるときもありましたが、今一つの大きな波が来ていて、実はここだけじゃなくて、先ほど金谷さんがおっしゃった県の横断組織がこれから立ち上がってデータを取ることを多分していきます。それから我々が関わってる文化的景観の方でも専門家会議というのを立ち上げまして、土木の面から四万十川を保全しながら、四万十川に良い影響を与えられるような何かをしていこうということで、専門家の先生を集めて、土木事務所の方にも委員会に入っていただいて、新しい動きをしようとしている。いろんなところで同時多発的に、やっぱりみんなが問題を感じているんです。感じていて、今何かしないと本当に手遅れになるということで動いているので、我々の役目としては、そこをきちんと繋いで、いろいろな情報共有しながら、これはよかった、これは駄目だったっていうのを出しながら、一つの方向に向かっていけるようにする本当にチャンスですし、今回こけたらもう四万十川は駄目だろうなと思っています。

◆今後の具体的方策と明確な目標

小松 ひと通り現状とある程度将来展望的なことを聞きました。私の科学調査の要約は皆さんに説明しましたが、3年間調査をやってみて、悪くなる一方だと。なんでかって言ったら、結局何もしてないから悪くなる以外の要素がない。四万十川を含めた高知県内水面の漁獲量なんかもね、ピーク時3,500トンだったのが今は100トンな訳なんですよ。それでもまだ魚はいますって言う神経はやっぱり間違っている。もういなくなったんですよ、四万十川には。そこにアユが泳いでいようとウナギが泳いでいようと、昔と比べたらごく僅かであって、いないっていう状況をどう改善するのか。さっきの大木さんの話じゃないけど、根本的にやっぱり直していくようにしていかないと駄目だと。結論から言えば、今後とも黙っていれば悪化しますというのが調査結果ですね。だったら良くする明確な目標と、さらには具体的な行動計画を作る必要があると私は言います。目標をちゃんとした言葉で表して、やることを明確に、例えば四万十市では何をやる、四万十町ではこれをやる、（愛媛県の）鬼北町では何をやるんだ、ということを明快に言わないと駄目な時期に入ってしまった。その方策の一つとしてNBSといった外国の例も参考にしながら、外国から今度専門家を呼ぶから、例えば、佐竹さんが田んぼ一つ潰しますと。であれば、せっかくだから意見を

聞きながら、どう設計をしたらいいか、彼らはもう水利学、土壌学、植物学とかに精通しているし、一番大事なのは彼らは経験則を持っている。あとは日本の土壌、植物が違うから、そこに日本の科学者、特に地元の学者を巻き込んでやらねばならないと思います。アイディアを地元の意見と合体しながらやらないと駄目だと思います。では、武政さんから、今後どうしたらいいか、遠慮せずに言って下さい。

武政 先ほども言いましたように、津賀ダムは昭和19年から、それから家地川が流入する（佐賀）取水堰の完成が昭和12年ですから、相当経年劣化しております。その結果、非常に四万十川が汚れて、とにかく支流の梼原川では石の上に泥が溜まって、もう真っ白っていう状況になっています。ご存じのようにアユは珪藻類を食べて生活をする魚ですが、もうないから食べておりませんわね。全然泥ですから。したがっていつも言うんですけど、この水質の悪化した原因、まずこれを科学的な根拠、裏付けをもって明確にして、その上でこれから何をせないかんのかが見えてくるんじゃないかなというのが私の持論なのです。

小松 水質悪化の原因の科学的根拠はもう明快で、佐竹さんも言いましたけど、まず①農業、②畜産業、それから③ダムね。流れないと必ず水が停滞して汚れていく。それから④林業の伐採。昨日も植林はやってるのかと訊いたら、「2年後には始めます」って言うので「それでは2年間垂れ流しか」って。植栽する人材がいないのが原因だそうですが、それは全国どこでもそうで理由にはならない。それからやっぱり⑤公共事業。結局は流れを直線にして、不必要に速くして土砂を流すから生物がいなくなる。これが水質悪化の五大要因です。それで問題なのはそれがどの程度かという話だけです。それぞれの場所で、例えば梼原川のダムの下流域であれば、100％原因はダムですよ。また別の支流の仁井田川に流れていく水であれば近くには農地が多く100％近くが農業排水が原因であろうと。もうそこは明快ですから、次に何をやるかを考えてほしい。例えば津賀ダムを取っ払えとか、根本的に皆さんそう思いを明確にしていた。どうせあのダムだって老朽化が進んでおり、発電量も少ないのでいつかは壊さなくちゃならない。やっぱりメリハリのある対策として津賀ダムの問題をどう改善するかですよね。

武政 原因はわかっていますよね。

小松 そう。だって津賀ダムの下流はもう100％ダムが原因に決まってんじゃないですか。あれだけ何かゴツゴツとね、岩肌が出たのは。津賀ダムを取っ払っ

たら、あっという間に解決だよ。2、3年で。

大木 だけど取っ払ったダムの上流に溜まった土砂を取り除かんと、そのままそれを流したら四万十川は下流域までも完全に終わってしまいます。

小松 そう思いますか？

大木 はい。

小松 私は（熊本の）荒瀬ダムの結果を見たんです。

大木 私も見ました。

小松 荒瀬ダムの関係者は下流に影響がなかったと。

大木 そこにすごく僕も関心があってですね、実際、荒瀬ダムを撤去する前段で、上流に溜まった土砂をかなり処理してますよね？

小松 ある程度はやってるんだと思います。でもそれで問題なのは、さっきの徳島県のダムの話じゃないけど、誰がダムの悪影響の話、それから解決策の話を書いてるかによるんですよ。大木さんが読んだ本っていうのは土木関係者が書いたものでしょう。

大木 そうです。あとは河川工学の専門家の本です。

小松 河川工学や土木の関係者は、どうしてもダムは大事という書き方をしますから、そうじゃない人たちのものも参考にしなきゃいけない。私が読んだ荒瀬ダムの撤去によっても土砂の影響がないっていうのは熊本県の企業局が書いてるんですよ。但し一方で漁業者に聞くと、やっぱり八代海まで悪影響があると言う。だから当然両方から意見を聞かなくちゃいけないけど、私が何を言いたいかというと、撤去の仕方としては少しずつ流す方法か、一発で大量に流す方法か、そんなに方法は多くない。水を取りながら、ある程度の土砂を下流の梼原川に流しながらやるっていう手法を、どうしたって取らざるを得ないと思うんですよ。その結果、一瞬は死んだ川になるが、そのうち清流が続けば、1～2年で生き返るはずですよ。そういう実験も1回思い切ってやってみたらどうかと思う。土砂はどうするんですかって言ってたって始まらないよ。どうしたって土砂はどこかに行くんだろうし、土砂も流れていくうちに酸素を吸い込んで正常化していくと思う。そこはモニターしてデータを取らないとダメでしょう。それから、アメリカのオリンピック半島にエルワーダムとグリンズ・キャニオンダムっていうのがあるんですが、これをネイティブ・アメリカンがサケが遡上しないからって、2011年と2014年にこの津賀ダムより大きいのを撤去させてるんです。2025年初にはそこの撤去話を全部聞いてきます。問題

があるならそれにどう対処するのかという乗り越え方をしていこうじゃないですか。問題は必ずあるに決まってるんだから、どうやって解決するかですよ。

大木 僕はつくづく考えるんですけど、こうしたかなりこの公共性の高い問題に取り組むに当たって、こういった職能団体の集まりで議論をしても、どうしてもその枠から出られないような気がするんですよ。というのは、ひところ四万十川でも水処理施設で四万十川方式というブームが起こって、ちょっとしたところでは活性炭を活用したような四万十川方式というのがずいぶんブームになったことあるんです。それは市民感情に火がついたからそうなったんですよ。ですから、やっぱり最終的には市民に火をつける、そういう着火剤にならんといかんのかなというふうに思うんですよね。

小松 多分両方でしょう。でも今の段階は、市民を巻き込んだ会合にするのか、周辺の関係者に限定するのか、これは議論になります。大木さんのおっしゃる通りの部分もあるし、やっぱり段階を踏んでいって、最終的には市民にも参加してもらう。特に外国の場合はその力が強いよね。アメリカ原住民と市民活動の力がすごいから、さっきも言ったようにアメリカ原住民が訴訟を起こして裁判で2つの大型ダムを撤廃させています。

大木 四万十川では40年ぐらい前に大変大きな問題が持ち上がったんです。というのはさっきも鬼北町の話が出ましたけど、この広見川のもっと上流の日吉のちょっと下流ぐらいにダムを作ってですね、愛媛に分水しようという話が持ち上がったときに、漁業者中心にその反対が出たんですが、特に下流域の今の四万十市、当時の中村市周辺でやっぱり反対運動が起こって、結局ダムの設置と愛媛への分水を阻止したという歴史的な出来事があったんですよ。かなり愛媛県はやる気だったのを止めたというのは、市民の熱意がかなり行政を動かしたと感じられるんですよね。

小松 それはポイントだと思いますよ、どこの国を見ても。だからその市民の熱意のベースになるのが何んだったのかですね。当時は感情で動いたのか、ちゃんとした科学的根拠で動いたのか、それとも、やっぱり地元愛で動いたみたいなものもあるでしょう。では、どうぞ津野さん、どういう風に今後やっていくかに関して何か。

津野 今の話を聞いて、市民の熱意について、僕らは行政なので、やはり特定の誰かというより、やっぱり全員の意見、みんなの意見を集約させて、それが原動力になるのではないかと思ってます。その熱意について、今だったら何だ

ろうかっていうところが、まだ自分の中ではっきりこれだっていうのがわかんないんですが。それで小松先生の言う具体的な明確な目標と具体的な行動計画とは例えばどういうことなのかなって。明確な目標、具体的な行動計画として、行政も今までいろんな計画作って考えていたけども、多分小松先生から見たら、具体的でもなければのっぺらぼうみたいな感じになってるのかもしれないし、それがどういうふうに表されているのかなって、今聞きながらですね、少し考えてました。

小松 だから行政が今まで何をやってきたかっていうのを1回列記してみるっていう手もあります。それが具体的な行動計画であったのか。あった場合、市民参加などで、例えば河原で遊ぶっていうのも結構だけど、これは本質的にそれ自身を具体的な水質レベルの改善と生物多様性の恒常などの行動目標として言えるのか、やっぱりそういう目標も1回案出してレビューする必要がありそうですね。

津野 そうですね。自分たちができることとしたら、今までやってきたことをレビューするという形で、何をしてきたのか、何を求めてきたのかっていうことをまとめてみるのも一つの手段だと思います。

小松 来年シンポジウムがあるなら、外国の学者と日本の科学者が現場見るだけじゃなくて、対話も持ってほしいと言われたんです。それで市民との対話かと思ったら、最初から市民とではちょっと問題がぼやけてしまいますと。ある程度話が通ずる役場の部署だけでもたくさんあるでしょう。このNBSっていうのは部門を超えるから、例えば水質だとか建設だとか、それから下水だとか、植物だとか、農業だとかの核となる人を集めてまずやってもらいたいと。私はどちらかというとね、市民に対し先に言った方がいいかなと考えていたんだけど、それと違うんですよ。でも市民がシンポジウムなんかで外国の学者と日本の科学者が、何をやってるのかって知りたいのは当然の欲求だよね。だからそこをどこまでバランスするかですよ。組合長はどうお考えですか。

金谷 私が思うにはですね、やっぱり循環型機能というのは、川にあるものを有効利用するとして、ダムの上流にあるもの、川の両サイドにある砂利などの下流に溜まったものは上流に持ってくる。そういうあるものを使いながら循環型機能を作るとかですね、トンネルで発生した岩石を入れてもらうとか、建設現場で出てきた石を入れてもらうとか、そういうようなことが大事なんですが、今日非常に心を打たれたことは、佐竹くんが先ほど言われた言葉で、すごいこ

とを言うなと。自分の欠点として自分がやる農作業が非常に川に対して悪いことをしているということは、なかなか言えることじゃないと思うんですよ。これを言った途端に叩く人がだいぶいると思うんですけど、この場で言うことがすごい勇気がいるし、私はこういうことをですね、テレビ放送とか新聞等で知らせていただいて、これを地域住民に知ってもらうことが一番大事なことだと思います。

小松 来年の四万十川国際NBSシンポジウムは高知県のテレビ・新聞にレポートしてもらうように、事前に働きかけるつもりです。でも（高知銀行の）田村常務が言うには、こういうのはたまたま高知でやってるだけで、むしろ中央を動かしてほしいとね。だから朝日新聞だとか、日経新聞だとか、それからNHKなんかから発信するように働きかけています。ただ中央も最近地方や河川に関心を持っていません。ぼやいていてもしょうがないから、努力いたします。

金谷 そういう中でですね、佐竹さんが言ったことをやっぱり表に出していただいて、若者に今からの農業はこういうような方法でやろうと、例えばその空いた荒廃地の田んぼを利用して、そこへ水を集めて、そこでフローして流した結果、川が良い方向に行ったよとかね。僕はこの間彼が話したことを録らしてもらって、それを山の森林組合に全部聞かせています。作業道をつけた後、そこの下にある荒廃の畑なり、田んぼを全部使って、そこを掘り下げて、山から出てきた水を1回そこでフローする。それで山で木を切ったやつを全部そこへ置いて、フローした水をそこのシダの中を通して川へ持って行くっていうような話を。今、田んぼ畑が荒廃湿地がすごく増えてきたんですけど、その荒廃地を使って、列えばそこであなた方の畑から出たものを荒廃地に落としました。次の年に、その荒廃地に栄養分を落としといたら、次にはここで生姜ができるんだと証明ができたらいいなと僕は考えていますよ。今後、やっぱり若者がみんな集まって、今からの農業はこうなる、そうすれば川が後世に残せるぞ、だからみんな集まれというような会議をしたらいい。今回も大木さんの力で下流に溜まった砂利を、国土交通省がですよ、5万㎥の砂利を、50kmの距離までしか持って行けませんから、その50km内の場所へ5万㎥の砂利を運ぶとしたら3億円かかるって言うですよ。それはね、お金はかかるんですけど、今の川の状態では、今後何が起きるかと言うたら、四万十川を愛している者が去って行ってしまう可能性が出きてしまう。今改善していかないと、僕は手遅れになると思う。家庭排水、農業排水、事業排水、建設現場の落水の問題などを新聞やテ

レビ等々で放送してもらって協力を呼び掛ける。そういうようなことが僕は今後の課題だと思っています。

佐竹 実は「四万十組」って役場の人材育成センターの中に農業集団があったんです、50人ぐらいで。それが解体されたんで、どうしようかって言ったときに別の団体に立ち上げ直そうと、今仮称なんですけど「四万十の自然環境を考える農業の会」っていうのにしようと思っています。これに「川」を付けようかどうしようか悩んでいるんですけど、要は自然環境の循環を考える農業を実践する会にしようと思っていて、できる人間で、フットワーク軽くやる方が早いので、その会に残りたい方は一緒にやりましょうようと。それに今までやったメンバーの方にも情報発信していくので、入れるタイミングになったら一緒にやっていこうと。だから自然環境というものをどういうふうに考えるか。要は農薬をなくしていきたいので、僕自身は。オーガニックの有機の方もいるので、ちょっと団体名を変えて取り組んでいこうと思ってます。

◆真の意味での四万十川ブランドとは

山崎清実 とにかく佐竹さんみたいな若い農家さんがいっぱい出てきてもらわないと……。

小松 いや、この人はやりますよ（笑）

佐竹 結局、お前どうするんだって話なんですよね。運送問題も抱えていて、生姜の単価にしても2割下がって、今年は少し回復してきましたが、それでも買いたい人がわざわざ運賃を使って高知の生姜を買い求めに来てくれる。こんな離れた島国で作った生姜を買いに来てくれるんですよ。だから皆さんが買いたいものがある今のうちに、これからは何を作るのかっていうところに僕たちは向かわなければいけない。僕は単に生姜じゃなくて、「自然環境を作ってます。たまたまその副産物として生姜を販売してます」とか、そういうストーリーの方へ向かうべきだなって思っています。

小松 私のところとスミソニアン環境研究所でMOUを結びました。MOUという合意文書ね。それは要するに事業協力なんです。その中にスミソニアンというロゴを使うことができると記されている。だからもし、NBSを導入したら佐竹ファームの生姜にスミソニアンのロゴを貼るっていうのはどうでしょうか（笑）。スミソニアンってアメリカではもう有名な研究機関です。そうするともうね、見る人が見たらもう全く違うと言える。

佐竹　そういうことはすごい大事やと思います。

小松　やっぱり差別化にはなりうるのかなと思いますよ。例えば佐竹ファームの田んぼをつぶしてNBSをの導入した場合はスミソニアンプロジェクトに指定してもらって、そこで作った生姜ですとか。

佐竹　湿地帯造成の基盤整備で貸し付けされる田んぼでどうしても揉めるのならば、うちの畑1枚つぶしてもやろうと思ってますから。または、もう買い取って、そこから工事を始めるので、皆さんと相談して迷惑かけないようにします。

金谷　あのぉ言葉は悪いけど、やっぱりそういうようなことを利用して、自分も利用されたり、小松先生を利用したりしてやっていくのが一番大事。

小松　そう、持ちつ持たれつが一番長持ちする。

金谷　僕はね、先ほどの佐竹さんのように、こういう場で自分の悪いところを持ってきて話し合う会議ができるようになれば、四万十川の環境は絶対に治ると思います。今はまだ皆さんが全部隠せ、悪いことは絶対言わない。自分の方に降りかかると思っている。今一番このことが分かっているのは下流の人たちですね。これは何とかせにゃいけんのやけど、それを思い切ってこういうところで言うたりしたら、やっぱり治さないけんなっていう気持ちになってくれる人が出てきてもらえたらいいなと思ってます。

佐竹　1個ずつやっていこうと思います。

小松　いや、1個ずつってあなたは言うけど、俺が最初に佐竹ファーム行ったのは2021年。そう考えると、この人行動は早いですよ。

佐竹　小松先生にはよく遅いって叱られますけど（笑）

小松　「まだやってないの、あなた遅いよ」とは言います（笑）。しかし、他との比較ではあなたは早いね。「動けよ」って言われて素直に動いてくれるけど、ほとんどの人は「はい」と言っても動かないか、何年も経ってからようやく動く。

百田　今治タオルのやり方っていうのがあって、あれも全部そこの団体に入らないと、今治タオルっていう称号をもらえないっていうことになって、全員が団体に入ったんですよ。それには地場に工場がないといけない、地場で作成しないといけないとか。こういうのは一つのヒントというか、やり方としていけるんじゃないかなと。四万十川の中の団体として、もうこの取り組みをしないと「四万十川ブランド」が名乗れないとか言われたら、参加する人間をずっと増やせるんじゃないかなと思うんですが。

小松　今の段階ではやっぱり先端を行く人の話を大事にしましょう。もう

ちょっと経って、百田さんの言うようになれば、これはもう鬼に金棒だよ

山崎清実　それこそ20年以上前に〈地域団体商標〉なんかを自分達は取得したんやけど、それを生産者側に利用する気が一切ない、持っていて何年かに1回更新手数料がかかるだけで、勿体ないだけ。中央（漁協）さんも一緒だと思う。全く利用していない。組合員さんが全然理解してない。それを一番言いたい。何で利用できるもんを利用せんのだと。

小松　それはそうだし、水産庁のもそうなんだけど、簡単に言うと資源管理もしない、環境保護もしない中身のないものにシールだけ与えてる。だから商品価値も向上せずに意味がない。でもこのスミソニアンのロゴは彼らがNBSの効果が実際にあるかどうかを見るんですよ、実際に効果があるやつにしか出さないからね。ブランドっていうのは、本来は中身が伴ったものなんですよ。

山崎清実　おっしゃるとおりです。

小松　四万十川は今でも一種のブランドだと思われているようだけど、実際はまがいブランドなので（苦笑）、それを本当のブランドにしましょうっていうのがこの会議や四万十川国際NBSシンポジウムのテーマでもある。

大木　ブランドとかって言うと商標登録をするのがブランドだと思ってる。商標商標登録すれば、その品質は自然に上がると。そんなもんじゃない。ブランドは自ら創り出さんといけん。

小松　そうなんです。本来ならばそういうものがきちっとあった上でのブランドです。だけどそういうものが今の日本にはほとんどないんだよ。

山崎清実　いわゆるそのブランドを申請するにあたって、そういう基礎議論が全然できてない。シールだけ欲しいわけで。それをやっていかないと。

小松　それで結局人をごまかして商売してるわけでね。

山崎清実　ブランドに乗っかって何でもないものを作って平気な顔しているような企業があるでしょう。そういう人間ばっかりじゃけん、そうではないブランドをね、我々がちゃんと自ら創っていかないと。

（24.05.15・四万十川財団会議室にて）

四万十川調査報告書
（2021 年度～2024 年度）

2021年3月15～16日 四万十川流域事前調査

1. 概要と目的

四万十川流域は、日本でも有数の清流として有名であった。平成14年には四万十川条列が橋本大四郎知事の下で県条例として作成され、また四万十市や四万十町が別途県条例を受けて条例を定めている。しかしながら、一方で、建設工事の土砂流入、都市下水、工業排水と稲作、しょうが農業の展開により、過栄養と過農薬の影響により

写真 四万十町野地の四万十川の中流域
(2021年3月15日)

汚染が進行したとみられる。そして四万十川水系に流入し、水質と水量が変化し、その環境が悪化しているとみられる。

このために四万十川水系に関する科学調査が必要との認識を有するが、基本的な情報が不足しているために現地を訪問し、次回以降、四万十川流域の科学調査と流域の陸上調査を実施するために、四万十市と四万十町などを訪問し現地調査を実施した。その結果は以下の通りである。

2. 個別懇談
1) 四万十川財団 神田修事務局長

石が減った。砂防堰堤ができて石が流れてこない。河原を昔は歩けたが、現在は河原がやせた。水量も減った。漁業は全体の漁獲量が1990年代の10分の1である。アユは四万十が高知を代表しているが100分の1ではないか。ウナギ、手長えびと青のりも90%も減った。アユはほっておいても蛆虫みたいに獲れたが今はいない。アユは冷水病[注1]の病原菌がアユの体内に残って、ストレスがあると発病する。細菌性のエロモナス症もある。産卵期に大雨が降り、鏡川など河川水が冷却されたときに冷水病が発現する。昨年は50分の1の漁獲量であった。極めて悪い。アユは2021年、全然見なかった。エビも獲りすぎではないか。（環境の悪化が原因との考えもある。）

四万十の手長エビは：平手手長エビ、南手長エビと手長エビの3種がある。南手長エビは60キロ上流まで生息する。四万十川の手長エビは減少が著しい。子供が8月に漁獲するので3か年間、9月から3月までを全面禁漁とした。その結果、様子を見

ることになった。夏が産卵時期で、漁業権^(注2)は設定されていない。手長エビは雑食性で肉食でもあり、何でも食べる。

　以前はウナギ（シラスウナギ）が帯状をなして遡上した。ウグイ、オイカワとコイがいなくなった。

　四万十川に、西土佐に石を入れてみる実験をすることになった。石が下って、河川床によい影響を与えるかどうかを確認する。

　ショウガ農業が問題である。工場の消毒剤、臭化メチルは使用禁止となった。河川床にぶよぶよのものがたまる。動物的なものである。

　森林については、昭和30年代に植林をして40年代から放置林である。山林が84％を占めて、杉とヒノキである。現在の価格は1.2万円から1.8万円である。

　保全と振興のバランスが重要であるが、1983年にNHKで日本最後の清流として放送された。そして観光客が押し寄せた。アユ釣りだけの川だったが、何の準備もなかったので、マイカーで押し寄せてごみの問題も大きくなった。このままではだめということで、四万十川条例ができた。しかしお願い条例で罰則もなく、メガソーラーの規制もない。橋本大二郎知事が制定したが、四万十川財団もその対策の一つで2000年2月21日に出来上がったが、民間と県が出資金として半分半分の500万円を出し合った。四万十川を文化財とする県計画もあった。また県条例を読み替えて8市町村が条例を持っている。県とは相談しながらであるが、市町村に許認可権限がある。（四万十市から見ると、事実上は県に許認可権があり、市町村は形式的手続きと執行のみとの由）。西土佐町と中村市が合併して、四万十市になった。

(注1)　16℃～20℃で発生し、体表の白濁、かいようなどの穴があき貧血で死ぬ。感染病フラボバクテリウム、サイクロフィウムが病原体である。ヨード剤消毒などがあるが、決めではない。
(注2)　内水面では増殖事業を行っていない魚種には漁業種が設定されない。

山崎清美　四万十川下流組合理事

　条例ができて、無用な工事は抑えられたが、川の中の生き物の規制に有効であったかどうかは疑問である。また改正漁業法は、シラスウナギの採捕禁止などに対する罰則が、海洋と内水面が一体とされて厳しくなったこと以外は、特に改正漁業法の特段の効果は思いつかない。四万十川漁業協同組合連合会は4つの単協が構成員である。①四万十川下流漁協、②四万十川中央漁協（中央部と西土佐と中村）、③四万十川西部漁協と④四万十川東部漁協である。四万十川上流は四万十川上流淡水漁協である。（窪川など）。津野と梼原は津野山魚族保存会を建設業界の要請で設立した。漁協は設立していない。

　アユは3年前に大豊漁であったが、その次の年はよくない。その後も獲れたうちに

入らない。

　組合員は高齢化している。職業はいろいろで専業者はいない。四万十川内水面漁業協同組合連合会の堀岡組合長自身も幡多信用金庫に長年勤めていた。山師、農業と漁業者の兼業である。

　アオサノリの区画漁業権は、漁業法の沿岸の区画漁業権と同じ制度を適用している。一方で、竹島川などの河川占用権を取得し、その料金を国交省に

写真　左から仁井田・高知銀行高知横浜支店長、田村高知銀行常務、小松と神田四万十川財団事務局長（2021年3月15日）

支払っているが、その金額は微々たるものである。四万十川下流域の2か所に26人程度がアオサノリの養殖業を営んでいる。一枚の面積が20メートル×1.5メートルで30平方メートルで、全体で2,900面が免許されている。養殖期間が3〜5か月である。

　種苗は天然のアオサノリをなるべく活用するようにしているが、どうしても養殖の親からの種を利用することもある。10月に種苗を培養して、胞子を海苔網に付着させて2月から5月ごろまで河川水域内で、干出養殖をする。干出は、ノリの組織を強固にするために必要である。河川内の栄養塩も減少している気がする。30年前には青のりの生産が10トンあったが、現在はゼロである。アオサノリは30トンあったが、これも天然の生産はゼロである。養殖が2021年で4トンである。以前は桃屋の江戸紫に使われていた。経年の生産量のグラフがない。植林はなされず、皆伐がおこなわれたが、広葉樹は多少は増加していると思う。河川の濁りが取れにくくなった。1週間たっても取れない。水が腐りきって、汚れている。

東修二室長　西日本科学技術研究所

　四万十川の魚類としては、アユ、ウナギとアマゴがあげられるが、最もなじみが深いのがアユであり、アユにとって向いた川としてその生産が突出していた。全国有数の河川の一つであった。河口域では、天然の青のり生産があり、最近落ち込んだ。

　アユでは冷水病が問題である。90年代に問題になり、高知大農学部の今城先生が研究された。

　自分はアユの生活史を中心に研究し、四万十川のアユは汽水域で生活し、その役割は重要である。

　4キロ上流までが汽水域で、動物プランクトンが豊富である。高知市の鏡川でもアユは汽水域で生活し、海にでない。汽水域はプランクトンの発生があり、十分にそこ

2021年3月15～16日四万十川流域事前調査

写真　四万十川下流のアオサノリ養殖場
（2021年3月16日）

写真　勝間の沈下橋（2021年3月16日）

で生活していける。以前は8キロであったが、10～20キロに産卵場が上流に移行した。汽水域に到着するまでに時間がかかる。冷水病の発生が頻繁になった。発生のタイミングが20℃前後である。発生原因は、濁りとストレスとバクテリアで、発生のメカニズムはよくわかっていない。

2）四万十川漁業協同組合連合会（堀岡喜久雄組合長と大木正行副組合長、四万十市渡邊康環境生活課長）

過去20年前後と現在の四万十川の環境や水質並びにアユやウナギの漁獲の状況などにつき、情報を提供されるが、先方によると基本的には、まとまった情報がない。平成になってから河川環境が悪くなった。砂利の採集、河床環境の悪化が原因である。砂利の採集は平成に止めた。

アユは中村の公設市場に集中する。以前は1,000トンのアユの漁獲があったが昨年は60トンである。それでは漁業にならないが、価格が以前は1.2万円もしていたが、3,000～5,000円に低下した。アユを食べえなくなったのが原因である。

四万十川条例は平成13年にできたが、これは役に立っていない。強制規定がないことで、効力がないのが問題である。

2021年8月1～3日　四万十川の環境科学調査

1. 四万十川流域の概況

　四万十川は、東津野村の不入山（1,336メートル）に源流を発し流程は 196 キロメートルで南下し、また東から西に蛇行してさらに南下する。（図1）かつては天然の魚類や甲殻類も豊富な自然が豊かな河川であった。アユやウナギ、川えびとゴリ（ハゼ科のチチブの稚魚）が豊富で、青のりとアオサノリ（養殖他）も多く獲れた。付近は森林で覆われ、林業と農業が盛んであった。また、江戸時代から後川や中筋川などの河川が氾濫し、旧中村市などが何度も水害に見舞われた。このために河岸工事やダムの建設が盛んに行われた。また、1975 年に起こった窪川では四国電力による原子力発電所の建設計画が、住民からの強力な反対運動で反対派町長が誕生し、1988 に取り止めになった。これらの運動に刺激を受け無農薬の農業を行う農家もみられる。

図1　四万十川の流域図（資料：高知県ホームページ）

最後の清流四万十川の現実と幻想

　1980 年代には、我が国最後の清流として一躍脚光を浴びた。1983 年に「NHK 特集土佐・四万十川～清流と魚と人～」で「最後の清流」として放送されてから、観光客の訪問が著しくなった。しかし、観光地としての受け入れが十分でなく、マイカーなどで訪れる観光客が落とすごみの増加や観光地の整備などに対応できない問題が生じた。

　一方で、四万十川の観光地としての人気の上昇と観光の増大や農業や開発・振興から環境の劣化への対応を求められて高知県は、橋本大二郎知事のイニシアチブで「高知県四万十川の保全及び流域の振興に関する基本条例」（略称：四万十川条例）を 2001 年（平成 13 年）に制定した。これによれば、「水量が豊かで清流が保たれる、天然の水生植物が豊富に生息していること、天然林と人工林が連なり、人工林が適切に管理されていることなど」があげられている。

四万十川の環境と水質の悪化

しかしながら、四万十川流域の四万十川漁業協同組合連合会と下流組合と漁業者、住民やNGOなどによれば、2000年頃から急激に四万十川の水質と環境の悪化がみられ、魚類や手長エビなどの甲殻類並びに青のり・アオサノリの生産量が減少した。その結果、現在のアユやウナギの漁業生産量はピーク時の1～3％程度となり、アオサノリの養殖生産量は30トンが2020年は4トンで、2021年はわずか1.2トンに減少した。天然の青のりはゼロとなってから久しい。

これらの水生生物の大幅な減少に加えて四万十川の水質の悪化も著しい。

かつては天然記念物ニホンカワウソが生息

ところで四万十川は天然記念物のニホンカワウソの生息地であった。毛皮を目的とした狩猟の対象になり、その後は中筋川などのダム建設の開発行為により、生息地が狭められ、えさ生物である魚類などが環境の劣化で激減し、ニホンカワウソも昭和30年代に絶滅してしまった。また四万十川は、たびたび水害に襲われ、その水害防止のために河川工事を行い、その結果、河川流域の自然の湿地帯の喪失、蛇行河川の直進化や河岸のコンクリート張りの拡張など、自然の生態系と生産力を喪失した。また、農業排水が四万十川に流入することが、環境悪化の大きな原因の一つであるとの見方が、四万十川下流漁業協同組合、四万十川漁業協同組合連合会並びに四万十町にあるNGCなどからも表明された。

農薬使用規制が甘い日本と使用が多い四万十川地域

また、生姜農家（千葉県や埼玉県）からのヒアリングでは、生姜は、根茎腐敗病に弱く、一時使用していた臭化メチルが使用禁止となり、現在はクロルピクリンが主流となっている。クロルピクリンは劇薬農薬として、近年タイでも使用禁止となり、日本からの農産物の輸出が禁止されかねない。日本は世界から見れば、農薬の規制が甘く、四万十川の流域の生姜農業でもクロルピクリンが使われ、残留・流出農薬が四万十川に入り込んでいる。生姜は冬場に土壌作りを行い春先に植付け夏場に潅水を施し10～11月に収穫を迎える。高知県は日本最大のショウガ産地でその収穫量は21,400トンと全国の43％を占めており、その作付面積も445haと県内最大で、第二位にあたる茄子の347haを大きく離している（中国四国農政局HPより）。

ところで、連作障害による根茎腐敗病を避けるために冬場の土壌作りは必須である。以前は土壌消毒を施す際に臭化メチルが使われていたが、オゾン層保護の観点から2012年に全廃、以降はクロルピクリン／ダゾメットが主流となった。このクロル

ピクリンは第一次世界大戦で使用された毒ガスに起源を持ち、水生生物及び地下水へのリスクから欧州ではすでに全廃、米国や中国でも特別免許の対象とされている農薬である。

下流域の竹島川の右岸で四万十川河口から約2キロの地点に開発された国営農場からの排水、過肥料と農薬の竹島川への流入も原因とみられ、下田地区北部の河岸に大量の葦が茂っている。

また、旧中村市内には、右山に中央排水処理場があり、それが四万十川の左岸を流れる後川に注ぎ、四万十川に合流する地点での汚染が高い。旧中村市の後川水系の汚染度は排水処理場ができて大幅に改善された。以前は旧中村市内は悪臭が漂ったと言われる。しかし、それでも現在の水質の悪化を正当化する理由とはならない。

水害の歴史と河川の工事

中筋川と後川は江戸時代前半から家老の野中兼山による治水事業が行われてきた。江戸時代には岩崎堤防が決壊し中村の全村が流出したことがしばしば見られた。明治に入り9年と18年には中筋川と後川が決壊し死者多数と記録される。従って中筋川と後川の治水事業は、必須事業との位置づけをされてきたのではないか。1988年（平成元年）には中筋川のダム工事が着工し、1998年（平成10年）には中筋川ダムが完成している。最近では2016年（平成27年）に四万十川周辺で693ヘクタールが浸水した。2019年（令和1年）には横瀬ダムが稼働を開始した。

このように災害・水害の多い四万十川下流域であるが、そのために、治水工事が多数行われてきたことで自然の浄化能力を失い、四万十川の水質は悪化する。

2. 調査の目的

河川環境把握と汚染とその原因の推定

上記のように、四万十川の河川環境の悪化には大きく

①河川内と護岸の工事による自然の回復力の低下、並びに土地力の低下、土砂の流入と浮遊 ②生姜農業の殺菌剤など農業排水の流入と ③都市下水の流入があげられる。しかし、このほかにも高知西南中核工業団地からの排水など数多くの要因が考えられる。森林が広葉樹林から針葉樹林に変化し、かつ、森林の手入れを怠って、土壌や樹木幹・樹葉の保水力の劣化が進行、流域に建設されたダムが適切な水流・水量と生態系を阻害していることがあげられよう（写真1）。

今回の河川環境・科学調査では、このように河川環境の劣化の状態を科学的指標で客観的に表示すること、そしてその数字の意味することを提供すること、そして環境

2021年8月2～3日四万十川の環境科学調査

写真1　四万十町大正地区の芽吹手の沈下橋
コケも水草も生えず川の小石がぬるぬるする
（8月1日筆者撮影）

写真2　調査活動中の山崎清実理事、山崎明洋
組合長（後方）と筆者（左）

の悪化の原因を解明し、または推定するものである。

3. 執行体制と調査項目

(1) 調査は、一般社団法人生態系総合研究所代表理事の小松正之農学博士が調査リーダーとなり、同所の渡邊孝一が調査主任を務めた。また、高知銀行本店の地域連携ビジネスサポート部の竹内清彦氏が調査補佐役を務め、流向・流速の測定を支援した。また、調査の船舶は四万十川下流漁協（山崎明洋組合長）の川船（船内エンジン、長さ23フィートで幅が5フィート）で、山崎清実理事が運行責任者で山崎明洋組合長が同行乗船した。両名が、調査地点の水深や特徴を把握し、調査地点の案内をした（写真2）。

(2) 調査地点は河口域土佐湾、竹島川下田地区、津蔵淵河口の四万十川左岸、中筋川河口付近、四万十川本流の後川合流地点までとした。

　調査点は、小松が原案を作成し、それに基づき山崎明洋組合長と山崎清実理事と相談して決定した。調査地点の選定の制約要因は、河川の水深が浅いことであった。四万十川と後川の合流点で、水深が3メートル程度で浅く、後川に入ることを断念した。本流でも後川以上の遡上調査は断念した。本来は、後川の上流と四万十川大橋（赤鉄橋）付近までの調査が好ましい。

　①調査地点

　四万十川河口域の土佐湾2か所

　竹島川内の下田地区のアオサノリの養殖場（4か所程度）、津蔵渕川河口（津蔵渕川の多少上流へ調査1か所）の干潟左岸側のアオサノリの養殖場（2か所）

写真3　中筋川下流域のコンクリートで
固められた河岸（8月2日筆者撮影）

四万十川本流から中筋川（中筋川も上流を1か所）との合流点（1か所）
四万十川本流（四万十川橋）から後川との合流点（2か所）
合計21か所。
②調査項目
流向と流速、クロロフィル量、濁度、水温、塩分、水深などである。

4. 調査の結果
1）塩分と外洋水の影響：後川の水深2メートルは海水
① 概況

8月2日は干潮が午前7時03分で満潮が午後13時56分であり、水位は基準の水位から82センチと140センチで小潮であった。従って上げ潮時の調査である。

本調査は、四万十川の河口域からどこまで海水が達するか塩分によって判断が可能である。

土佐湾の外洋水の塩分濃度は、河口の外洋の左岸と右岸の計測結果値が32.5～32.6‰程度である。黒潮としては少し低いが通常の値である。中筋川の合流地点と四万十大橋の右岸、中心と左岸でも川底の水深2メートルでは32.0‰で、ほとんど海水と変わらない。河口から上流に7キロの地点にある四万十川と旧中村市内を流れる後川の合流地点では、水深2メートルで30‰であるので、ここまで海水が流れ込んでいる。漁業者の話では、さらに4キロ程度上流の四万十川橋（赤鉄橋）までは海水が遡上するとみている（図2）。11月調査では赤鉄橋には海水は遡上しない。

② 四万十川の2メートル以浅は淡水

表面水の表面0メートルは完全な淡水である。水深0.5メートルでも四万十大橋と中筋川の合流点では0.03‰程度の淡水である。後川との合流点で、水深0.5メートルで1.6～3.0‰である。しかしながら水深2メートル付近ではすでに上述のように、海水が侵入して海洋と同じで

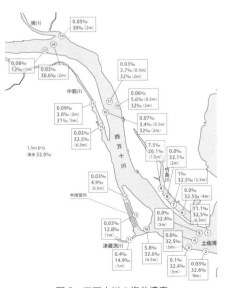

図2　四万十川の塩分濃度
上段の数字が表面、下段の数字が川底の塩分濃度

ある。これが下げ潮時の大潮時では様相が異なろう。

③竹島川

　竹島川の表面水は、本流と同様に淡水が卓越している。しかし、水深2メートルの川底ではすでに32.5‰であり、外洋水が入っている。国営農場に近い地点⑨の計測地は特異な様相を呈する。表面が7.5‰で海水の影響が少ない。川底の1.5メートルでは、26.1‰と海水の影響が大きい。

④津蔵渕川と中筋川

　津蔵渕川と水門付近も特に表面は全くの淡水で、中洲に挟まれた實崎の水路も同様に本流と同じ傾向を示す。中筋川は、河口の水深6.5メートルでは32.5‰の海水である。四万十大橋の北では、水深2メートルが3.0‰でほぼ淡水であるが、水深5メートルでは31‰である。中筋川はさらに上流まで計測する必要がある。

2) 流向・流速

　流向と流速は、栄養塩や汚染物質（濁度）が、河川流でどのくらいの速度で流れているのかを知るのに極めて重要である。流速が停滞すると栄養塩が養殖の生物に適切に行き届かない他、河川水系での環境の変化・浄化の作用が減退する。特に、竹島川や津蔵渕川と水門付近と干潟の間の水路に挟まれた間崎水路ではアオサノリが養殖されており、その生育環境の良し悪しに影響を及ぼす要因として、極めて重要である。

①表面（水深50センチ）の流向と流速

　流れが極めて正常である。四万十川河口は表面流の流向は上げ潮時であるので北上流である。しかし、一方で河口付近でも、表面流が河川の河口方向への流れの影響を受けて南下流になっているところも観察された（河口付近の地点④）。

　どの地点でも上げ潮を反映して、河川の上昇する流れであった。下流域の流速が若干早く（18〜40センチ/秒）、上流域が少し遅い（10〜26センチ/秒）。しかし竹島川に入ると流れが緩やかになり（6〜15センチ/秒）、同様に津蔵渕川付近のアオサノリの養殖場も流れが緩やかになる（5〜10センチ/秒）。これらのノリ養殖場は流速が緩やかで養殖場に適したとは考えられるが、汚濁が進むとかえって環境悪化の原因となる（図3）。

②川底流

　これは、表面流に比較して流速が遅くなる。土佐湾からの海流の影響があり、この

4. 調査の結果

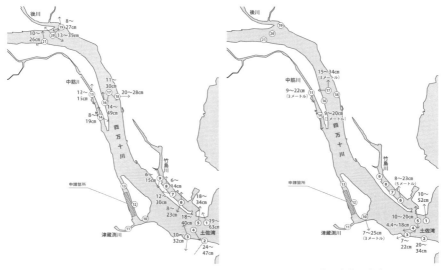

図3　8月2日午前の四万十川下流の
　　　表面の流向と流速
→は方向を示し、数字は毎秒の流速を示す

図4　川底の流向と流速
上流に行くと水深が浅く計測はできず

海流が、河川流を押上げる効果があるとみられるが、表面流に比べて流速が遅い理由は川底に大量の海水の水量が停滞していると考えた方がいいのであろうか。上げ潮時であるので、川底流も上昇流である。塩分濃度は32.5‰であって海洋と変わらないのが、流れの動きが表面流より外洋の影響を受けるとみられるが流速は小さい。全方位に流れが動いているようである。（図4）後川との合流地点は水深が浅いので計測しなかった。

3）クロロフィル量、濁度（FTU）と溶存酸素量（DO）

クロロフィル量

　土佐湾に面した河口域は、クロロフィル量が極めて少ない。これは土佐湾に栄養が不足している状態を示している。左岸側が0.39μg／ℓで、右岸側が0.52μg／ℓである。やせた海であった駿河湾も同様に0.5μg／ℓであり、広田湾や大船渡湾では1.0～2.0μg／ℓ程度を示す。これに比較すると土佐湾はかなり栄養状態が低いとみられる。全般に下流域ではクロロフィル量は1.2～1.7μg／ℓあり通常レベルの栄養状態とみられる。

濁度（FTU）

　しかし、特徴的なのは濁度が他海域（広田湾、大船渡湾並びに駿河湾はそれぞれ0.3～

107

表1 四万十川の科学調査 クロロフィル・濁度・塩分・溶存酸素量（2021年8月2日）

番号	深度	クロロフィル (μg/L)	濁度 (FTU)	塩分 (‰)	溶存酸素量 (DO, %)
①	表面50cm	0.39	1.07	26	93
	6m	0.28	0.4	32	98
②	表面50cm	0.52	1.44	27	95
	7m	0.27	0.58	32	96
③	表面50cm	1.43	4.2	0.1	93
	5m	0.28	0.57	32.4	94
④	表面50cm	1.2	3.14	9.1	92
	5m	0.36	0.39	32	87
⑤	表面50cm	1.2	2.96	13	91
	4m	0.5	1.28	13	93
⑥	表面50cm	1.7	4.0	15	91
	9m	0.64	1.6	32	73
⑦	表面50cm	1.7	4.5	16	85
	2.5m	0.9	1.8	32	82
⑧	表面50cm	1.5	3.1	18	87
	2m	1.1	7.3	18	77
⑨	表面50cm	3.1	9.8	14.4	70.6
	1.5m	2.8	21.3	26.1	61.25
⑩	表面50cm	1.4	5.1	5.9	88
	4.5m	0.7	3.1	32	72
⑪	表面50cm	1.21	5.9	1.3	90.3
	以上のみ、浅いため				
⑫	表面50cm	1.7	4.2	3.3	96.1
	以上のみ、浅いため				
⑬	表面50cm	1.0	3.7	4.9	92
	以上のみ、浅いため				
⑭	表面50cm	1.52	8.04	2.3	84
	6m	0.66	1.2	32	73.8
⑮	表面50cm	1.7	9.2	1.0	84.9
	5m	1.07	1.4	30.9	57.6
⑯	表面50cm	1.0	1.5	3.4	94.1
	3m	3.1	1.5	32	83
⑰	表面50cm	0.96	1.5	3.7	93
	3.5m	3.1	3.1	32	82
⑱	表面50cm	0.94	2.3	5.7	91
	2.5m	1.8	1.0	32	88
⑲	表面50cm	1.2	4.1	3.1	89
	2m	2.1	4.1	27	79
⑳	表面50cm	1.1	1.2	1.6	98
	2.5m	2.6	1.7	1.6	83
㉑	表面50cm	1.1	1.4	3.2	98

（表1：一般社団法人生態系総合研究所提供）

0.8FTU程度）に比べて異常に高いことである。河口域でも3.0〜4.2FTUを示している。アオサノリの養殖場では津蔵渕川と竹島川の双方で4FTUを記録し、水が停滞水域以外の水域でこのような高い濁度を記録したのは初めてである。中筋川と四万十川の合流点でも8.0FTUを示し異常に高い値である。中筋川は河岸堤防や河川の直行化、ダムの建設の影響があろう。後川と四万十川の合流点でもFTUを記録した。これは後川の流入水が極めて濁度（都市下水などの排水の影響）が高いことを意味しよう。

溶存酸素（DO）

コロナウイルスに感染した人間の血液中で溶存酸素量（DO）が93％を下回ったら酸素注入が必要とされる。溶存酸素（DO）が極めて低いのが四万十川の下流域の特徴である。他の海域と河川域では97％から110％であるが、四万十川下流はDO値が極めて低い。竹島川でも67〜82％である（川底）。また津蔵渕川では88〜96％（水深50センチ）である。中筋川では58〜74％で低い。また後川と四万十川の合流点でも89％と低い（水深50センチ、川底）。

溶存酸素（DO）が一段と低く

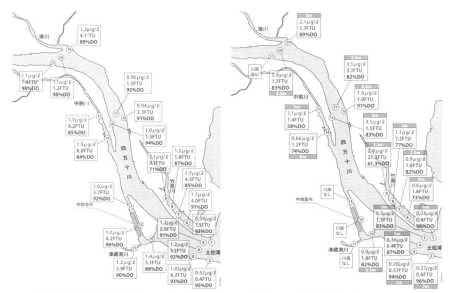

図5 四万十川の表面（50センチ）の
クロロフィル量、濁度と溶存酸素（8月2日）

図6 四万十川の川底のクロロフィル量、
濁度と溶存酸素（8月2日）

なるのが、川底である。竹島川では、61〜82％と酸素が大いに不足している状態であり、さらに悪化するのが中筋川の四万十大橋の北側であり、そこでは58％で、これらの河川域では最低値である。いかに中筋川の川底の酸素が不足しているかを物語っている。後川の合流点も低い。83％である。これらの河川の底では無酸素分解が行われて、硫化水素が発生しよう。

4）四万十川と各地の河川・湾との比較

　一般社団法人生態系総合研究所はこれまでも広田湾・気仙川、大船渡湾・盛川、駿河湾・富士川と万石浦・北上川で同様の科学測定調査を行ってきた。それら各地の科学調査データと比較することによって、四万十川の現状と問題について考察する。

　上記の表からわかることは、濁度は四万十川（中筋川の四万十大橋下、後川の本流の合流点、竹島川のアオサノリの養殖場）では、他の河川と海域に比較しても高いことである。広田湾や大船渡湾の5〜8倍もある。気仙川河口とはそれほど差がないが、盛川の河口よりも汚染度が進んでいる。北上川の河口は河川の土木改修工事がなされており、この工事からの土砂の流出がみられた。汚濁は進んでいると考えられる。

　更に静岡県の富士川でも同様に濁度が高いこと（2.8FTU：富士川橋）が観察される。しかし、富士川橋でも溶存酸素は106％ある。

表2　四万十川水系と日本の河川水系との比較

	四万十川水系			気仙川(陸前高田市)	盛川(大船渡市)	北上川(石巻市)	富士川(富士市)
	中筋川	竹島川	後川				
濁度 FTU	1.4	1.6	1.7	1.3	0.9	2.0	2.8
溶存酸素 DO (%)	58	73	83	94	113	89	106
クロロフィル $\mu g/\ell$	1.1	0.6	2.6	6.5	3.4	0.9	0.4
計測日他	2021 8/2 四万十大橋付近	2021 8/2 下田地区	2021 8/2 本流との合流地点の真ん中	2021 7/5 気仙川河口で広田湾内	2021 7/6 盛川河口で大船渡湾内	2020 12/5 河口三角州、河口の土木工事の影響	2020 11/1 富士川橋下、土砂採取の影響

資料：一般社団法人生態系総合研究所

表3　土佐湾と日本の湾との比較

	土佐湾	広田湾	大船渡湾	石巻湾の万石浦	駿河湾
濁度 FTU	1.4	0.3	0.2	0.9	0.3
溶存酸素 DO (%)	94	101	108	93	99
クロロフィル $\mu g/\ell$	0.5	1.0	2.3	0.6	0.4
計測日他	2021 8/2 四万十川河口の外側、表面	2021 7/5 広田湾、長部港と矢野浦の中間点 水深10m	2021 7/6 大船渡湾の下船渡地区 水深10m	2020 12/5 石巻湾万石浦の中心地点 水深4m	2020 11/1 清水港沖と大瀬崎の中間点 水深10m

資料：一般社団法人生態系総合研究所

　問題は、このように溶存酸素量（DO）が低いことである。四万十川水系の中筋川、後川と竹島川のいずれも酸素量が少ないのが特徴である。58％、83％と73％は他の地区の溶存酸素量がほぼ100％前後であることに比べれば、低い値である。生物である私たち人間が、コロナ感染症で呼吸が困難になりECMOで酸素吸入が必要となるレベルが93％前後である。このことから見て、58％と78％で生物が生息できるのかが生物調査と合わせて実施することによって明らかにされる。クロロフィル量（μg）も他の地域と比較し、決して高くなく、むしろ他地域に比べても低いくらいである。また、土佐湾のクロロフィル量は0.3μgで低い値である。こうしてみると8月の調査結果では、四万十川は濁度が高く、酸素が極めて低く生物の生存が危ぶまれ、そして栄養の状態は決して良くない、豊かではないことがわかる。

　このように、四万十川は他の河川と湾に比べても、汚濁度（FTU）が高く、土砂、生物と化学物質由来汚染の可能性が高いこと、溶存酸素（DO）が低いことが特徴で、この現象（溶存酸素が低い現象）は、日本の他の河川では見られない現象である。クロロフィル量に関しても極端に低くはないですが、決して多い量でもなく、栄養状

態が良いとも言えない。また、土佐湾と他の海域を比較しても土佐湾（海表面）は、四万十川の影響で濁度が高く、溶存酸素も低いことが観察される。

今後、これら2つの特徴的要因の原因と対応方法を探っていくことが重要で、急務である。放置すれば今後とも現状からさらに悪化することが危惧される。

5. 中流域 四万十町窪川地区での暫定調査

8月3日の昼から、四万十町窪川地区の2か所での科学測定調査を行った。（写真4）

①一か所目は四万十川の支流の吉見川にかかる新開橋から計測器を垂らして、クロロフィル量、濁度（FTU）と溶存酸素（DO）の測定を行った。しかしこの計測値は記録に残っていなかった。筆者の計測器の表示を観察した記憶に基づけば、これらの値は、その後に計測した四万十川の本流の上にかかった大野井橋（県道381号線）から計測した値とほとんど大差はなかったと思う。

②大井野橋から計測した値は塩分が0.03～0.06‰で、クロロフィル量が0.88 $\mu g/\ell$ で、溶存酸素（DO）が97～120%であり、通常値であった。

写真4　四万十町窪川の吉見川（8月3日）

6. 幡多公設地方卸売市場

8月3日の早朝に山崎清実氏に案内してもらう。中村魚市と幡多中央魚市場の2社の並びに中村青果市場がある。

アユ、ウナギの淡水魚のほかに黒潮町他からの海産魚が入荷した。アユは持ち込んだ漁業者は投げ網で漁獲し、上流の西土佐での漁獲であり、下流でのアユは臭くて食べられないとのことであった(写真5)。

投げ網を見せてもらった。ウナギも別の漁業者が持参した。大変に小さい。昔は石を積みそこにウナギを呼び寄せ、網で巻く伝統漁法があったが、県から禁止されたと語る。

写真5　氷蔵された天然の四万十川のアユ
（8月3日 著者撮影）

7. 総合評価

　これらの計測値から判断されることは、四万十川水系の河川環境と水質は、日本の他の河川水系と沿岸域の海洋環境との比較を見ても、悪化している。濁度（FTU）と溶存酸素量（DO）は、悪化している。

　クロロフィル量は他の水域や海域と比較しても同程度の水準であり、栄養は供給されている可能性があるが、それが有効に活用されていないと思われる。水生植物を利用するアユなどの魚介類が少ないこと、クロロフィルを利用する貝類が生存しているかどうか。また、クロロフィル量があれば、アオサノリの養殖にも必要な栄養素が提供されることを意味するが、一方で、アオサノリの養殖場は流速が遅く、栄養が運ばれてこないとみられる。酸素量が低く代謝が円滑にいかない可能性がある。また、濁度の構成要因としては①土砂、泥、②家庭・都市排水からの有機物や化学物質と③農薬由来の有害なクロルピクリンや塩素系の化学物質が考えられる。④勿論、植物や動物の死骸由来の自然系の有機物質もその構成要因である。

　これらに、排出地点ごとにその由来を特定し、またはその原因物質の可能性を狭めることが、間接的な手法からも可能である。また、濁度（FTU）の構成要素を計測することも機材や試薬によって可能である。

　四万十川の環境の悪化の程度がこれらの科学指標値から見て、原因は複合要因であるが、その悪化の状況が高水準であって、直ちに改善の取組をしなければ、取り返しがつかないと考えられる。なお、北上川などの日本の河川が土木工事や富士川と気仙川が川砂利採集などにより、濁度が高くなり、河川の環境が悪化している。四万十川のみの問題ではない。

8. 今後の調査予定

　これまで、3月に四万十川地域を訪問し、今回の8月1～3日は初めて客観的な科学データを収集した。これによって多くの科学的計測値が得られた。四万十川の自然環境や科学的性質に関して、多くの客観的なデータが得られた。

1）四季にわたる調査期間を設定する

　基本的には1年の四季を全部調査することによって季節的な変化をカバーする必要がある。これは温度変化、気候とそれに伴う降水量などが変化して河川に影響を与えるとともに、四万十川に影響を及ぼしているのが農業であり、農業は、耕うん、種まき、作付けと育成・管理並び収穫と四季の変化が大きいのでこれをカバーすることが重要である。3年程度の継続したデータの収集が好ましい。次回の調査は11月7日

から 10 日まで、四万十川下流域、支流、中流域の調査と農業の視察・聞き取りを予定している。また、本調査の四万十市や四万十町並びに四万十川漁業協同組合連合会などへの説明が重要と考える。

2）支流域と上中流域の調査

また、中筋川、竹島川、後川他の支流が数多く四万十川に合流しているので、これらの支流の調査が肝要である。特に中筋川は下流域で四万十川本流に及ぼす影響が強く、歴史的に見て、ダムの建設、蛇行、崖淵の改修や流路の直線化など自然の再生産力にとって、マイナスの要因を生じる工事を多数行ってきた。

今後はこれらの支流と中流と上流の調査を、四万十市、四万十町や中流漁協と上流漁協などの協力を得て実行することが適切である。

3）農業・林業の現状調査

生姜農家などの実態調査を、農薬、肥料、土壌と水利用と排水との関係を調査することが適切である。また、森林・林業に関して、森林の生育と樹林の樹木種や樹齢、下草や地下土壌の状況などに関する視察・聞き取りを調査する。

4）河口堰・ダムの調査

支流にあるダムや河口堰が影響を及ぼす河川水の流向と流速と水質の汚濁や溶存酸素量並びに、四万十川に固有の魚種・甲殻類の挙動や資源量の調査と統計データの収集を行う。

2021年11月7～10日 四万十川河川環境科学調査

調査の目的と概要
　本調査の目的は河川環境の悪化・劣化の状態を科学的指標を客観的に示し、科学数字の意を提供し、環境の悪化の原因を解明／推定することである。
　四万十川の河川環境はこれまでの調査から：
①防災を目的とした河川の護岸と直流化の工事による自然の回復力の低下が濁度（FTU）など数値に表れている。
②四万十川下流域の国営農場の肥料・農薬を含む排水、中流での生姜農業の殺菌剤など農業排水の流入の影響。
③四万十市の後川水系への都市下水の排出による濁度と溶存酸素量などの科学数値上の反映（環境悪化）があげられる。

結果と評価
1）濁度（FTU）は、一般に国内の他の河川よりは悪化しているとみられる。
　表面（水深50センチ）でも、四万十川橋（赤鉄橋）のみが良好である。渡川大橋付近から濁度（FTU）が次第に悪化して、後川に至ると、後川内に放出される排水の影響で後川と四万十川と合流する地点では、水質が悪化する。中筋川河口の四万十川大橋までは濁度が悪化している。
2）溶存酸素量（DO）は8月の調査時期に比べると悪化していないが、中筋川の小市橋では好ましくない値である。後川の佐岡橋でも90％を割り込み好ましくない。
3）クロロフィル量は総じて不足気味か平均的である。四万十川橋（赤鉄橋）や渡川大橋では不足気味であった。下流域では$1.0 \mu g / \ell$を超えてくる。竹島川の養殖場と間崎・津蔵渕川の養殖場も溶存酸素量（DO）がよくない。
4）竹島川の養殖場は、国営農場の果樹や生姜農家などの排水が竹島川に放出され汚染物質と農薬などが入り込むと推定される。
　間崎・津蔵渕川の養殖場は、中筋川からの汚濁した南下水の影響と津蔵渕川からの影響に加えて、養殖場が平坦で、河川水の動きが遅いことが原因で溶存酸素量（DO）が低いとみられる。
　河川環境の悪化がアオサノリ養殖の収穫量の減少につながっていると考えられる。
5）河岸堤防工事
　津蔵渕川の出口と初崎の間での堤防工事がある。また、下田漁協の防災のための新

たな改修工事なども予定されている。

過去の工事も四万十川では、日本全国各地と同様に河川生態系・生物の多様性の維持に配慮が払われたか否か。環境影響評価がなされたと聞いてはいない。

6）排水処理施設

四万十市には右山に中央排水処理場と桜町排水機場ポンプ処理施設他があり、四万十川の本流へは岩崎排水樋門がある。これらの排水が四万十川を汚染する。

7）生姜農家と広見川からの代掻き[注] 汚濁水他生姜農家が汚染源の一つであるので広見川水系の科学的データが必要である。また、津賀ダムと家地川ダムに関しても、建設物の影響と水流・水質並びに生態系の状況を知るために早急に科学的データの収集が必要である。

[注] 田植えの前の水田土壌を種付けに適するように畝にくわ入れをすること。これによって土壌流出が生じる。

8）アオサノリ

種苗の着床率が悪かった。

9）他河川との比較

濁度（FTU）は四万十川が高い。これは、同じ条件の大雨の直後の気仙川と比較すると気仙川の4倍以上の濁度（FTU）であり、四万十川がいかに多くの土砂を下流に運んでくるかを示している。

また、溶存酸素量（DO）が低いのは四万十川の下流域（表面の淡水域）の特徴である。しかし、この付近の川底は海水であるが、同様に濁度（FTU）が高く、溶存酸素量（DO）が低い。

仁淀川河口域の溶存酸素量は87～89％であり、下流域の左右岸側に多数あるハウス農場からの排水の農薬と過剰肥料などが原因と推定される。

高知県の河川の浄化と清流への回帰は、農業の規制にかかっている。また、国・農林水産省は環境重視の農業政策「みどりの食料システム戦略」を実行中である。

1. 調査の目的と前回調査からの変更他

四万十川河川科学環境調査は1年に4回実施することが、四季の変化をとらえる上で、かつ四万十川の特性を通年にわたって捕捉し理解することが重要である。また、他海域・河川域との比較も重要である。

今回の調査は、8月1～3日から3ケ月後の11月上旬の調査であり、夏との比較と秋の季節の特徴を捉え、かつ夏の最高気温と生物の繁殖と成長後の成熟期を捉える上で重要である。

また、今回は、これまで実施しなかった四万十川の中流域の西土佐町の江川崎での視察と聞き取り調査と四万十町（旧窪川町）の仁井田川、吉見川、並びに四万十川本流での科学計測の調査を実施した。また、四万十川の水質に影響を及ぼすとみられる竹島・鍋島国営農業団地の視察と窪川地区での生姜農家からの聞き取りと視察を行った。㈱四万十うなぎを訪問し、養殖について聞き取った。

　主要点としては、下流域での調査を繰り返し継続した。下流域での観測地点は四万十川橋（赤鉄橋）まで拡大し、かつ、後川（中央排水処理場からの排水口）と中筋川（小市橋の下）まで入り込み調査した。

　加えて、四万十川との比較のために、近隣を流れ、かつ高知県にあっては大きな河川である仁淀川の河口域と中流域の調査を行った。これらの調査結果の比較から、四万十川の科学的・社会的な特徴を明らかにすることを目指した。四万十川流域の調査結果は以下の通りである。

2. 調査の体制

　今回の調査も調査リーダーは小松正之並びに調査員は渡邊孝一である。

　四万十川下流域の調査では、山崎明洋四万十川下流漁業協同組合長と山崎清実理事（同氏は河川調査のすべてに同行）が参加した。2国営農場、香美山、中筋川、後川や野中兼山の建設した水路他の案内を四万十市役所・岡田圭一林業水産業係長の案内による支援を得た。3四万十川中流の旧窪川町では、四万十川財団の神田修事務局長と泉茂高知銀行窪川支店長による河川計測の支援を得た。

3. 調査の目的

河川環境把握と汚染とその原因の推定

　四万十川の河川環境は悪化している。悪化の原因は①いち早く河川水を下流と海洋に放出することを防災の目的とした河川の護岸と直行流向化の工事による自然の回復力の低下、並びに土地力の低下、土砂の流入・浮遊②支流と本流へのダムと堰の建設による河川水の減少と生態系の切断、並びに発電所からのヘドロ・濁り水の放出（1997年当時：「四万十川を歩いて下る。」多田実著）③四万十川下流域の国営農場からの肥料・農薬を含む排水、中流での生姜農業の殺菌剤と広見川と三間川並びに奈良川からの春の水田代掻き・過肥料と土壌流出など農業排水の流入と④四万十市の後川水系への都市下水の排出があげられる。しかし、このほかにも数多くの要因が考えられる。今回の河川環境・科学調査は、河川環境の悪化・劣化の状態を科学的指標で客観的に表示すること、その数字の意味を提供すること、そして環境の悪化の原因を解明または推

4. 調査の結果

写真1　2021年11月8〜9日に
調査に使用した小型船外機船
写真中の乗船者は山崎清実下流組合理事。
小松と渡邊の3名が乗船し調査した。

写真2　2021年11月8日
四万十川橋（赤鉄橋）の下で調査

定するものである。そのうえで8月の調査との比較と新たに聞き取りと視察で、客観的で具体的な科学的、社会学的かつ経済的な情報を提供するものである。

4. 調査の結果
（1）概要
（1）大雨による調査地点の順番の変更

　今回は調査前日（11月7日）の夜半にかけて四万十地方は大雨が降った。また風が強く、11月8日の調査の実施が危ぶまれたが、何とか実施した。当初は下田漁港から、先回も使用した船内エンジン装着型の漁船（船長10メートル）で実施する予定であった。

　①下田港から出港して竹島川に入り、国営農場に近い葦原1か所（地点①）とアオサノリの養殖場4か所（地点②から⑤）では計測を完了した。

　下田漁港口からいったん船内エンジン装着漁船で四万十川へ出て、干潮時には、高波のあおりを受けて、帰港できない可能性があるので、当該漁船での調査の実施を断念した。代わりに鍋島の船溜まりから、小型の船外機船で調査を実施した。

　しかし波浪と風が強く、河口付近はしけていたので、8月に実施した四万十川河口の外での土佐湾の調査と下田漁港外の下田観測所がある河口域の浅瀬での調査も断念した。

　②鍋島船溜まりから出港して後、直ちに四万十川橋

（通称「赤鉄橋」）で3か所（地点⑥から⑧）、その後渡川大橋で3か所（地点⑨〜⑪）、後川合流点で3か所

（地点⑫〜⑭）、後川に入り、そこで佐岡橋下（地点⑮）と、右山の中央排水処理場の付近の右山排水機場の排水口（地点⑯）（2.5トン／秒が2台と0.5トン／秒が1台）、

上流の桜町排水機場処理場（2.6 トン／秒が 2 台と 0.57 トン／秒 1 台が設置されている）での調査を実施した。その後、中筋川を上り小市橋（地点⑰）まで行き、下って、四万十大橋下の中筋川（地点⑱）で計測し、中筋川と四万十川の本流の合流点（地点⑲）で、12 時を過ぎたのと波浪と風力が強まったので調査を終了した。

　③翌 9 日の午前中に調査を再開して、中筋川合流点から大島の北端との中間点（地点⑳）から調査観測を再開し、大島の北端の水路寄り（地点㉑）と四万十川中洲の大島の間崎水路中（地点㉒）と津蔵渕川を上り（地点㉓）、初崎と中洲大島の間（地点㉔）で計測した。最後に中洲大島と竹島川土手の間（地点㉕が大島寄り、地点㉖が竹島川土手寄りと中間点（地点㉗）を結ぶ四万十川の本流での 3 点を計測した。

(2) 低気圧の通過と降水量の四万十川への影響

　調査の初日の 8 日は、四万十川の上流からの河川の淡水の流入量が多くないと計測諸指標から推測されるが、9 日は四万十川の本流を中心に、計測した諸指標が前日と大きく異なる結果となった。これは明らかに 7 日の真夜中から 8 日早朝に四万十市を通過した低気圧が四万十川上流にも降水をもたらして、これらが四万十川の下流域に翌日に流れ込んできて、濁度（FTU）や塩分濃度などに影響を及ぼしたと推測する。

　このことから、河川の表情は春夏秋冬でも異なるが、日ごろの天気の変化によっても影響を受け、それが河川の環境とひいては沿岸域の環境にも影響するとの当たり前の傾向と特徴が科学的計測値から裏付けられる単純明快な事実である。

(2) 調査結果と 8 月調査からの変化

　四万十川の下流域の全般にわたり、8 月 2 日に比較してクロロフィル量は低下した。一方で濁度（FTU）と溶存酸素量（DO）は、これらも双方とも変化がみられたが、これらの値の変化は河川環境の改善というよりは、真夏から秋口にかけての植物相の変化や水温の低下などに伴う季節的な変動であるとみられる。

(1) 塩分濃度

　塩分については四万十川橋（赤鉄橋）の鉄橋下まで計測した。その結果は、満潮時（午前 8 時 29 分）から下げ潮時に調査を実施したものの、この地点まで海水が入り込んでいないこと（表面と水深 2 メートルでも 0.07‰）が判明した。その下流の渡川大橋付近（橋下）でもほとんど海水は到達していない（表面から水深 1 メートルまで 0.12‰）。四万十川と後川の合流地点でようやく海水が到達している（水深 3.4 メートルで 23.7‰）。

　一度の調査の計測では結論は出しきれないが、漁業者が言う四万十川橋（赤鉄橋）

4. 調査の結果

写真3　2021年11月8日　渡川大橋
この橋と四万十川橋（赤鉄橋）との間に岩崎排水口が
あり、水質が渡川大橋で若干悪化する。

写真4　2021年11月9日、8日未明の
低気圧と降雨後の間崎から鍋島方面を眺めた
四万十川の濁度の状況
前日と全く異なる濁りの増加。

までは海水が到達しているとの説は今回の調査では観測立証されなかった。

　また、後川でも川底で6.2‰（佐岡橋）を記録し、淡水の影響力が強く、海水の遡上力が弱かった。中筋川の若干上流の小市橋でも4メートルで21.8‰であった。海水は入り込むもののそれほど大きな影響はない。ただ、中筋川と四万十川の合流点の川底では海水が卓越する。ほぼ海水に近い32.4‰であった。後川と四万十川の合流地点でも13～14‰であった。ただし右岸側だけが25.6‰であったので右岸川から海水が北上するとみられるが、これは右岸の川底が深い（3.3メートル）からである。

　8月の調査時には後川と四万十川の合流点の川底でも30‰を記録した。この時は海水の流入力が11月よりは強かったと考えられる。

　翌日11月9日午前中の四万十川の表面の河川水の塩分濃度は軒並み減少した。前日に計測した中筋川の四万十大橋下（地点⑱）と中筋川と四万十川合流点（地点⑲）では表面（水深50センチ）の塩分濃度が15.6‰と18.4‰であったが、それより下流の中洲大島と竹島土手間の地点㉕から地点㉗でも8.8‰（中間点）から12.7‰（左岸の竹島川土手寄り）であった。これは7日夜半から8日の早朝にかけての降雨の影響が9日の午前中から明確に表れて、四万十川の本流の流れが通常より雨水・淡水の影響が大きくなり、土佐湾からの海水の影響が結果的に薄まったとみられる。

　四万十川の表情（特徴）も天候により大きく左右されることがわかる。中洲大島とこの川土手の間の川底（地点㉕）はほぼ海水と同様の塩分濃度である。

アオサノリ漁場の塩分濃度
竹島川（地点②～⑤）と間崎・津蔵淵（地点㉒と地点㉔）と四万十川（地点㉕～地点㉗）の比較

　間崎・津蔵淵川と竹島川の養殖場とも、8月と11月の調査結果では表面は淡水の影響が卓越していたが、11月の竹島川の養殖場では海水が表面でも卓越しており、

2021年11月7～10日四万十川河川環境科学調査

表1　2021年11月8日四万十川
午前上げ潮調査　満潮8：29 干潮14：02 塩分濃度 表面50センチと川底

単位：‰

	①	②	③	④	⑤	⑥	⑦	⑧	⑨	⑩
表面（50cm）	淡水	31.3	30.4	29.8	28.6	0.07	0.07	0.07	0.12	不明
川底	28.1 (1mまで)	32.8 (9.5m)	32.8 (3.5m)	31.8 (2.5m)	30.3 (2m)	0.07 (2m)	0.07 (0.7mまで)	0.07 (0.6mまで)	0.29 (1.2mまで)	0.12 (1mまで)

	⑪	⑫	⑬	⑭	⑮	⑯	⑰ 小市橋	⑱	⑲
表面（50cm）	0.17	淡水	11.4	13.3	3.7	9.6	9.7	15.6	18.4
川底	0.21 (1.2m)	13.4	25.6 (3.3m)	14.0 (1m)	0.2 (1m)	23.7 (3.4m)	21.8 (4m)	22.8 (3.2m)	32.4 (5.2m)

2021年11月8日四万十川 午前 塩分濃度 50センチと川底

単位：‰

	⑳	㉑	㉒	㉓	㉔	㉕	㉖	㉗
表面（50cm）	8.9	6.8	9.7	5.8	9.6	9.7	12.7	8.8
川底	32.1 (6m)	24.0 (2.2m)	24.5 (1.3m)	22.4 (2m)	30.5 (3.4m)	32.5 (7.3m)	12.7 (1.2mまで)	32.4 (6m)

ほぼ海水と同じ状況であった。しかし、その竹島川養殖場も8月には表面には海水が入り込んでいた。竹島川の国営農場に近い地点（地点①）でも表面から1メートル水深までで28.1‰を示していた。間崎・津蔵淵は川底でも24‰程度であり、この点は竹島川の養殖場と全く異なる塩分の構造を示す。また、中洲大島と竹島川の土手の間では表面に塩分濃度が薄く、川底は海水と同様の32‰を超える。

(2) 流向・流速

　流向と流速は、栄養分（クロロフィル量）や濁度（FTU）ないしは溶存酸素量（DO）が、河川流や潮流によってどのくらいの速度で流れているのかを知るのに極めて重要である。流速が停滞すると栄養分が養殖生物（アオサノリなど）に適切に行き届かない他、河川水系での環境の変化・浄化の作用が減退する。特に、竹島川や津蔵渕川と水門付近と干潟水路で挟まれた間崎水路ではアオサノリが養殖されており、その生育環境の良し悪しに影響を及ぼす要因として、極めて重要である。

(3) 表面（水深50センチ）の流向と流速

　今回は満潮が11月8日8時29分で干潮が14時02分であり、下げ潮時の調査である。従って流向は四万十川本流も後川と中筋川の支流でも、基本的には、河口域の方に南下し、下流向を示した。ただ四万十川橋（赤鉄橋）の右岸側で北上流が観察された。他河川の観測から、流向はいつでも一定方向を向いているとは限らない。

　四万十川本流では右岸側と左岸側では一般に右岸側が流速が早い地点が多い。渡川大橋でも、右岸側の流速が早い。（岩手県陸前高田市気仙川河口の一本松と気仙中学校（廃校後）を結ぶ線では左岸側が右岸に比べて極端に早い。12月3日の気仙大橋からの調査でも

4. 調査の結果

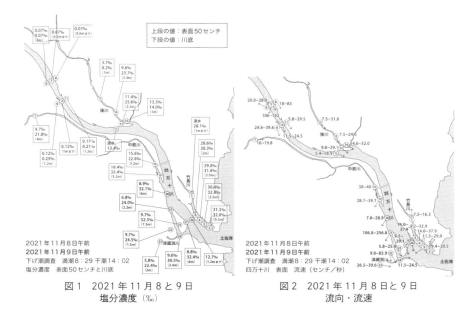

図1　2021年11月8と9日　　　　図2　2021年11月8と9日
　　　塩分濃度（‰）　　　　　　　　　流向・流速

同様の結果を示した。）

　8月と比較すると流速が増しているが、8月には四万十川本流に比べて竹島川の流速は遅かったが、11月にはそのような遅い特徴は見られない。今回の特徴は、間崎・津蔵渕川の間の流速が極めて速いことである。これは低気圧による降雨の影響であるとみられる。

(4) クロロフィル量、濁度（FTU）と溶存酸素量（DO）クロロフィル量

　表面（水深50センチ）のクロロフィル量は概ね0.5～1.3μg/ℓ程度であり、必ずしも豊富な量ではない。しかしアオサノリの養殖場である竹島川では、0.37～0.56μg/ℓであり極めて低い値を示した。一方で間崎・津蔵渕水路では、1.1～1.3μg/ℓであるので、クロロフィル量は間崎・津蔵淵が竹島川より多い。四万十川本流の中洲大島と竹島川の土手の間の3地点では0.8～1.1μg/ℓを示し、全国各地での正常値・平均値に近い。川底のクロロフィル量は、これらも平均的な値を示した。0.6から1.6μg/ℓである。しかし、支流の後川では15.4μg/ℓ（後川と四万十川合流点の左岸）（地点⑭）、右山の中央排水処理施設の排水口付近（地点⑯）では9.7μg/ℓの極めて高い値を示した。また、上流に桜町排水機場を抱える佐岡橋（地点⑮）では、クロロフィル量は1.5μg/ℓである。しかも、溶存酸素量（DO）が89.8％と低い値である。

これらは川底で栄養が豊富に供給されてクロロフィル量が高くなったのか、または底質からの影響があるかが考えられる。継続した調査が必要である。また後述するがこれらの後川の地点⑭、地点⑮と地点⑯は濁度（FTU）と溶存酸素量（DO）でも、好ましくない値を示している。

濁度（FTU）・表面（水深50センチ）

濁度（FTU）について、一般に良好で正常値を示したのは、四万十川本流の四万十川橋（赤鉄橋）と渡川大橋である。それ以外では後川と四万十川の合流点で、後川から離れている右岸側で低い値を示した。残りの河川域では、0.8FTU～0.9FTUである。中筋川の上流の小市橋は0.91FTUであった。他の地点はすべて1.0FTUを超えている。特に高い値（FTU）を示した地点は四万十川右岸側

写真5　2021年11月8日後川の右山の中央排水処理施設の排水口排水口に近付くと強い臭気：腐敗臭と塩素系化学物質臭とみられる臭気が漂っていた。

の津蔵渕・間崎側の中筋川の南の地点⑳、14.1FTU、中洲大島の北側の地点（地点㉑）18.7FTUと、間崎水路（地点㉒）10.7FTUであった。

また中洲大島と竹島川の土手の間の四万十川本流の3地点（地点㉕から㉗まで）と初崎沖の地点㉔もいずれも10FTUを超える濁度の高さである。これらのうち中筋川の合流点から下流での計測値はすべて11月9日に計測したものであり、これは低気圧と降雨による四万十川本流への雨水・淡水が濁りを伴って流入したことによると考えられる。

川底（水深は1.0～5.2メートルまで計測地点で異なる）

四万十川橋（赤鉄橋）の下の河川の環境指標は特段問題がない。しかしながら当該地点の環境変化が、防災工事のために大幅に変化したとの記述が過去の文献等にあり、これら四万十流域の環境の変化をレビューすることが重要である。この場所だけが川底の濁度に関する限り問題がない地点である。渡川大橋ですら、右岸側が1.4FTUを超えている。

溶存酸素量（DO）

溶存酸素量（DO）が多ければそれだけ動植物の呼吸・代謝が進行して、生物は生

き生きと活動でるし、不足すればそれだけ動物の活動は低下する。コロナウイルス感染症での入院患者の指標は血液中の溶存酸素量（DO）が93％を下回った場合にECMOでの酸素吸入をする必要があるとされた。このことから、河川水中でも93％の溶存酸素量を下回った場合に問題水準として警鐘を鳴らす指標と考えることが適切であると判断した。

表面の溶存酸素量（DO）

特段に問題となる溶存酸素量（DO）の値、8月の中筋川や後川と四万十川の合流点で見られたような50％台や70％台の異常な低位値は見られなかった。これらは夏から秋にかけて水温が低下し、動植物の活動のレベルが低下したことが原因と考えられる。

この中で93％台を下回った地点は渡川大橋の右岸と中央、後川の佐岡橋では89％を記録した。閨崎と津蔵渕川は90％と92％であるので低い傾向がある。後川の中央排水処理場の排水口では96％であった。

川底の溶存酸素量（DO）

計測地点の多くの地点で93％を下回る地点が観察された。赤鉄橋でも中央では92.5％であり、決して好ましい数字ではない。渡川大橋と赤鉄橋の間の四万十市・市街地寄りには岩崎の排水門があるので、これが四万十川の本流に影響を及ぼしている

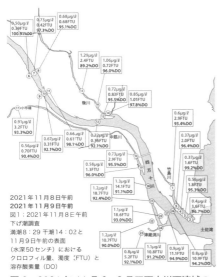

図3　2021年11月8・9日四万十川下流域の水深50cmクロロフィル量、濁度と溶存酸素量

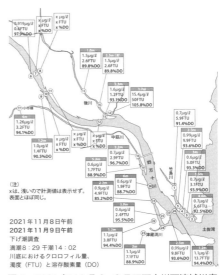

図4　2021年11月8・9日四万十川下流域川底のクロロフィル量、濁度（FTU）と溶存酸素量

2021年11月7～10日四万十川河川環境科学調査

表2　2021年11月8日午前 四万十川 下げ潮調査
満潮8：29 干潮14：02 表面50センチ クロロフィル量、濁度と溶存酸素①～⑲

	①	②	③	④	⑤	⑥	⑦	⑧	⑨	⑩
クロロフィル（μg/ℓ）	0.6	0.4	0.56	0.37	0.37	0.50	0.73	0.68	0.56	0.67
濁度（FTU）	2.9	1.6	1.8	1.6	2.0	0.39	0.42	0.68	0.70	0.31
溶存酸素DO（％）	93.4	96.7	95.3	96.2	96.4	100.91	97.3	95.1	90.4	92.1

	⑪	⑫	⑬	⑭	⑮	⑯	⑰小市橋	⑱	⑲
クロロフィル（μg/ℓ）	0.66	0.72	0.72	0.85	1.29	1.06	0.91	0.73	0.58
濁度（FTU）	0.61	0.36	0.83	1.01	2.4	0.72	3.2	2.9	1.3
溶存酸素DO（％）	98.1	92.1	95.5	97.8	89.2	96.0	93.3	95.5	96.0

表3　2021年11月9日午前　11：30-12：00　四万十川
表面50センチ クロロフィル量、濁度と溶存酸素⑳～㉗

	⑳	㉑	㉒	㉓	㉔	㉕	㉖	㉗
クロロフィル（μg/ℓ）	1.3	1.2	1.2	0.8	1.1	1.1	0.8	0.9
濁度（FTU）	14.1	18.7	10.7	5.2	10.8	18.6	10.9	11.1
溶存酸素DO（％）	91.1	92.4	90.0	92.1	91.2	93.0	94.2	94.9

表4　2021年11月8日午前下げ潮調査
満潮8：29 干潮14：02 川底におけるクロロフィル量、濁度と溶存酸素量①～⑲

	①(4.8m)	②(3.5m)	③(3m)	④(2.5m)	⑤	⑥	⑦	⑧	⑨(1.2m)	⑩
クロロフィル（μg/ℓ）	0.7	0.7	0.7	0.6	0.99	0.919	x	x	1.0	x
濁度（FTU）	5.9	5.6	3.1	5.0	9.9	0.6	x	x	1.4	x
溶存酸素DO（％）	91.4	92.5	93.9	93.3	93.6	97.9	x	x	90.5	x

	⑪	⑫	⑬(3.3m)	⑭(1.7m)	⑮(1.0m)	⑯(3.5m)	⑰小市橋(4m)	⑱(3.2m)	⑲(5.2m)
クロロフィル（μg/ℓ）	x	x	1.6	15.4	1.5	9.7			
濁度（FTU）	x	x	1.2	50	2.6	39.0	3.2	2.9	1.7
溶存酸素DO（％）	x	x	93.1	105.8	89.8	84.0	94.1	96.7	88.9

（注）xは、浅いので計測値は表示せず。表面とほぼ同じ。

表5　2021年11月9日　午前11：30～12：00
川底におけるクロロフィル量、濁度と溶存酸素⑳～㉗

	⑳(6m)	㉑(2.2m)	㉒(1.2m)	㉓(2m)	㉕(3.9m)	㉖(2.5m)	㉗(2.5m)
クロロフィル（μg/ℓ）	0.6	0.9	1.1	1.1	0.6	1.1	0.99
濁度（FTU）	1.9	4.9	3.8	7.1	2.4	13.7	9.8
溶存酸素DO（％）	88.7	85.2	94.4	88.9	95.5	94.4	93.6

とみられる。そのため、溶存酸素量（DO）などの値が赤鉄橋のそれらよりも若干悪化するとみられる。渡川大橋左岸の溶存酸素量（DO）は90.5％である。好ましい数値ではない。

　竹島川の養殖場での溶存酸素量（DO）は92～93％であり、これらも決して良好な値ではないが、間崎・津蔵渕川のそれと比べると若干値が高い。

(5) 調査結果の評価
河川の汚染指標：濁度（FTU）と溶存酸素量（DO）

　8月と11月の下流域の調査結果を比較した場合、溶存酸素量（DO）の改善がみられた。これは四万十川水系の環境の改善には結びついていない。夏から秋にかけて低水温となり、農業などの活動が縮小されてきたこと、生物の活動が不活発になってきたことがあげられる。また、濁度も同様に一時夏の間に悪化していた中筋川や後川の指標も改善がみられるが、これも生物活動や農繁期と収穫時期が終了し農業による排水が減少したためと考えられる。

　一方で、後川の右山の中央排水処理施設の排水口からの排水とそれが四万十川に合流する地点では、濁度（FTU）と溶存酸素量（DO）に関して、濁度（FTU）は高く、溶存酸素量（DO）は低いという汚濁と環境の悪化を示す状況を示す値が観測された。また、間崎水路・津蔵渕川でも溶存酸素量（DO）の低下と濁度（FTU）の上昇という河川環境の汚染の悪化の可能性を示す値が観測された。

　竹島川でも濁度（FTU）の悪化は観測され、溶存酸素量（DO）も良好ではない数字が観測された。この地域の上流の国営農場に近い計測地点（地点①）で、明らかに汚染の度合いがアオサノリ養殖場より悪化している指標が濁度と溶存酸素量の双方で示されたので、今後は国営農場からの排水をモニターし、改善策を個別事例毎に検討し、導入するべきである。国営農場は昭和60年代に農水省の方針に基づいて高知県と四万十市で開発したものである。国営農場は鍋島地区（沿岸部）と竹島地区（山間部）があり、鍋島地区ではハウス栽培と露地栽培で野菜や生姜などが栽培されており、竹島地区では果樹が中心でミカンや文旦などが栽培されている。また、竹島地区は黒潮町からの入植者が果樹栽培を営んでいる。

　国営農場での排水の汚染防止対策がとられていない。また、市役所と高知県が、農業開発と入植後に竹島川と四万十川の環境保護のための特別な農業指導を実施していない。後川の上流の佐岡橋までの調査を実施できたので、右山の中央排水処理施設の排水口からの排水を計測することができた。また佐岡橋下でも、計測を実施したのでその上流に存在する桜町排水機場の影響も間接的に計測することができた。さらに

四万十川本流に面する四万十川橋（赤鉄橋）と渡川大橋の間の岩崎排水樋門の影響も観測することができた。

今回は低気圧の通過後の調査であったので、平常時には得られない四万十川の増水時の貴重な観測データを入手することができた。一方で、平常時であれば操船が可能な漁船も活用して、四万十川河口域や土佐湾口を調査することが可能であったが、今回は波浪と高波の危険がありそれを断念した。

下流域調査の結果と判明した今後の課題

①11月9日の四万十川本流の濁度(FTU)の増加から見ると、増水時には河川に土砂、泥質と汚染物質が流れ込み濁度（FTU）が増大したとみられる。現在の河川では防災を主として河川堤防の建設や河川の直行化する。昔は蛇行して緩やかに流れ、氾濫原と湿地帯に水流は滞留してそこで土砂や汚濁物を沈殿させて、河川水を清浄化・分解しかつ、それらを栄養源に変化させてゆっくりと下流域に流れ込む旧来の河川の構造と機能が失われたことを示している。四万十川の清流を守り、豊かな自然を取り戻すためには、防災目的の河岸工事と河川堤防の在り方について、コンクリートによる防災一辺倒か、自然の恵みかで、包括的かつ科学的根拠に基づいた検討と意思決定が必要である。現在はコンクリート防災に偏っている。

四万十川は、旧中村市を中心に昭和初期（1935年）の大水害を含めて、大きな水害に見舞われており、そのための防災工事は一通り完了した。しかしながら、近年の気候変動と地球温暖化による豪雨が日本各地にみられ、災害はコンクリートの堤防では防ぎきれていない。

西洋諸国はこのような判断に基づき、コンクリートによる自然を抑圧する防災から、自然を活用し調和した防災、生活と自然力の恵みを重視に舵を切って対応している。このような自然に基づく解決策（NatureBased Solution）を科学的根拠に基づいて判断する時代に入った。

②農業との関係については、中流域での生姜農家の訪問でも明らかであるが、四万十川に汚染水をそのまま垂れ流しにしているにも関わらず、特段の対策が取られていない。これと同様に下流域の国営農場でも竹島地区と鍋島地区ともに、特段に河川への排出を規制している対応・対策については説明を受けなかった。また、下田地区でアオサノリの養殖を営んでいる漁業者も国営農場の入植者との対話がない。これらの関係者間の対話についても早急に持つべきである。まずは話し合いと情報の共有から始めて竹島川の汚染対策とその防止対策について検討していくことが重要である。農林水産省は2021年「みどりの食料システム戦略について」を政策として導入

した。2050年を目標に有機農業への転換を目指す。すなわち環境や健康への配慮である。この意味からも農林漁業が一体となった対策を「みどりの食料システム戦略について」は目標とするべきである。

③また、中流域の四万十町七里甲1035の佐竹ファームは、特別栽培と有機栽培を目指している。しかし、生姜は連作障害に弱く、土壌殺菌剤であるクロロピクリンを使用する。1季節で10リットル缶を100缶使用する。次世代のためにもいち早く有機農法に切り替えたいとの意欲が強かった。製品に残留農薬が少ないので、残りは側溝を経て四万十川の本流に排出される。佐竹氏は「住民からも四万十川を汚しているのは生姜農家である」との批判が寄せられると語る。側溝はコンクリート張りであるのでこれを土に戻し植物と水草が生えるようにすると、そこで流出したクロロピクリンの分解が進む可能性があるとの指摘を行った。

④後川水系に排出する中央排水処理施設からの排水が環境基準を満たしているかどうかの科学測定が必要である。また、BODなどは基準が定められた年限が昭和40～50年代であり古すぎること、また、四万十市の排水処理施設が完成した年代とその際に導入した排水処理施設の機能（生物処理か活性汚泥処理か、オゾン処理かなど）とその後の施設の改善と近代化が重要となる。このことは、今後の後川と四万十川の水質改善向上の検討に参考になり、現場の視察と関係者との対話が緊要である。

（3）四万十川中流域調査

8月3日に引き続き、中流域窪川附近での科学計測調査を4地点（今回は仁井田川と東俣川合流点、東吉見川橋、吉見川橋と太井野橋からの四万十川。前回は2地点（太井野橋と吉見川橋）で行った。その結果は以下の通りである。

クロロフィル量

前回8月3日の計測値は大井野橋でクロロフィル量が0.88 $\mu g/\ell$ であった。溶存酸素量は97～120％であった。（前回の新開橋でのデータは記録されていなかった。）今回11月10日では

図5　四万十川中流域：窪川地区での
計測地点とクロロフィル量、濁度（FTU）と
溶存酸素量（DO）計測結果

表6　四万十川窪川付近のクロロフィル量、濁度と溶存酸素
2021年11月10日午前11時から

	① 仁井田川		② 東吉見橋 (合併浄化槽)		③ 吉見橋	④ 大井野橋
	50cm	1.1m	表面 0m		50cm	0.4m
			計測器記録	測定時の表示		
クロロフィル(μg／ℓ)	0.46	0.85	0.0	0.72	0.42	0.41
濁度（FTU）	1.8	2.7	0.071	8～31（着底の可能性）	2.4	1.0
溶存酸素 DO（％）	99.6	99.3	100.5	94	95.4	100.9
	仁井田川表面水温が18.2℃ 10cm以下は15.07℃以下 四万十川よりも高い		表面水温は17.2℃		表面水温は15.7℃ 10cm以下は15.3℃	水温は表面が12.04℃ 0.1～0.4mは14.8℃

表7　四万十川・窪川付近の流向・流速
2021年11月10日午前11時から

	① 仁井田川	② 東吉見橋 (合併浄化槽)	③ 吉見橋	④ 大井野橋
流速（cm／秒）	1.9～6.7	30.3～106.3	3.9～25.7	6.1～236.7

クロロフィル量が0.41μg／ℓで半減していた。吉見橋では、0.42μg／ℓであった。東吉見橋（合併浄化槽が設置される）では、クロロフィル量が0.0μg／ℓ、仁井田川では0.46μg／ℓ（水深1.1メートルで0.85μg／ℓ）であった。従ってクロロフィル量が多くない。

濁度（FTU）

　濁度は大井野橋で1.0FTU、吉見橋で2.4FTU、仁井田川で1.8FTUと高い値を示した。東吉見川（合併浄化槽が設置される）では、0.07FTUである。濁度（FTU）は高い傾向がある。今後の継続した計測が必要である。

溶存酸素量（DO）

　最も低い溶存酸素量（DO）を示したのが吉見橋の95.4％である。残りの地点は100％程度であり、どこも特段の問題は見られなかった。

流向・流速

　四万十川本流の大井野橋では6.1～236.7センチ／秒を記録し、時折り早い流速が観察された。また東吉見橋（合併浄化槽が設置される）では、30.3～106.3センチ／秒と極めて流速が早い。

　一方で、仁井田川は1.9～6.7センチ／秒と遅い流速であった。これは測定した橋の

写真6　東吉見川橋から見た合併浄化槽
（2021年11月10日）

写真7　仁井田川と東又川の合流点：道の駅
「あぐり窪川」附近（2021年11月10日）

下に根々崎堰（下写真を参照）が設置されていた影響があると考えられる。

4) 四万十川の水質に影響する重要事項
(1) 四万十川の流域の生姜農家での農薬使用と四万十川への流入

　生姜は冬場に土壌作りを行い、春先に植え付け、夏場に潅水し10〜11月に収穫を迎える。

　高知県は日本最大の生姜産地でその収穫量は21,400トンと全国の43％を占めており、その作付面積も445haと県内最大で、第二位にあたる茄子／347haを大きく離している。（中国四国農政局ホームページ）生姜の根は病気に弱く潅水に河川水やため池の水を使うと発病する。その為地下水をポンプでくみ上げスプリンクラーで潅水を行う。

　連作障害による根茎腐敗病を避けるために、冬場の土壌作りに土壌消毒を施す際に臭化メチルが使われていたが、オゾン層保護の観点から2012年に全廃し、以降はクロロピクリン／ダゾメットが主流となった。

　このクロロピクリンは第一次世界大戦で使用された毒ガスに起源を持ち、水生生物及び地下水へのリスクから欧州ではすでに全廃され、米国や中国でも特別免許の対象とされている農薬である。

　四万十町は標高が200メートルの地点にあり、寒暖の差が大きく、このことが生姜の栽培に適しているといわれる。高知県は全土にわたり生姜の栽培が盛んにおこなわれている。

　佐竹ファームの佐竹孝太専務の説明によれば、クロロピクリンは無味無臭であり、従って事故防止のために人工的に着色し着臭する。スポイトの一滴で人間1人を殺す殺生力があり、危険であることを日々認識している。小学生の子供が生姜畑に入り遊んでいるのを見ると気持ちがいたたまれない。住民らには四万十川を生姜農家が汚染

 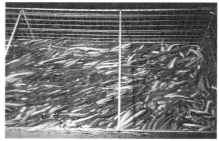

写真8　高岡郡四万十町七里の収穫後の生姜畑。
手前の側溝から余剰肥料と農薬が四万十川に流れ込む。

写真9　四万十うなぎ㈱の養殖場での
ウナギ養殖の状況（2021年11月9日）

しているといわれる。自分には子供がいて、将来後を継ぐかどうかは未定であるが、後を継げるような農業・農地を残したい。その場合は、無農薬で有機肥料での栽培である。簡単ではないが減農薬の特別栽培（特別栽培との表示は消費者には意味が取れないので「何％」の減農薬と表示するべきである。）と有機栽培を目指している。生姜の場合の連作障害は発生しやすい。2～3年米を作り、生姜を休耕しても根茎腐敗病は発生する。8年の休耕は必要である。

　側溝を経由して、残余のクロロピクリンや過剰肥料は四万十川に流れ込む。側溝は3面がコンクリート張りである。小松より、「200メートル以上ある側溝のうち30メートルでも土壌が表面に出る水路に変更し、そこに植物と動物や昆虫が生息する環境にし、生態系サービス力を活用して、クロロピクリンなどを分解してみてはどうか、四万十川に排出される農薬量が削減される」と述べたら、佐竹専務は早速やってみたいと答えた。

(2) 四万十うなぎ：高知県高岡郡四万十町見附896-6

　四万十うなぎは旧窪川町の中心地から2～3キロ自動車で5分程度のところに所在する。四万十川の下流域で、漁業者の特別採捕許可で漁獲されたシラスウナギを四万十川の下流域に設置された集荷場で購入し、それを養殖種苗として育成・成長させて、その後自社で加工して販売する。四万十川のウナギの養殖施設はここのほかにもう一か所あり合計2か所である。天然の種苗からのうなぎの最終生産金額は約8,000万円で、四万十うなぎ㈱の販売金額は2.3億円であり、差額は他の養殖場からの購入により調達している。従って社名の四万十うなぎに合致した四万十川の原産の比率は約3分の1であった。地元の漁業関係者はそれでは本来の四万十ウナギではないのではとの疑念を有しており、製品ごとに原料の調達先を明記することが望ましい。

　購入したシラスウナギを養殖・育成するタンクは計8基あり、入り口から入って手前の2基が小型タンクで、ここで初期のシラスウナギを飼育し、成長させる。その後、

奥の方の6基のタンクで大型に成長させる。期間は約1年程度の養殖期間であるとの説明（要確認）であった。私が訪問した見附の養殖場は四万十川の支流である見附川（吉見川）に沿って立地しており、見附川の伏流水（ないしは地下水）を利用している。一旦使用した排水は沈殿させて浄化し排水処理施設を経由して処理していた。また、固形物（排水中からのSS：固形物）は近隣農家がそれを欲し、これを分け与えているとのことである。

下流でシラスウナギを採捕して、それを養殖するのか、四万十川の下流域からの中・上流域への遡上を許し、これを天然ウナギとして採捕するのかであるが、これはどちらが環境と生態系に合致しているかを私たちは大局的に判断する必要がある。その場合は誰がウナギからの利益の享受者となるかを分析する必要がある。

(3) 家地川ダム（佐賀堰）と津賀ダムの撤去運動

家地川ダムは河川水を貯蔵する高さが8メートルであり、日本でのダムの定義は堤高が15メートル以上であるので、ダムの定義には当たらないが、水をせき止めていることではダムと同じである。津賀ダムは四万十川の支流の梼原川にあり、高さが45.5メートルである。四万十川の本流にはダムがないとの口実にこの2つのダムのケースが使用されてきた。河川の支流か本流かは、単に河川の総延長から決めたもので、本流の流れと支流の分水嶺としての重要性を指摘したものではない。梼原川は、その性質と延長から見れば不入山を源流とする四万十川の本流と何も甲乙の差がなく、合流点以降に対する影響（水量、水質と水流並びに生物種の多様性）は、梼原川も大きい。

堰かダムかもその地形によって左右されるのであって、水深が浅いから堰であるが、河川の水量と水流停滞への影響と保水量を比較しての河川の生態系と環境及び水質に対する影響を見れば堰の方が悪影響を及ぼす可能性もある。客観的な科学分析が緊要である。

また、河川流量の維持も重要である。ダムや堰は水流をせき止めている。

したがって生態系の断絶を起こしていないか。物理的に生物・魚類の円滑な遡上を阻害し、断絶し、四万十川の河川生態系と海との関係を遮断している可能性があるので、データ収集と分析を実施することが必要である。そのうえで再度、家地川ダムと津賀ダムが本当に生態系保全と生活のために必要かどうかを、さらには、現在の自分達の生活の豊かさと、将来世代への豊かさのために生態系が保全された自然の継承をすべきか否かを、客観的かつ包括的に検討されるべきと考えられる。

また巨大な発電所の伊方原発（56万キロワット）があるのに戦前の電力不足時に出きた佐賀堰（家地川ダム発電力が1.5万キロワット）がいまだに必要なのかどうかを問うことが必要だ。

(4) 広見川と三間川並び奈良川と水田の代掻きと四万十川の汚染・汚濁

　江川崎の四万十川と広見川の合流点である西土佐の林大介道の駅長：四万十川西部漁協副組合長から広見川の汚濁問題が指摘された。また本件は、広見川に加えて、愛媛県側に存在する三間川と奈良川からの白濁した水田の代掻き水の汚濁・汚染の問題でもある。これらの汚濁・汚染は水田の代掻きと水張がピークを迎える3～5月にかけて発生する。広見川と四万十川の交流地点で四万十川右岸が広見川からの汚濁水で真っ白になっている2019年4月16日の写真がある（清流通信VOL.285号2020年7月27号）。

　このような汚濁水を科学的に計測することが緊要である。濁度（FTU）の計測はもちろん、溶存酸素量（DO）やクロロフィル量を測る。

　流向は、四万十川本流に沿っているが、四万十川本流の上流からの流れと広見川からの流れとの比較が重要である。さらには、本流と広見川からの流れとの間に水温に差がある可能性があるので水温の計測も重要である。広見川上流域、三間川と奈良川も計測が必要である。また、比較対照するために、水田の代掻きが開始される以前の2月にも計測していることが好ましい。これらの科学的知見から判断と対策の材料が提供されよう。

　これまで、この地域でもBOD（1970年に設定される。その後の環境基準の見直しは他の化学物質の追加はあるが、BODの基準値はその後さらに厳しくされてない。）を計測してきたが、BODは自然由来と人口由来の有機化合物を一体として認識するので、どこまでが人工的な汚染物・汚濁であるかが不明である。またBODの基準自体、設定されたのが古すぎて（1970年　昭和45年）使用薬物や生活様式の変化に伴っての水量と排出物の量と質も変化をしており、排水基準が現状にそぐわない可能性がある。また、年々環境が劣化しており生態系サービスの対応力が低下している可能性もあるので、排水基準の強化が必要ではないか。

(5) アオサノリの胞子発生と海苔網への着床の不足

　アオサノリの胞子の発生と海苔網への着床・付着が良くない。年々収穫量が大幅に減少し、さらに、今年は胞子の発生が悪かった2020年の半分以下で、種付けの作業も例年10月で終わるのが、後半にはよくなったが11月15日まで長引いた。これは夏に高水温が持続して、胞子（配偶体）が成長障害を起こしたためではないか（大野正夫高知大名誉教授）とみられる。竹島川付近の養殖場は国営農場の開発以来、農業と肥料の流出で環境が悪化している。農林水産省が行った果樹園の国営農場（竹島地区）の開発開始（昭和63年頃）以来、20年間にわたり土砂の流入などの影響モニタリング調査を受託して実施した。（前出の大野正夫高知大名誉教授）

　アオサノリの生産量は最盛期には30トンの生産があったが2020年は4トンで、

2021年はわずかに1.2トンであった。2022年に向けた海苔網への着床は、ここ数年同じ作業者が着床作業をしているが、上記のように手間取り、また網の敷設量は、養殖業を営むことを放棄した者もおり2021年より減少した。

11月9日には、水温計を海苔網漁場に設置した。これで2月下旬の最低水温を含め今後の水温の推移が判明し、ノリの生息環境の一端が観察されうる。しかし、露出した際の水温計の読み取りが不可能であった。

また、高知県内水面漁業センター（香美市）、高知大学農学部（平岡教授）並びに高知県内で海藻養殖を営む会社（安芸市）などから技術的助言を得ながら、アオサノリの問題解決を進めたい。（後日判明するが、効果的な助言は得られなかった。）

5. 総合評価

1) 四万十川の濁度（FTU）は、一般に他の河川や太平洋の沿岸海域よりは悪化しているとみられる。

表面（水深50センチ）でも、四万十川橋（赤鉄橋）のみが良好である。渡川大橋付近から濁度（FTU）が次第に悪化して、後川に至ると、支流から後川内に放出された排水の影響で後川内（佐岡橋と右山の中央排水処理施設の排水口）では高い値が示され、四万十川と合流する地点では、水質が悪化する。中筋川河口の四万十川大橋までは悪化がさらに進行している。これは濁度（FTU）から判明する。溶存酸素量（DO）は濁度と同様の傾向を示す。8月の調査時期に比べると中筋川のように悪化ししていないが、小市橋では好ましくない値である。後川の佐岡橋でも90％を割り込み好ましくない値である。クロロフィル量は総じて不足気味か平均的である。四万十川橋（赤鉄橋）や渡川大橋では不足気味の値であった。これが下流域に来るにしたがって1.0 μg/ℓを超えてくる。竹島川の養殖場と間崎・津蔵渕川の養殖場も決して環境はよくないと判断される。

竹島川のアオサノリ養殖場は、果樹や生姜農家などの排水が竹島川に放出されている。これで養分、汚染物質と農薬などが入り込む。国営農場からの排出規制などについて、まずは農家と養殖業者及び漁連（漁協を含む）の話し合いが必要である。

間崎・津蔵渕川のアオサノリ養殖場は、中筋川からの汚濁した南下水の影響と津蔵渕川からの影響に加えて、間崎の水路（養殖場）が平坦で、河川水の動きが遅いことが原因とみられる。

これらの河川環境の悪化と劣化がアオサノリ養殖の収穫量の減少につながっていると考えられる。アオサノリの収量の減少は、年々河川環境が悪化していることを示しているとみられる。従って、河川環境の改善が急がれる。

2）河岸堤防と防災工事

河川の工事は現在至るところで行われている。その一つは津蔵渕川の出口と初崎の間での堤防工事である。また、下田漁協の防災のための新たな改修工事なども予定されている。

過去の工事も四万十川では、日本全国各地と同様に河川生態系・生物の多様性の維持に配慮が払われたことがほとんどない。工事の前に環境影響評価がなされたと聞いてはいない。ある一定の規模以上は、環境影響評価を行うことと義務付けられているが、防災用の河川堤防の建設はその適用除外とされているのも時代の要請にそぐわない。

3）排水処理施設のからの排水

これも汚染源としての対応を要する検討課題である。四万十市には右山中央排水処理場と桜町排水機場他があり、四万十川の本流へは岩崎排水樋門がある。これらからの排水が確実に四万十川を汚染させていることが今回の科学計測で判明した。基本的に環境基準に照らした排水処理施設の現状把握が必要である。

4）中流域の生姜農家と広見川からの代掻き汚濁水

これらに関し早急に対策を講じるために、生姜農家（四万十川流域とは限らない支流を含む）を訪問するなどのさらなる情報の収集と広見川水系の科学的データの蓄積が必要である。また、津賀ダムと家地川ダムに関しても、建設物の影響と水流・水質並びに生態系の状況を知るために早急に科学観測データの収集が必要である（2022年3月に実施した）。

5）アオサノリへの対応

これは上記1）の記述を参照のこと。

6）他河川：岩手県陸前高田市の気仙川と岩手県大船渡市の盛川との比較

気仙川では前日12月1日の大雨が降り、調査の当日12月2日も時化であり、広田湾での調査の範囲を大幅に縮小した。従って気仙川での水位は前日の降雨により増水し、濁度（FTU）は通常時より高かった。盛川と大船渡湾を調査した12月3日も時化であり、大船渡湾防波堤の外は大時化で調査船の船体がうねりで大きく揺れた。

クロロフィル量は四万十川が多いが濁度（FTU）は極端に四万十川が高い。これは、大雨の直後であるので気仙川と比較すると気仙川の4倍以上の濁度（FTU）であり、

5. 総合評価

表8 岩手県陸前高田市気仙川、大船渡市盛川と四万十川の比較

	気仙川	盛川	四万十川
クロロフィル（μg/ℓ）	0.57	0.60	1.1
濁度（FTU）	3.9	0.8	18.6
溶存酸素 DO（%）	98.0	101.1	93.0
	12月2日午後 気仙川大橋	12月3日午後 川口橋	11月9日午前中 洲大島より右岸

（注）気仙川での測定は大雨の翌日、盛川は翌々日で四万十川は翌日に測定した。

洪水・水量の増加に対して、四万十川がいかに多くの土砂を下流に運んでくるかを示している。すなわち、河川がゆったりと流れれば土砂も少ないが、上流で急速に流れると一緒に土砂を運んでしまうと推測される。直行河川で河川側面がコンクリートでの3面張り（河床か、固まり伏流水が少なくコンクリート化している場合も含む）か氾濫源に水量が保水されにくい環境となっているとも推測される。四万十川の河川堤・河川環境を観察する必要がある。

また、11月に溶存酸素量（DO）が低いのは四万十川の下流域（表面の淡水域）の特徴である。しかし、この付近の川底は海水であるが、同様に濁度（FTU）が高く、溶存酸素量（DC）が低い（表：川底のクロロフィル量、濁度（FTU）と溶存酸素量（DO））を参照のこと）。

従って、これらのことから、四万十川を他の河川と比較した場合、その河川の汚染度や酸素不足の傾向がある。仁淀川は四万十川に比較するとやせた河川である。河口域の溶存酸素量は87〜89%であり、低すぎる。これは、下流域の左岸側に多数あるハウス農場からの排水に含まれる、農薬と過剰肥料などを分解するのに酸素が使用されると推定される。他方、波介川潮止堰の内側では、溶存酸素量は108%であるが、一方で濁度（FTU）が異常に高く、かつクロロフィル量は 7.1μg/ℓ であり、きわめて高い。ここは水流もなく、堰による水流の停滞が水質の環境を悪化させているとみられる。

四万十川も同様であるが、高知県の河川環境保護は、農業を適切かつ厳格に規制するかにかかっているとみられる。また、国は環境と健康を重視する農業政策にかじを切った「みどりの食料システム戦略について」を実行中である。そのためには農薬や化学肥料の使用の削減を含めた対応が上記のみどりの食料システム戦略に合致する。

2021年11月7日 仁淀川河川環境科学調査

1. 調査の目的と前回調査からの変更他

　2021年3月15日から16日に予備調査を、8月1日から3日には第1回の四万十川河川科学環境調査を行った。本格調査は、四季の変化をとらえる上で、かつ四万十川の特性を通年にわたって捕捉し理解する上で、1年に4回実施することが極めて重要である。また、他海域・河川域との比較も重要である。

　そのため今回の調査は、8月1～3日から3ケ月後の調査であり、夏との比較と秋の季節の特徴を捉える上で、かつ夏の最高気温と生物の繁殖と成長後の成熟期をとらえる上で重要である。

　また、今回は、これまで実施しなかった四万十川の中流域の西土佐町の江川崎での視察と聞き取り調査と四万十町（旧窪川町）の仁井田川、吉見川並びに四万十川本流での科学計測の調査を実施した。また、四万十川の水質に影響を及ぼすとみられる国営農業団地と窪川地区での生姜農家からの聞き取りと視察を行ったこれまでの下流域での調査を繰り返し継続した。下流域での観測地点は、赤鉄橋上流まで拡大し、かつ、後川（都市下水道処理施設からの排水口）と中筋川（小市橋の下）まで入り込み調査した

　加えて、四万十川との比較のために、近隣を流れ、かつ高知県にあっては大きな河川である仁淀川の河口域と中流域の調査を行った。これらの調査結果と比較から、四万十川の河川の科学的特徴を明らかにすることとしたい。四万十川流域の調査結果は以下の通りである。

2. 調査の体制

　今回の調査も調査リーダーは小松正之並びに調査員は渡邊孝一である。

　四万十川下流域の調査では、山崎明洋四万十川下流漁業協同組合長と山崎清実理事（同氏は河川調査のすべてに同行）が参加した。

　仁淀川の調査では、㈱高知銀行の田村忍常務と本店の竹内信彦氏が参加された。また、明神水産の明神照男元会長が参加し、大野正夫高知大学名誉教授が、急遽参加した。

　四万十川中流の旧窪川町では、四万十川財団の神田修事務局長と泉茂高知銀行窪川支店長に御案内いただき、河川環境計測にはご支援を得た。

3. 調査の結果

1）仁淀川調査

　仁淀川は、四万十川と並んで高知県の西半分を流れる一級河川と一級水系の大河であり、その源流は愛媛県の久万高原の石鎚山に発し、流域面積が1,560平方キロ（四万十川は2,186平方キロ）で流路延長が124キロ（四万十川は196キロ）である。水面が青く美しいので「仁淀ブルー」と呼ばれる「淵」や「滝壷」がある。水質は全国第1位

写真　仁淀川河口大橋から見た波介川潮止堰と堤防越しの農地（2021年11月7日著者撮影）

といわれる。（何を測ったのかを知る必要がある。）そして、仁淀川は、越知町やいの町を通り、土佐市の河口付近で、土佐湾に流れ込む。

2）調査の結果概要

　今回は11月7日の午前11時頃から15時頃まで、仁淀川の河口の下流域と越知町の仁淀橋（沈下橋）までの中流域において実施した。調査地点は、仁淀川河口大橋（3地点）とその隣を流れる波介（はげ）川を塩害防止のために堰き止めた波介川潮止堰の内側と、いの町の仁淀橋、越知町の沈下橋である中仁淀橋の都合6か所において科学的測定を行った。

①塩分濃度と水温

　仁淀川河口付近では、塩分濃度は14～17‰であり、海水の影響がかなり大きい。しかしながら、これも土佐湾に隣接したところでの値である。波介川に設置された波介川潮止堰の内側の塩分濃度はゼロに近く、全くの淡水であると言ってよい。これら地域は仁淀川の右岸（河川の上流から下流を見た場合の右側を右岸、左を左岸）はほぼハウス農業が営まれ、このための農業用の用水となっていると思われる反面、農業・農地からの排水が流れ込んで、堰の内側に入り込むものと、新堀川として農業用地を南北に通り、南側から仁淀川の河口付近に流出し、仁淀川に合流してから土佐湾に流れ込んでいる。新堀川の水質・科学的な計測は、今回は時間の制約上行わなかった。しかしながら、仁淀川河口付近の①地点でも特段に汚染の指標を表す濁度（FTU）も0.49FTUと清浄を示す値であり、クロロフィル量は、栄養分が多いと思われるのに、予想に反して0.22μg/ℓとかなり低い値である。溶存酸素量が88.6％と若干低い。

137

2021年11月7日仁淀川河川環境科学調査

写真　仁淀川河口大橋から見た左岸と中央の干潟
（2021年11月7日著者撮影）

河口付近では左岸（高知市寄りの東側）から海水が入り、また淡水も左岸から流れ出ている様子が塩分濃度、流向流速の結果からわかる。右岸側では流れは澱んでいる。

また、水温は仁淀川では17℃であるが、土佐湾は22℃と温度差が5℃程度ある。従ってこの時期では仁淀川の河川水が、土佐湾を幾分冷却すると考えられる。河川の中流域であるいの町仁淀川橋付近と越知町の中仁淀橋（沈下橋）付近では塩分濃度はほとんどなく、0.07‰である。

② 流向と流速

仁淀川の中流域の流速が極めて速い。特に南下流となる「いの町」仁淀橋付近では、66～263センチ／秒と極めて速い。越知町の仁淀橋（沈下橋でも13～34センチ／秒であるが、この付近では河川の流路が蛇行しているので方向が定まらない。流向が南西を向く結果が出ているがそれでは上流に流れることになる（これは再測定する必要がある。）が、計測結果が正しく反映されているのかを次回も調査するなどで検討する必要がある。

仁淀川河口大橋付近の流向・流速

仁淀川河口大橋の河口付近では、表面流では、右岸と左岸の川の流れと土佐湾からの海水の流入に特徴的な顕著な差がみられる。すなわち、左岸では南下流で流速25～32センチ／秒と早く、河川水が土佐湾に流出する。河口中央部では南下流であり、流れは土佐湾の外洋からの流入水と仁淀川からの流出水が衝突していると推計され、

写真　いの町の仁淀橋
（11月7日著者撮影）

2～6センチ／秒とほぼ停滞する。他方、右岸では、流行が北向きになっており、海水が流入するとみられる。流速は11～15センチ／秒である。一方、流向流速の測定値（4メートル水深の計測値をしなかった。）ではなく、塩分濃度から判断すると、土佐湾の海水が仁淀川に左岸側から流れ込んでいると考えられる。

138

③クロロフィル量と濁度

波介川潮止堰の内側以外は、一般に仁淀川水系では、今回の調査の範囲でクロロフィル量はとても低い。0.22〜0.35μg/ℓであり、これらの値からは、仁淀川は貧栄養といってもよい。しかし、越知町の仁淀川の中仁淀橋（沈下橋）では1.5μg/ℓと正常値が観測された。河口域では、河口左岸と河口中央

写真　越知町の中仁淀橋（沈下橋）
（著者撮影 11 月 7 日）

部では、海水がほぼ全体を占める 3.5 メートルから 4 メートルの水深では、河川水でのクロロフィル量よりは高い値がみられたが、左岸で 0.54〜0.64μg/ℓ、中央部では 0.54〜0.58μg/ℓ であった。（右岸は水深が浅いので、淡水が卓越した。）

これらの値は、四万十川河口付近や富士川と駿河湾のクロロフィル量とほぼ同程度である。黒潮系の海水でのクロロフィル量は岩手県の広田湾や大船渡湾並びに宮城県の石巻湾や桃浦湾の 1.0μg/ℓ を超える値に比べるとそれらの値は低いのが特徴である。

④溶存酸素量（DO）

河口域の溶存酸素量は低い。87〜89% であり、好ましい値ではない。これは、下流域の左岸側に多数あるハウス農場からの排水に含まれる、農薬と過剰肥料などを分解するのに酸素が使用されると推定される。他方、波介川潮止堰の内側では、溶存酸素量は 108% であり特段問題は見られないが、一方で濁度が異常に高く、かつクロロフィル量の発生も 7.1μg/ℓ であり、きわめて高い。堰による水流の停滞が水質の環境を悪化させているとみられる。

4. 調査結果の評価

今後、11 月 8〜10 日の四万十川川調査の評価が出そろい次第。評価を行う。

また、12 月 2 日から 4 日まで岩手県陸前高田市の気仙川河口と大船渡市の盛川河口の科学・環境調査を実施しており、それらの結果との比較を四万十川の調査結果と合わせて行う予定である。

2021年11月7日仁淀川河川環境科学調査

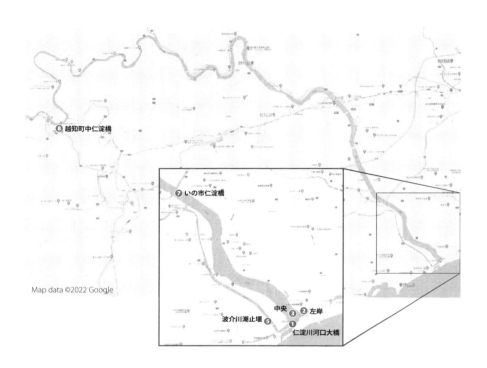

		❶ 右岸 仁淀川河口大橋 (水深0.5m)	❷ 左岸 (水深0.5m)	❸ 中央 (水深0.5m)	❹ ❶と同地点 (水深0.5m)	❺ 波介川潮止堰 (水深0.5m)	❻ ❺と同地点 (水深0.5m)	❼ いの市仁淀橋 (水深0.5m)	❽ 越知町 中仁淀橋
クロロフィル	μg/ℓ	0.22	0.25	0.24	0.22	7.1	7.1	0.35	1.5
濁度	FTU	0.49	0.53	0.61	0.49	6.68	6.68	0.34	0.61
溶存酸素	%	88.6	87.5	87.4	88.6	107.5	107.5	99.4	105.2
流向		北方	南西方	南〜南西方	北方	波介川潮止堰 北方	波介川潮止堰 北方	南方〜西方	南西方
流速	cm/秒	11〜15	25〜32	2〜6	11〜15	1.5〜3.9	1.5〜3.9	66〜263	34〜131

仁淀川科学環境調査（2021年11月7日）

2022年3月12日 四万十川河川環境科学調査：
家地川ダム（佐賀堰）と津賀ダム

1. 概況

　2022年3月12日(土)に、家地川ダム（佐賀堰）と津賀ダム並びに津賀発電所の調査を入れ込んだ。この2つのダムは一時地元民の撤去運動の対象となった。しかし、その運動は水利権を主張する四国電力などとの間で、撤去を勝ち取ることができなかった。この撤去運動も環境と水質並びに水利権のあり方に関する科学情報の蓄積があれば違った結果を迎えた可能性もある。また水利権とは何かに関して充分な説明が、国土交通省や四国電力及び高知県から提供されたかどうかを確認する必要がある。重要なのは科学的根拠である。科学情報の蓄積のスタートとすべく今回、家地川ダム（佐賀堰）と津賀ダムの科学調査を実施した。

　ところで、近年米国ワシントン州Elwharダム他、日本でも熊本県の荒瀬ダムが撤去されている。Elwharダムは古くなった上に、サケなどの生物の生息環境に悪影響を与えるのが理由である。荒瀬ダムは古くなりすぎでそれを維持する目的が喪失し、維持に経費が掛かりすぎるからである。津賀ダムは既に大量の土砂をダム湖に抱え、今後も毎年ヘドロが蓄積する。既に伊方原発（56万キロワット）が出きて津賀ダムと佐賀堰の発電量は微々たるものである。津賀ダムと佐賀堰に関して、科学情報の収集と外国のダムの撤去や取り扱いに関する科学的、技術的な情報を蓄積することが大切である。

2. 家地川ダム（佐賀堰）の科学計測値

　家地川と四万十川の合流点にある家地川ダム（佐賀堰）での水質・環境調査を行った。これは取水堰であり重量式で、堤頂長が112.5メートル、堤高が8.0メートルである。一般にダムは堤高が15メートルを言う。従って、家地川ダムは堰であってダムではない。家地川の近辺に建設されたので、この俗称がある。ここで、四万十川の水流をせき止めて、その水を黒潮町の佐賀発電所に送っている。それらの水量は最終的に

家地川ダム（佐賀堰）
（2022年3月12日午後　著者撮影）

は四万十川水系とは別の伊与木川に流れる。佐賀堰の最大発電量は1万5,700キロワットで、使用水量が12.52トン／秒である。流域面積は377.74平方キロで総貯水量は881,914トンである。2）貯水池の流れはほとんどなく、クロロフィル量や濁度（FTU）など計測値では堰の上流と下流では水質にほとんど差がみられなかった。また、黒潮町の佐賀発電所まで、堰からの水量が運ばれている。そこで発電がおこなわれたのちは、四万十川の水は四万十川には戻らず、伊与木川に放出される。

佐賀堰の下流から、取水口、貯水湖の左岸、家地川の橋の近辺のすべての場所において、ほぼ同レベルのクロロフィル量、濁度（FTU）と溶存酸素量（DO）が記録された。

クロロフィル量は堰の下流で0.55$\mu g/\ell$、取水口で0.76$\mu g/\ell$、貯水湖の左岸で0.54$\mu g/\ell$、家地川で0.77〜0.60$\mu g/\ell$であって、決して高い値ではないが、低すぎる値でもなかった。濁度（FTU）は、0.3FTU（清浄水を意味する）を上回ったものの、全ての調査地点で1FTU以下であるが、水色は濁っている。

溶存酸素量は排水口での93.8％を除けば、全てが100％を超えており、酸素は十分に存在すると判断される。

流向・流速

図1の地点①では流向と流速は、測定地点の水中環境が適切ではなく、測定しなかった。排水口（地点②）ではその流速は22.3〜24.2センチ／秒もあり、またその流向は南に向いていた。低地に位置する佐賀発電所に向かって流れ込んでいる。堰の貯水池の左岸（地点③）では北東の流れで四万十川上流に向いているが、流速はほとんどなく水流は停滞しているとみられる。0.2〜1.7センチ／秒であった。家地川と四万十川との合流点（地点④と地点⑤）では北向きの流れであったが流速はほとんどなく、0.4〜2.5センチ／秒であった。これらの地点（③、④と⑤）は貯水池に蓄積した水量が下流に堰を超えて落ちる量が少ないので上流に向かって流れていると推定される。

3. 津賀ダム

日本各地で巨大なアユが獲れたとの話は良く聞く。津賀ダムの建設前は梼原川で「津野山鮎」と言われた背中が盛り上がった巨大なアユが取れたとのことである。落差が大きいことから、梼原川にダムの場所が選定されて、1940年に軍需目的で建設されたのが津賀ダムである。堤高45.5メートル、幅が145メートルで10門のラジアルゲートを持つ。

津賀発電所とは10.7メートルの落差があり、最大で1万8,100キロ発電される。総貯水量は1,930万トンである。利用水深は15メートルである。

3. 津賀ダム

　1989年に水利権の更新時期に合わせて、枯れた川と、ダム湖内に堆積したヘドロ、遡上しなくなった魚類が問題の原点となり、梼原、津野町など流域の6市町村に津賀ダムの撤去運動がおこった。高知県は水利権を許可しないとの選択はなく、ダムの撤去は「不可能」としたことから、流域全体が条件的存続へと舵を切った。しかしながらそれで撤去運動が終止符を打つ十分な根拠となったのかどうかの検証がどこかでなされたのであろうか。河川維持流量の修正とダム上流での魚族増殖を強化する妥協で撤去は見送られた。水利権についての使用者とその使用目的は四国電力の水力発電用とその他目的の農業用などがいかほどか。そして津賀ダムからの発電を今後堆積するヘドロと土砂の予測の下で提供する場合は、電力の供給コストが高くつき効率も低下しよう。従って津賀ダムのあり方について別の可能性の検討も今後は重要である。四国電力の発電収入とコストなどの情報収集が重要である。

　四国電力のデータでも平成27年での堆砂量は計画数量の73%である。（総貯水量の25%に相当）毎年5万トンずつ堆砂していく。

津賀ダムの科学計測値
クロロフィル量、濁度（FTU）

　津賀ダムの貯水池のクロロフィル量は1.87μg/ℓと高かった。津賀ダムの下流域（下流約1キロ）では0.32μg/ℓで、ダム湖より植物プランクトンの発生が少ない。津賀発電所の排水口では1.07μg/ℓであった。

　また濁度（FTU）は、津賀ダムの貯水池では1.91FTU（しかし、水深10センチでは39.8FTU）であるので、きわめて濁度が高かった。しかし津賀ダムの下流では0.77FTUとそれが大幅に低下する。清浄水とは言えないが、清浄度は増した。津賀発電所の排水口

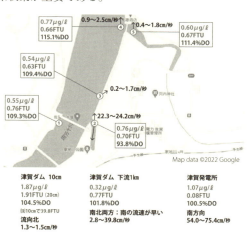

図1　佐賀堰と津賀ダムのクロロフィル量、濁度（FTU）と溶存酸素並びに流向と流速

写真　佐賀堰の河川維持量と放流量
（2022年3月12日　著者撮影）

津賀ダム左岸からダム湖
(2022年3月12日午　著者撮影)

津賀ダムの下流：高岡郡四万十町大正大奈
(2022年3月12日午後　著者撮影)

津賀発電所の排水口
(2022年3月12日午後　著者撮影)

では1.08FTUであり、濁度（FTU）が増加した。また、排水口では貝殻の死滅が多数産卵状態で見つかり、これは淡水のシジミが排水ポンプ内の清掃作業で死滅したのか、または、貯水池内の淡水の貝類が運ばれて死滅したのかいずれかであろうとみられる。死滅の原因は不明である。

溶存酸素量（DO）

　溶存酸素量（DO）に関してはすべての地点で100％を超えた。

　今回の結果からは、津賀ダムの貯水池の水質は清浄ではない。また、水深10センチの濁度（FTU）が現状を反映しているとすれば、極めて水質が悪化しているとみられる。継続した、また、複数の地点での計測値の取得が必要である。

　また、貯水池の水質とダム下流の科学データの比較では、ダムの貯水池の水質が悪化していることを示唆する値が、今回でクロロフィル量と濁度（FTU）によって示された。

流向・流速

　津賀ダム（ダム堤長に隣接するダム湖左岸地点）の流向はダムへの跳ね返りにより北向きであったがその流速は遅く1.3～1.5センチ／秒でほとんど流速、すなわち水流はなかった。一方ダムの下流1キロ地点では、2.8～39.8センチ／秒（平均は約20センチ／秒）であった。これにより、ダムがなければ、ダム付近から下流と同じ速さの水流が流れて、水量と各栄養を伝達すると思われる。津賀発電所では四万十川下流方向、南方向に向かって54.0～75.4センチ／秒の流速があった。これは排水口であり、落下差があるので、速かったとみられる。

2022年3月13日 四万十川の河川環境調査四万十川下流

1. 概況

2022年3月13日四万十川の河口・四万十川橋（赤鉄橋）から土佐湾までの下流域の基本的な調査を実施した。特にアオサノリの養殖の不漁の解明のためデータ収集に力点をおいた。

本調査は1年に4回実施し四季の変化と四万十川の特性を通年にわたって捕捉し理解する。また、広田湾・気仙川と大船渡湾など他海域・河川域との比較を行う。2月下旬から3月上旬は最低水温を含む継続水温の調査を実施した。

下流域で前回を踏襲し竹島川の下流の下田地区のアオサノリの生育環境を重点的に調査した。また、後川の中央排水処理施設とその排水状況を視察・観察した。その後中筋川の中流域の高知南西中核工業団地付近の視察と科学計測を行った。

2. 調査の体制

今回の調査も調査リーダーは小松正之並びに調査員は渡邊孝一である。

四万十川下流域の調査では、山崎明洋四万十川下流漁業協同組合長と山崎清実理事が参加した。

また、高知銀行中村支店の藤本剛支店長と西内景太氏のご支援を得た。12日竹内清彦氏が調査に参加した。また、田村忍常務には本訪問でのアレンジに全幅のご支援を賜った。

3. 調査の目的

河川環境把握と汚染とその原因の推定

四万十川の環境については①河川の護岸と直行流向化の工事による自然の回復力、並びに土地力の低下、土砂の流入・浮遊②支流と本流へのダムと堰の建設による河川水量の減少と流速の低下と生態系の切断、発電所濁り水の放出③農業肥料・農薬と広見川と三間川の水田代掻きの過肥料と土壌流出など農業排水の流入と④後川

四万十川橋（赤鉄橋）付近での科学調査
右下は山崎明洋組合長（2022年3月13日午前）

水系への都市下水の排出が悪化の要因と推定される。

　河川環境・科学調査は、河川環境の悪化・劣化の状態を科学的指標で客観的に表示すること、その数字の意味を提供すること、そして環境の悪化の原因を解明または推定するものである。特にアオサノリの不作の原因の解明に努めた。

4. 調査の結果
1) 調査結果の概要

　四万十川の下流域の全般にわたり、2022年3月では、11月に比較してクロロフィル量は増加した。一方で濁度（FTU）は増加し、汚染度・濁りは進行した。溶存酸素量が8月以降改善して11月には90％台を記録したが2022年3月では、さらに改善し概ねあらゆる水域で100％を超えた。これら改善・変化は真夏から秋口にかけて、そして冬場を越して植物相の変化や水温の低下などに伴う季節的な変動であるとみられる。3月の濁度（FTU）は後川と竹島川のアオサノリ養殖場で悪化した。

(1) 塩分濃度

　塩分については四万十川橋（赤鉄橋）の鉄橋下まで計測した。その結果は、四万十川橋（赤鉄橋）までは海水が到達しているとの説は11月に続き2022年3月での調査では観測されなかった。

　3月13日では干潮が9時59分で、満潮が14時22分であった。しかし干満の差（満潮位114センチから干潮位98センチ）が小さく26センチの小潮であった。海水は、先回の11月調査時と同様、渡川大橋までは淡水で、四万十川と後川の合流点で海水が到達する。合流点で塩分濃度（水深50センチ）25〜27‰程度である。ここでも表面（10センチ未満）はほぼ淡水である。

　後川の佐岡橋付近でも25.1‰であり、ここまで海水が到達する。津蔵渕川と間崎では22.8‰であり、ここはアオサノリの養殖がおこなわれる。竹島川の下流の下田漁港の外側で堤防の内側では海水が入るものの淡水と入り混じる。ここでの表面の塩分濃度は30‰前後である。

(2) 表面の溶存酸素量（DO）

　コロナウイルス感染症での入院患者の指標は血液中の溶存酸素量（DO）が93％を下回った場合にECMOでの酸素吸入をする必要がある。河川水中でも93％の溶存酸素量を下回った場合に問題な水準として警鐘を鳴らす指標と考えると暫定的に判断した。

11月と今回の2022年3月には8月の中筋川や後川と四万十川の合流点で見られたような50％台や70％台の異常な低い値は見られなかった。これらは夏から秋にかけて水温が低下し、動植物の活動のレベルが低下したことが原因で溶存酸素量（DO）が増加したと考えられる。11月には溶存酸素量は90％台に回復し、そして、3月にはほぼすべての河川域と土佐湾にて100％台を超えた。100％台を割ったのは僅か6か所であった。それらは四万十川橋（赤鉄橋）の右岸、渡川大橋の3か所と後川の2か所であった。その中で80％台を記録したのは後川の佐岡橋の下での89.6％のみであった。四万十川の本流の四万十川橋（赤鉄橋）の1か所と渡川大橋は川底が掘れて、貧酸素水塊になりやすい。また、後川の2か所については、汚染水が過栄養となり、これを分解するのに、多量の酸素が必要であるとみられる。

　しかし、下田地区・竹島川下流のアオサノリの養殖場は濁度（FTU）が他の地点に比べてかなり高いが、クロロフィル量が極端に高いわけではない。そうすると濁度（FTU）が植物性の由来より人工的な物質（土壌、化学物質：農薬と肥料など）と考えられる。この地区では近くに国営農場が存在する。これらからの排出される物質が原因で濁度（FTU）が高くなり、アオサノリの養殖の環境が劣化し、アオサノリの不漁の原因の一つと類推される。これらのアオサノリ養殖場5地点で溶存酸素量は11月では93〜97％であったが、今回は106〜109％であり、酸素には改善がみられた。

（3）クロロフィル量

　四万十川本流における後川の合流点では1.13〜1.37μg／ℓである。しかし後川はクロロフィル量が高いので後川との交流で四万十川のクロロフィル量は増加する。

　後川では2.34μg／ℓ（佐岡橋下）で、右山排水機場の排水口付近では2.00μg／ℓの高い値を示したが、これらの2か所は11月の計測値よりは低い値であった。また、桜町排水機場を上流に抱える佐岡橋（地点⑮）では、クロロフィル量は上述のように2.34μg／ℓであった。佐岡橋では溶存酸素量も89.2％であり、今回の調査では大幅に低い。

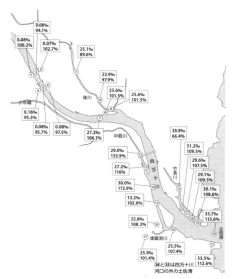

図1　四万十川下流域表面の塩分濃度と溶存酸素量（DO）（2022年3月13日午前）

後川の右山排水機場の排水口　　　　　桜町排水機場の排水口と青白色の後川
（2022年3月14日）　　　　　　　　　（2022年3月14日）

　中村高校付近に桜町機場の排水口があり、その付近の後川を覗くと稲作の代掻きの汚染水が流れたような青白色の水色であった。しかし、この時期にはまだ付近では水田の稲作が開始された様子はなく、何が原因の青白色の濁水かが不明である。（写真）

　中筋川との合流で本流のクロロフィル量は増加する。表面（水深50センチ）のクロロフィル量は中筋川と四万十川の合流点では5.33μg/ℓに達する。

　一方で間崎・津蔵渕水路では、1.8μg/ℓであるので、クロロフィル量は間崎・津蔵淵が竹島川より多い。

　アオサノリの養殖場である竹島川では、0.41～1.68μg/ℓであり、平均的には0.7～0.8μg/ℓで低い値を示した。

（4）濁度（FTU）表面（水深50センチ）

　2022年3月の調査で最も悪化した傾向の数値を示したのは濁度（FTU）であった。

　今回も良好な数値を示したのは、四万十川本流の四万十川橋（赤鉄橋）と渡川大橋である。それでも前回の調査時点よりは若干悪化傾向を示した。

　後川では中央排水処理施設の排水口では2.00FTUであった。上流に桜町排水機場の排水口と水田を抱える佐岡橋の下では、2.34FTUと高い値を示した。

　濁度（FTU）が特徴的に高い値を示したのは、竹島川河口のアオサノリの養殖場である。この場所では、下流域の下田漁港近くが1.68FTU（11月は16FTU）と最も低く下田のヨット・ハーバー近くが7.74FTU（11月は2.9FTU）と最も高かった。その中間地点で養殖場がある場

アオサノリの養殖
海苔の枝葉が伸びない（2022年3月13日）

4. 調査の結果

所でも 11 月から 2022 年 3 月にかけて 50％程度の濁度（FTU）の上昇がみられる。

（5）流向・流速

　流向と流速は、栄養分（クロロフィル量）や濁度（FTU）ないしは溶存酸素量（DO）が、河川流や潮流の速度を知るのに極めて重要である。流速が停滞すると栄養分が養殖生物（アオサノリなど）に適切に行き届かない他、河川水系での環境の変化・浄化の作用が減退する。特に、竹島川や津蔵渕川と水門付近と干潟水路で挟まれた間崎水路ではアオサノリが養殖されており、竹ヒビ自体が障害物であり、その設置で流速が減速するし、その生育環境の良し悪しに影響を及ぼす要因として、極めて重要である。

表面（水面下 50 センチ）の流向と流速竹島川下流：アオサノリ養殖場

　11 月には本流の流れが速かったが、これは低気圧による降雨の影響で、雨水が反流域に流れ込み流量と流速を増したためとみられる。しかし 3 月で特徴的なのは、基本的に本流の流れが速い時には逆方向（調査時は上げ潮であり、本来、河川流は河口へ向かって流れるが、表面流は上流へ向かう）の水流がみられる。しかし、下流向きの流れは大体 5～26 センチ／秒（時には 122 センチ／秒）の流れである。これに比べて、竹島川の河口域は 7～28 センチ／秒なのでそれほど大きく変わらない。問題は、これら

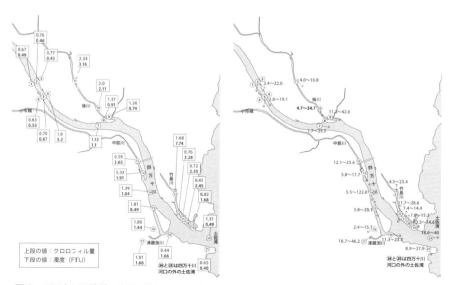

図 2　四万十川下流域の表面（水深 50 センチ）の　　　図 3　四万十川下流域の表面（水深 50 センチ）の
　　　クロロフィル量と濁度（FTU）　　　　　　　　　　　　　　流向流速の調査
　　　　（2022 年 3 月 13 日午前）　　　　　　　　　　　　　　（2022 年 3 月 13 日午後上げ潮時）

の流向が本流の場合は下流と土佐湾に向かうが、竹島川の下流域では北向きの流れであり、結局この流れでは濁度（FTU）は四万十川本流や土佐湾には流れ出ないことになるのではないか。11月の調査時でも流向はやはり北向きであった。その時は上げ潮時の調査であった。

(6) 土佐湾

塩分濃度は海水を反映し、33.5～33.7‰であった。四万十川河口域でも淡水の影響があるが、土佐湾ではほとんど淡水の影響はなくなる。溶存酸素量も112％を超え、極めて健全な値である。クロロフィル量は0.63～1.31μg/ℓであり、ごく平均的な値で四万十川の流域の値より低い。濁度（FTU）は0.40～0.49FTUであり、清浄な水質に近い。

流向は上げ潮時ではあるが、河口から外洋に向いた流れとなっている。8.9～40.0センチ／秒の流れである。

(7) 連続水温

去る2021年11月9日12時正午に設置した連続水温計から水温の動きを2022年3月13日12時正午に読み取った。

連続水温計は海面ギリギリに設置した。またアオサノリは干出によって、葉状帯にたんぱく質の栄養を蓄積しうまみを増大させる。そのために水温計は一日の内半日近く水面から干出された。これによって、連続水温計には不連続の水温が記録された。すなわち、水温計が浸水している時には、水温を測定し、干出時には空中の気温を測定する。従って不連続の気温・水温が連続水温系に記録されている。そのうちの水温を辿ることが、必要である。

11月9日11時50分の計測温度が28.2℃であった。11月にしては、高温である。水温とは考えにくい。また2022年2月18日午前1時30分頃に－0.2～－0.4℃を記録したが、これは気温と考えられる。2月20日14時20分頃の5.85℃が記録される。3月4日は3.03℃（3時40分）であった。しかし、これらが干出時の気温か水温かチェックする必要がある。3月13日正午ごろの下田養殖場の水温は、16℃程度であることはクロロフィル量の計測器から判明している。今後干出グラフとの突合せで読み取ることとする。

2022年3月13〜14日 四万十川の河川環境調査
中筋川、広見川と四万十川・窪川地区

1. 概況

2022年3月13日午後、中筋川の中流域の宿毛市平田町にある高知県西南中核工業団地と水利と排水の関係並びに付近の農業・農地整備と水利と排水処理場との関係について科学計測を実施し、また施設と周辺の環境を視察した。

14日からは、後川の右山の中央排水処理施設を視察し、桜町排水機場も外周から見学した。その後は広見川と四万十川の合流点において水質調査を実施し、さらに旧窪川町で、8月と11月に引き続いた四万十川とその支流の4か所の地点での科学調査を実施した。

15日には、高知県内水面水産漁業センターを訪問し当方の取組を紹介し意見交換を実施。春野町の土佐シーベジタブル社のスジ青ノリの養殖状況を視察した。

2. 調査の目的と前回調査からの変更他

2021年8月1〜3日間、3ケ月後の11月7〜10日、そしてコロナ感染症対策で遅れ4か月後の3月12日〜15日の調査であり、夏、秋と春の季節の特徴、夏の最高気温と生物の繁殖と成長後の成熟期を捉える上で重要な調査である。また、2022年3月は最低気温後（2月下旬から3月上旬）の調査であり、アオサノリの育成との関係を知る手がかりとして重要である。

また、下流域の四万十川の本流での調査に加えて、中筋川の中流域の高知西南中核工業団地付近の科学計測の実施、後川の中央排水処理施設とその排水状況を外周からの視察を行った。

西土佐の江川崎に上り、広見川と四万十川の合流点調査を新たに実施した。

8月と11月との繰り返しの四万十町窪川地区での科学調査を行った。

3. 調査の体制

・今回の調査も調査リーダーは小松正之並びに調査員は渡邊孝一である。

・また、高知銀行中村支店の藤本剛支店長と西内景太氏のご支援を得た。12日には田村忍常務と竹内清彦氏のご案内を得た。また、田村忍常務には前回に引き続き、本訪問でのアレンジに全幅のご支援をいただいた。

・四万十川中流の旧窪川町では、四万十川財団の神田修事務局長と四万十町四万十

川振興室の中井智之係長と泉茂高知銀行窪川支店長の御案内で河川環境計測の実施他にご支援をいただいた。

4. 調査の結果

中筋川の中流域の状況と水質の科学測定

高知西南中核工業団地は宿毛市平田町内あり昭和60年に団地造成工事に着手し、63年8月に第1期分譲を開始し、平成2年には第2期分譲を開始した。工場面積は41.1ヘクタール、総事業費91億円（国が51億円）、立地企業が22社と1グループである。

1）宿毛市平田町内の中筋川堰

高知西南中核工業団地の中心を流れる中筋川は、その水量を中筋川ダムからの提供を受けて、排水は、中筋川に再放出している。従って中筋川には、これらの汚染された工業排水が流れ込む。中筋川は大きく蛇行しているが、平田駅と工業団地駅の北に国道56号線が通り、駅と56号線の間に上記の堰があり、そこで、科学指標を測定した。溶存酸素量は111.5％であり問題はなかったが、クロロフィル量と濁度（FTU）では濁度（FTU）が1を超えて高かった。計測はしなかったが、流速は水量が少なく平板な地形で遅い。従って濁度（FTU）が改善される要因は大雨や台風などに限られよう。

工業団地の排水口

次に工業団地の排水口で計測した。ここは工場でいったん排水を浄化処理したと推定されるものを各工場をつなぐ排水溝に流し込む。排水溝は貯水池（直径20メートル程度）に流れ込む。貯水池の周りには植物が植樹されており、この植物で汚染水の化学物質を吸収し分解しようとしているとみられるが、①規模が小さくその効果が期待薄②手入れと管理が行き届いていないように見えるので、植物の化学物質分解の機能が発揮されない。特に枯れ木が多く、活力のある水棲生物などの植物相を植え込む必要がある。

この地点ではクロロフィル量も増加し $2.22 \mu g/\ell$ で、濁度（FTU）は3.18FTUまで上昇し、排水口では、富栄養化ないし、排水処理の機能が十分に作用せずに汚染された化学物質を含んだとみられる濁りの値が高かった。

山奈排水処理場

近隣の風景と地形から見て、農業排水、工業排水と家庭排水が山奈排水処理場に流れ込む。その中で最も多いとみられるのは近隣の水田の数から見て農業排水（水田からの排水）と考えられる。山奈排水処理場に流入する水と排水の色は青白色ないし青

中筋川の平田地区　中核工業団地内の堰　　　四万十市山奈排水処理場の排水口
（2022年3月13日）　　　　　　　　　　　　　（2022年3月13日）

黄色であり、通常の河川の透明な水色ではなく種々の物理・化学物質を含んでいることが連想される。

　クロロフィル量は4.05μg/ℓと最も高く、濁度（FTU）は117.0FTUであり、極端に高い。これは計測器が着底して泥に反応した可能性を排除できないが、それでも汚染が極度に進行している。この濁り・濁度（FTU）の削減対策が必要である。

　この状況がある限り、中筋川・合流点以下の下流域の四万十川の改善は不可能である。

　山奈排水処理場を流れる中筋川は直行河川に代えられていた。そこにいくつかの河川内の小型島を造り、そこに繁殖した植物で浄化作用を果たそうとしているが、まず、直行河川を蛇行する河川とすること、小型島の数を増加させ、そこに移植する植物を大幅に増加することが必要である。それによって、植物と付随して繁殖する動物相によって浄化を進行させることである。

江川崎の広見川と四万十川の合流点

　広見川は愛媛県鬼北町父野川に源流を発し、四万十川に江川崎で合流する延長50

排水口（2022年3月13日）　　　　　植物を活用しようとした浄化池
　　　　　　　　　　　　　　　　　　　（2022年3月13日）

153

キロの河川で、支流として奈良川、三間川、堀切川と奥野川などがある。谷底平野が発達し、稲作が盛んで、4～5月にかけては、稲作の代掻きの水が三間川を経て、広見川に流入し、それが四万十川に更に流入する。しかしこの代掻き水は三間川と広見川の特有の問題ではなく稲作を行う高知県と愛媛県他に共通する問題である。ウナギ、川ガニ、やアユなどの水産資源も豊富であった。しかし、農業排水他の要因により大幅に河川内の水産資源が減少した。魚種・稚魚の放流では問題が解決しないのは明らかである。環境の改善が急がれる。

　2022年3月の科学調査では、代掻き水の影響を直接観察し、計測することができないが、代掻きが行われる以前の広見川と合流地点の四万十川の環境を知ることが有意義であるとの考えから、必要な計測を、合流地点付近の広見川と、四万十川の本流で行った。

　水温が広見川では、19.36℃で四万十川が16.56℃であったので2.8℃の差があった。広見川は山間部地帯を四万十川の流れの10倍のスピードで進み四万十川の本流に流れ込むとみられる。溶存酸素量（DO）に広見川と四万十川の差はないがクロロフィル量は四万十川の方が10倍以上ある。植物プランクトンの光合成が行われるのであろう。濁度（FTU）は広見川も2.56FTUと高いが本流では98.8FTUであった。着底した可能性があるが、数度測っても計測値は変わらなかった。

　流向と流速については、広見川は南西に向かって流れ、これは下流に向かっていることを示している。流速は平均すると25センチ／秒である。四万十川の流向の基本的流れは下流方向に向かうが、1.0～4.0センチ／秒で止まったような水流である。一部上流や左岸側に向かうものも観察された。合流地点ではいろいろな方向への流れが派生するとみられる。

　今後、今回のデータは代掻きが行われた後やコメの収穫後の時期との比較に活用することになろう。

高知西南中核工業団地と山奈排水処理場での科学調査の結果（2022年3月13日）

広見川（手前）と四万十川の合流点（右上）
（2022年3月14日午後）

2) 窪川地区：仁井田川橋、吉見川橋、新開橋と太井野橋（窪川橋）からの
科学計測

　仁井田川では根々崎堰を河川水が超えて下流に流れない。今回の計測期間は、降雨が少なく渇水状態である。窪川町内を流れる吉見川の水量が少なく、家庭や便所からの排水がそのまま吉見川に滞留・浮遊している光景も観察された。窪川町も合併浄化槽の普及が進展したが、未だに備えていない家庭がある。そこからは直接吉見川に汚物が排出される。通常の水量であれば下流域に流れるが、本年は極端な渇水状態であり、川の流れが停滞する。また、大井野橋（窪川橋）から、四万十川を見ると河川床が干上がっていることが明確にわかる。白色をした小石が1メートル程度河川床に干上がって存在し、この約1メートルの白色の礫石で水量が不足していることがわかる。これらの水量の不足と水質が環境に及ぼす影響についても、今後検討が必要である。

　この地域の科学計測も2021年の8月、11月と2022年3月の3回継続している。従って継続的なデータが蓄積されている。

水温：支流より本流が低く、下流が低い。

　今回の結果からは、先回も同様の傾向があったが、支流である仁井田川の水温が四万十川の本流より水温が高いことである。支流の吉見川でも同様に水温が四万十川よりも高い。西土佐の広見川と四万十川の本流の水温には2.8℃広見川が高かった。下流域の四万十川の四万十川橋（赤鉄橋）では僅か12.6℃である。そしてこの水温は四万十川橋の水深7メートルを超えても変わらない。支流と本流では支流の水温が高く、そして本流の下流ではさらに低くなる。四万十川の全流域での水温の測定は実施していないが下流に行けば行くほど水温が低下するか。今後の調査の課題であると共に、そのことの意味を分析することが必要である。

仁井田川の堰　渇水状態
（2022年3月14日）

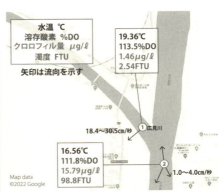

広見川と四万十川の合流点での、水温、溶存酸素、
クロロフィル量と濁度（FTU）の科学計測
（2022年3月14日午後）

2022年3月13～14日四万十川の河川環境調査中筋川、広見川と四万十川・窪川地区

溶存酸素量

先回の11月では、8月より溶存酸素量は回復した。そして窪川附近では94%から100.5%を示していた。それが3月では103.9%から109.8%を示し、約10ポイントの向上である。このような11月や12月からの値の向上は、広田湾と大船渡湾でも同様に観察された。

クロロフィル量

全ての観測地点でクロロフィル量は大幅に増大している。特に仁井田川では5倍に、吉見橋と新開橋でも数倍を記録している。大井野橋でも4倍である。これらの傾向は、日本全国みられる傾向で冬から春先にかけてクロロフィル量は増大する。ただ河川に水量がなく流れがなければ、ただ沈殿するだけで、クロロフィル量が無駄になり、ヘドロの蓄積となりかねない。

濁度（FTU）

濁度（FTU）は一般に悪化した。仁井田川が1.8FTUであったものが8.20FTUと大幅に悪化した。大井野橋は1.0FTUが1.5FTUと0.5ポイントの悪化である。吉見川水系は悪化と改善が入り混じっており、計測が困難で比較が難しい。しかし、現状でも1.0FTUと1.2FTUであり、1FTUを超えており、決して良い値ではない。

流向・流速

流向については、いずれも下流の方向へ向かって流れているものとみられる。問題は流速であるが、水量が少ないので結局、仁井田川のように根々崎堰を超えるだけ十分な水流がなくて、0.88～2.64センチ／秒であり、静止に近い状態である。吉見川の吉見橋と新開橋でも前者は1.1～2.2センチ／秒と流れがない状態で、新開橋では7.5～10.7センチ／秒で、少し流速がある程度である。太井野橋では、1.8～5.4センチ／秒で流れが弱い。

窪川地区　仁井田橋、吉見橋、新開橋と大井野橋（窪川橋）の科学調査の結果：水温、溶存酸素量、クロロフィル量と濁度（FTU）並びに流向・流速（2022年3月14日午後）

5. その他訪問先：アオサノリの不作の解決へ（15日13時30分）

（1）合同会社シーベジタブル春野工場見学（案内は共同経営者の友廣裕一氏）蜂谷淳氏が本シーベジタブル社を2009年に立ち上げた。彼らが陸上養殖をしているのは「スジアオノリ」であって、アオノリでも四万十下流漁協が養殖をするアオサノリでもない。スジアオノリは生産量が少なくて、価格競争力があるために、これを選択した。青ノリもアオサノリもまた全国的には生産量が多く、これらを生産しても価格競争力がなくて経営上収支が合わない。スジアオノリは成長が良くて利益が上がる。

（2）海水は取水をして、使用する。1日に1000トンから2000トンで、これを全部検査して海に戻す。1日に3回転している。使用している餌は農業用の肥料であった。陸上の農産物を生育させるのと同様である。排水のチェックをしているとは言うが、具体的に何をしているかが筆者には理解ができなかった。将来対策を講じることが好ましい。

（3）陸前高田の理研ビタミンがシーベジタブル社と同じものを設計し制作した。理研ビタミンは挨拶には来たが、私たちが開発した養殖施設（回転式の栄養補填方式）をまねている。自分たちのスジアオノリ工場が広田町の根崎にあるので5月以降にご覧いただきたい。（小松が陸前高田市を通じて理研ビタミン高田養殖場の視察を申し込んだが、コロナを理由に断られた。排水を公共の場である広田湾に排出しており、工場は公開するべき。陸前高田工場の排水で広田湾の脇の沢の水質が悪化している。）

実験室で胞子から、種を取りそれを海水の水槽に移して成長させる。その成長段階に応じて水槽の大きさを変える。小さいうちは小規模な水槽である。次第に大きな水槽に移し変える。全部で3〜4種類の大きさの水槽があるが大きいので直径が20メートル程度。

（4）種苗は人工の実験室で管理。そこでは人工海水を使用する。生育させるには水が重要である。N,Pと塩分が決め手。これで成果に差が出る。これらを常にモニタリ

新開橋下　家庭からの汚物とみられる浮遊物質
2022年3月14日

太井野橋（窪川橋）から下流を眺めた四万十川
左岸側に白い砂礫が見えるがこの部分が渇水で
干上がってしまった部分（2022年3月14日）

ングしている。水温は 10℃程度。

　現在の収入は 5〜6 億円程度。同社は写真の撮影をゆるさず、充分な情報の提供もしなかった

内水面漁業センター飯田所長と面談
　四万十川下流組合のアオサノリの養殖が壊滅的な現象を小松から説明しての意見交換。

　アオサノリの胞子の発生と海苔網への着床・付着が良くない。今年は胞子の発生が去年の半分以下で、種付けの作業も例年 10 月で終わるのが、11 月 15 日まで長引いた。これは夏に高水温が持続して、胞子（配偶体）が成長障害を起こしたためではないか（大野正夫高知大名誉教授）と説明するが、小松は竹島川付近の養殖場は国営農場の開発以来、環境が悪化していることが主原因とみている。

　3 月 13 日、網へのアオサノリの付着状況を視察してきたがほとんど成長していない。これは、種の着床の問題ではなく、その後の成長・生育と生育環境の悪化の問題と疑う。

　アオサノリの生産量は最盛期には 30 トンの生産があったが 2020 年は 4 トンで、2021 年はわずかに 1.2 トンであった。2022 年に向けた海苔網への着床は上記のように手間取り、また網の敷設量は、養殖業を営むことを放棄した者もおり着床面積と漁業者は 2021 年より減少した。

　ところで、2021 年 11 月 9 日には、水温計を海面に、露出するところの海苔網漁場に設置した。これで 2 月下旬の最低水温を含め今後の水温の推移が判明し、ノリの生息環境の一端が観察されうるのでこのデータも分析している。

　飯田所長は「本内水面漁業センターは中小河川全般に対応しており、四万十川下流組合のアオサノリの問題は高知県土佐清水漁業指導所がその対策を考えているようである。しかし、問題は採苗時の光の照射の加減などを下流組合が適切に実施できないことではないのかといわれているが、いずれにしても土佐清水漁業指導所が対応する」と述べた。

　小松より、「現在の役職員はここ数年採苗を行ってきているが、その間も急激に採算が減少しているし、着床後の成長が極めて悪いのは着床の技術とは無関係であろう。また、間崎と津蔵渕の養殖場も同様の生産の急減を経験しているが、彼らの着床は、別途彼らが行っているがその理由がつかない。すなわち環境の悪化と劣化が大きな問題であろう。竹島川では下田と真鍋の国営農場からの排水、津蔵渕は中筋川からの流入の汚染水：南西中核工業団地と農業地帯からの排水の影響と考えられる。これらの排水規制が、極めて鍵になると思う」と述べた。

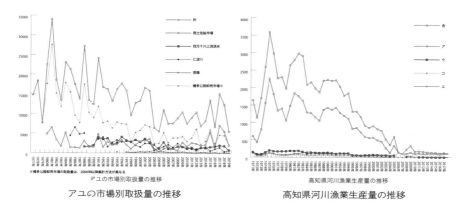

アユの市場別取扱量の推移　　　　高知県河川漁業生産量の推移

6. 参考：内水面の漁業統計

　以下は高知県内水面漁業センターが作成した「令和元年度 事業報告書 第30巻」（令和3年3月）からの抜粋である。

　これによれば、高知県内水面漁業は過去50年間でそのピークから約3％（3,591トン（1975年）から111トン（2019年）まで落ち込んだ。また、ウナギは193トン（1975年）が1.6％の3トン（2019年）に減少した。アユの市場取扱量についても34,059キロ（1981年）から約6％の1,914トン（2019年）に落ち込んだ。四万十川の関係では、西土佐鮎市場、四万十川上流淡水と幡多公設卸売市場の3つの合計で、高知県のアユはほとんどが四万十川水系の漁獲で占められる。

2022年7月3日 四万十川の河川環境調査
四万十川・窪川地区

1. 概況

　私たちは7月3日（日）に高知空港に到着した。到着時の天候は曇りであった。7月1日に日本の南西海上で発生した台風4号（7月3日15時に沖縄の西の海上にあって985ヘクトパスカル）は時速30キロにて北東に進み、4日8時に長崎市付近に上陸し4日の12時過ぎに愛媛県宇和島市付近に上陸したので四万十市は直接にこの台風の影響を受けた。

　窪川に到着時には、雨が一時的にやんだ。昼食後に仁井田川の仁井田橋、吉見川の吉見橋と新開橋並びに四万十川にかかる太井野橋での調査を開始した。その後、佐賀堰（家地川ダム）に向かい、2022年3月に実施した調査地点と同じ地点で科学計測を行った。この間、台風の影響はあったが、幸運にも雨が降らず、調査活動を中断しなかった。佐賀堰での調査が終わった後、佐賀堰の影響が薄くなり堰との比較が可能となる場所として下流の向弘瀬沈下橋を選定し、そこでの計測を行った。

写真1　仁井田川の道の駅付近
台風4号の影響で濁水量が増加し根々崎堰からあふれ出る。（2022年7月3日）

2. 調査の結果

結果のポイント

（1）泥水の流出源の探求と泥の原因となる土壌の流出の防止対策を検討する必要がある。

　今回も台風の接近による異常天候時の調査となったことによって、水量が極端に増加し河川の水質、水量と流速にその影響が確実に出た。そして計測値で最も影響が出たものは濁度（FTU）であった。

（2）家地川の高い値の濁度（FTU）の原因も生姜農家など農業に原因がある可能性が示唆された。次回以降に家地川の上流域での農業の調査も必要である。

（3）仁井田橋付近

　仁井田橋の下の根々崎堰は、3月14日の調査の時期には渇水状態であって、堰を水が超えて流れることは全くなかったが、7月3日には台風4号の影響で雨量が増大

して水濁りが増加し、焦げ茶色の色彩を呈した水流が大量に流れ出た。流速も176～318センチ／秒と著しく早かった。前回の調査時点ではほぼ静止状態であった。そしてこれらの水流が堰を超えて流れ出していた。当然のことながらその時々や天候によって、川の表情が全く異なる。河川水の濁度がこげ茶色に染まり、大量の土砂をその水量の中に溶かし込んではいるが、これはいずれ沈殿すると小石や砂利の間に入り込み目詰まりを起こし、微小な生物の生息場を塞いでしまう。

　濁度（FTU）が極めて高く89.9FTUであった。これは河川水中に泥が流れ込み、このために濁度（FTU）が高くなったと考える。クロロフィルが全くなかった（ゼロμg/ℓ）。流れが速すぎてクロロフィル量は生産されず、停滞している隙もないものと考えられる。酸素量に関しては98.7％であり、十分な酸素量が水中には溶解していた。

　このように台風の影響で水量が多くなり、また、その水が河川脇や山腹、農地や平地ないしは工事現場などの泥をさらい流して、四万十川の河川の濁度（FTU）を増大させていると推定される。

1）本流と支流の水温の差

　水温に関しては、3月の調査時には四万十川の本流と支流との間には大きな水温差がみられたが、今回も差がみられた。しかし先回とは異なり支流の仁井田川で22.9℃であり、四万十川の本流では24.8℃で、本流の方が高い水温を示した。これは前回の3月とは全く逆の現象である。先回は、仁井田橋では18.25℃で四万十川本流の太井野川橋で17.7℃で、本流が支流より低かった。向弘瀬沈下橋でも、26.4℃で本流の水温はさらに高くなる。仁井田川ではこの間3～7月で4.75℃の上昇であったが、太井野橋の四万十川本流では7.1℃も上昇した。

　これらの支流より本流の方が水温上昇が著しい現象がどうして起きるのかについては、今後の検討課題としたい。いずれにしても支流と本流では夏の方が温度差が大きく異なることが判明した。

2）旧窪川町内：吉見川橋と新開橋と四万十川の本流太井野橋

　吉見川橋付近ではクロロフィル量が全くなかったのは仁井田橋と同様である。

　しかし、新開橋そして太井野橋ではそれぞれ3.3μg/ℓと4.1μg/ℓと高い値を示した。

　新開橋付近でも濁度（FTU）は78.7FTUと著しく高かった。焦げ茶色の水色でほとんどが泥によると考えられる。これらの泥水の発生源を突き止めることも重要である。

　泥は生物に対しては決して良い作用を与えない。濁度（FTU）はすべての地点で異常に高い点が特徴である。台風の影響で水量が増加し、水を含んだ土砂が河川に流れ

2022年7月3日四万十川の河川環境調査四万十川・窪川地区

図1 仁井田橋のクロロフィル量他と流向流速
（2022年7月3日）

図2 吉見川橋、新開橋と太井野橋の
クロロフィル量と流向流速（2022年7月3日）

写真2 吉見川橋から上流を望む。
（2022年7月3日）

写真3 新開橋から下流の方向を望む。
（2022年7月3日）

込んだと考えられる。これが河川工事現場、農地と道路などからなのか、またどこからが土壌の流出が起きるぜい弱な地点かを判別する必要がある。濁度（FTU）が高すぎることは、それだけ土砂が河川と海洋に無駄に流入している証拠とみられる。これが陸地、河川岸と沿岸域の生態系のかく乱と劣化の原因となると考えられる。

3）佐賀堰と向弘瀬沈下橋

佐賀堰湖内での水流は停滞し、ほとんど流速はなかった（図3参照）。しかしクロロフィル量も高かったが、家地川から佐賀堰湖に流れ込む時点でのクロロフィル量が23.1μg/ℓと最も高く濁度（FTU）は10.3FTUと堰湖内よりもさらに高くなっていた。佐賀堰湖にそそぐ家地川の水質は、比較しても目に見える濁りが一段と汚い（写真5参照）。

堰湖内の濁度は1.4〜2.2FTUであった。向弘瀬の沈下橋の濁度（FTU）は、佐賀堰

の堰湖内の水質に比べても 5.0FTU と高かった。家地川の濁度（10.3FTU）よりは低かった。しかしながら、堰の下流であるから濁度が低くなるとの予測は当てはまらなかった。

家地川の河口付近ではあまりに濁度（FTU）が高すぎるので、近所の老婦人（80歳台）から話を聞くと上流に3軒ほどの生姜農家と数件の稲作農家がありそこからの農薬や肥料の流出が濁度（FTU）の原因ではないかという。

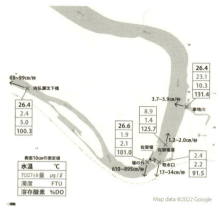

図3　佐賀堰と向弘瀬の沈下橋の
クロロフィル量、濁度、溶存酸素と流向流速
（2022年7月3日）

4）全地点における流向・流速

台風の影響で大雨が降り、その結果河川内に大量の雨水が流れ込んで、流速も増したと考えられる。従って、仁井田川でも 67～86 センチ／秒、吉見橋で 176～318 センチ／秒、新開橋でも 86～94 センチ／秒、太井野橋では、120～182 センチ／秒そして向弘瀬の沈下橋付近では 63～99 センチ／秒であった。これらの計測値は 2022 年 3 月には、仁井田川はほとんど水が動かない状態であった。他の計測地点でも1センチから 10.7 センチ／秒であったので、河川の表情は全く異なった様相を示すことがこれから判明する。

3．調査結果の評価

（1）泥水の流出源の追求と泥の原因となる土壌の流出の防止対策を検討する必要がある。

今回も台風の接近による天候異常時の調査となったことによって、水量が極端に増加しその影響が河川の水質、水量と流速には確実に影響が出た。そして計測値で最も影響が出たものは濁度（FTU）であった。濁度（FTU）の極端な増加は、台風の影響による土砂の流出によると考えられる。

（2）家地川の濁度（FTU）の高い値の原因も生姜農家など農業に原因がある可能性が示唆された。次回以降に家地川の上流域での農業の調査も必要である。農業は先回までの調査でも汚染源4つのうちの1つであるとの推定をしたが、それを間接的に裏付けるものであった。

（3）2022 年 3 月の調査時点では渇水状態であり、7 月の調査結果は全く逆の結果を

2022年7月3日四万十川の河川環境調査四万十川・窪川地区

写真4　大井野橋（窪川橋）から四万十川の
　　　下流を望む（2022年7月3日）

写真5　家地川の河口付近の水質の悪化。
水色が下の写真の佐賀堰湖の水色と比べ、濁りが見た
目にも濃く、ごみが浮いていることがわかる。
（2022年7月3日）

写真6　佐賀堰湖（2022年7月3日）
上流の窪川と家地川からは濁度が極端に高い濁水が
流れ込んでいたが、この時点（7月3日13時30分頃）
ではまだ台風による濁水の流入がみられなかった。

写真7　向弘瀬の沈下橋から下流を見たもの。
一見典型的な四万十川の清流に見えるが濁度（FTU）
は非常に高く5.0FTUであり、汚れている。

示した。科学調査は、河川の特徴と現状を知るうえでは、一年を通じた調査が必要で、さらにこれを周年継続すればさらに有益なデータが蓄積される。それらの年をまたいだデータ間の比較と検討が可能になり、さらに四万十川の各地の状況を深く知ることができる。

2022年7月4～5日 四万十川の河川環境調査
四万十川下流域と西土佐地区調査

調査結果の主要点

- 2021年7月の結果と同様に溶存酸素量（DO）が低い場所が特定された。これらの場所は昨年同様中筋川（本年67%と79%：2021年は58%と74%）で、また、本年は大島付近の76.8%がある。最低水準の溶存酸素量を記録したのは津蔵渕川の川底（41.7%）であった。四万十川の下流に貧酸素水塊が拡大している可能性がある。残念なことに台風4号の影響で竹島川地区は調査ができなかった。
- 濁度（FTU）は昨年の7月に比べ、10倍以上に増大し悪化した。これは台風の影響で土砂・土壌が河川に流れ込んだためで、河川の土手・河川敷がぜい弱な工事現場や土地からの流出土砂・土壌によるものと考えられる。後川：38～47FTUで、中筋川と津蔵渕川も10FTUを超えた。
これらが河川の底質、土手の土壌空洞をふさぎ目詰まりが生じ、河川に生息する生物の生活の場を喪失させる。
- 中流部の江川崎での掘削で河川敷に伏流水が流れていないことが判明した。これは上記の濁度の増加による土壌空洞の閉塞と長年の農薬の使用による土壌細菌の殺傷による土壌空洞の喪失によるものと推定される。

1. 調査の目的と概要

本調査の目的は、四万十川河川環境の悪化劣化の状態を、科学的指標を客観的に示し、環境悪化の原因を解明・推定することである。

7月3日（日）午前9時30分頃に高知空港に到着した。到着時の天候は曇りであった。7月1日に日本の南西海上で発生した台風4号（7月3日15時に沖縄の西の海上にあって985ヘクトパスカル）が時速30キロにて北東に進み、4日8時に長崎市付近に上陸し4日の12時過ぎに愛媛県宇和島市付近に上陸した。

台風の影響で下流域の調査地点を大幅に修正した。当初は赤鉄橋と渡川大橋は右岸と左岸の2か所を予定していたが、それぞれ1か所とした。これで後川の合流地点から上流の2地点をカットした。それ以南の調査地点である中筋川合流点の南については変更を加えなかった。

しかし、初崎の調査地点を終えた時点で9日11時20分頃となり土砂降りで、私たちの防水ジャケットも効果がなくずぶぬれとなったので、一度鍋島のスタート地点に

戻ったが、台風の影響により雨と風は悪化した。鍋島に戻った時点で、調査の継続は断念した。竹島川流域の4地点（アオサノリの養殖場）の調査の実施は断念した。調査地点については悪天候で却って普段は得られない貴重な科学情報となりえた。

2. 調査の体制

今回の調査も調査リーダーは小松正之並びに調査員は渡邊孝一である。

四万十川下流域の調査では、山崎明洋四万十川下流漁業協同組合長と山崎清実理事が参加した。

また、四万十市や四万十川漁業協同組合連合会との日程の調整などに関して、高知銀行中村支店の藤本剛支店長にご支援を得た。また、本店の田村忍常務ならびに竹内清彦氏には、全体のスケジュールの設定特に高知県庁と西土佐漁業協同組合とのアレンジに全幅のご支援を賜った。

3. 調査の目的

河川環境把握と汚染とその原因の推定

今回の7月の調査から第2年度に入ったので、2021年の調査結果との比較が可能である。しかし台風4号は高知県地方をほぼ直撃したので、その影響を被り、調査のデータの量と質に大きく影響した。量的には竹島川地区の調査を断念するなど残念な結果であったが、他方で台風の影響のもとの四万十川の環境を調査できたことは有益であった。

第1年目と今回の調査結果から①中筋川と津蔵渕川の河川の護岸建設と直行流向化工事による自然回復力の低下②ダムと堰の建設による生態系の切断③四万十町や家地川流域の農薬と過肥料と土壌流出など農業排水の流入と④後川への都市下水排出と中筋川への高知南西中央工業団地からの工場排水が四万十川の水質悪化の要因と推測される。

4. 調査の結果

1）アオサノリ養殖の漁業権免許と土地の占用工作物の許可書

アオサノリの養殖のためには、2か所（四万十市間崎地先と四万十市下田）から鍋島地先の港湾区域に関して

① 高知県知事からの第一種区画漁業権を下流漁業協同組合が5ヶ年間免許されている。

加えて以下が許可される。

②間崎地先に関しては河川を管理する四国地方整備局長から河川法第24条及び第26条第1項に基づき占用の許可がされた。期間は漁業法に基づく漁業権の期間が5年であるが、河川占用の許可は当該養殖の期間（10月1日から5月31日まで）である。場所も特定されている。

③下田から鍋島は港湾区域であり、港湾内の占用について港湾法第37条第1項第1号の規定に基づき、高知県幡多土木事務所長から許可されている。期間は同様に10月1日から5月31日までである。

2）結果の各論
(1) クロロフィル量
　四万十川の下流域の全般にわたり、表面（2022年は表面10センチ、2021年は表面50センチ）のクロロフィル量は、2022年7月4日では1.1～1.6μg/ℓ、2022年8月2日では0.96～1.7μg/ℓであり、横ばいであった。

(2) 濁度（FTU）
　一方で濁度（FTU）が大幅に増加し、汚染・濁りは進行した。後川では佐岡橋で38FTU, 右山排水処理場の排水口で44FTUそして四万十川の本流との合流点で48FTUであり、異常な高い水準であり、汚染の深刻度を示している。また中筋川では四万十大橋下で10.4FTUで、本流との合流点で8.9FTUであった。津蔵渕川でも12FTUであった。従って、今回の調査では、濁度が高かった。四万十川橋（赤鉄橋）と渡川大橋でも濁度の値は決して良くない。それぞれ1.6FTUと1.5FTUであった。台風の影響で泥水が運ばれてきたが、それらは後川と中筋川並びに津蔵渕川と下流域で四万十川に合流する支流からの濁度ももたらされた。その中でも後川が最も悪い。
※注：清浄水での濁度は0.3FTUである。

(3) 溶存酸素量（DO）
　2021年8月は悪かったが、11月は90％台で2022年3月では、さらに改善し概ねあらゆる水域で100％を超えた。これらの改善・変化は、秋から冬場を越して植物相の変化や水温の低下などに伴う季節的な変動であるとみられた。
　2021年8月2日の調査結果で河川の底の溶存酸素量（DO）の悪化が示されていた。特に、中筋川では四万十大橋下で58％であり、合流点で74％であった。竹島川の養殖場の61.3～73％であった。このような値は昨年度では、8月2日以外に観測されなかったが、今回の調査では、低い溶存酸素（DO）が観測された。

2022年7月4～5日四万十川の河川環境調査四万十川下流域と西土佐地区調査

写真1　中筋川と四万十川本流の合流地点の濁水と川面への降雨（2022年7月4日午前9時35分）

写真2　左岸から右岸を望む赤鉄橋と降雨
（2022年7月4日午前8時56分）

図1　2022年7月4日午前下げ潮時の四万十川下流域のクロロフィル量、濁度と溶存酸素量

中筋川では67%（四万十大橋下）と79%（四万十川との合流点）であった。

今回調査では津蔵渕川の水深2メートルで41.7%が記録された。この値は四万十川水系で観測された溶存酸素量（DO）の最低値である。昨年の8月2日には同河川の川底の計測は行われていないので比較はできなかったが、津蔵渕川も護岸工事と水門の工事がいたるところで見られ、いつでも水色が濁って見える。この値（41.7%）の原因としてこれらの工事が原因である可能性がある。

(4) 塩分濃度

塩分については四万十川橋（赤鉄橋）の鉄橋下まで計測した。その結果は、四万十川橋（赤鉄橋）までは海水が到達していることは2021年11月、2022年3月と今回調査でも立証されなかった。

渡川大橋と後川の合流点までも海水は到達していないとみられる。これらの地点での塩分濃度はわずか0.04‰（地点③）であり、この程度の塩分は中流域の四万十川太井野鮎、吉見川や仁井田川でも記録される。従ってこれらの塩分は陸地由来の塩分であると考えるのが適切である。今回の調査結果から推定されることは、大島の水深3.5メートルでは、33.1‰であり、この地点と中筋川と本流の合流点でも塩分濃度が水深

3.5 メートルで約 7‰であるので、この 2 点の中間まで 100％の海水が到達していると考えられる。

11 月調査時と 2022 年 3 月の調査では渡川大橋までは淡水で、四万十川と後川の合流点では海水が到達した。合流点で塩分濃度が（表面水深 50 センチ）25～27‰程度であった。しかし、今回は後川合流点でも表面（10 センチ未満）はほぼ淡水である。今回はこの地点での川底でも塩分濃度は赤鉄川とほぼ等しい値であった。

後川の佐岡橋付近でも 0.06‰であり、海水は到達していない。津蔵渕川の川底（水深 2.6 メートル）では 25.5‰であった。

図 2　2022 年 7 月 4 日下げ潮時の下流域の流向流速、塩分と水温

初崎は土佐湾に近いにもかかわらず、表面の塩分濃度は 3.3‰であり、水深 4 メートルで 33.3‰の海水である。

(5) 水温

四万十川下流域では表面（0 センチ）の水温は 24.5℃から 24.7℃であり、水深 10 センチの温度 26.7℃と比較して、赤鉄橋から後川の合流点までは水深が 10 センチ深くなるだけで 2℃高く、それより南から河口域までは 1℃の差がある。四万十川の中流域の窪川地区でも本流は 26℃台であったので、赤鉄橋から中筋川までの地域と変わらない。支流の後川では水温が極端に低くなり水深 10 センチの表面水温 20.3～20.5℃であり、本流との温度差は 6℃もある。後川水系で冷水源を供給しているところはどこか。または、後川はまだ、伏流水の流れが活発で、河川底と河川敷と氾濫原に水流が入り込み、冷却されるシステムが機能しているのか。それも台風の大雨時にも伏流水機能による冷却作用が機能するのかどうか。中筋川では 25.4～25.7℃であって、これが四万十川本流の表面と川底までの水温に影響を及ぼす。

水温に関しては今後の検討と調査の課題である。

5. 中筋川ダムとトンボ自然公園の視察

1）中筋川ダム

　中筋川ダムは1989年（平成元年）8月から1996年（平成8年）3月までの工期で施工し、1998年（平成10年）8月に竣工した。ダムは中筋川の源流に近いところに建設された。中筋川流域はもともと台風の多い地域であり川の傾斜がゆるやかで四万十川の背水の影響を受けやすく何度も水害にあってきた。そのために治水対策が望まれてきた。また、宿毛市、四万十市の灌漑用水の安定供給と高知県南西中核工業団地の工業用水も必要とされた。1999年（平成11年）4月からダムの管理を開始した（渡川総合管理事務所）。

　堤高は73.1m、堤頂長は217.5m、提体積は274,000m〜で有効貯水量が1,200万トン。洪水貯留容量は8,600万トンである。

2）トンボ自然公園

　トンボ自然公園は赤鉄橋から北西に行き、四万十市具同地区の四万十川右岸にある。総面積が50haの世界初のトンボ公園である。77種のトンボが確認されている。訪問した7月4日午後はあいにくの台風の影響で雨であり、自動車の中からの観察となった。しかし、人工的に整備するより、自然の湿地帯として残す選択肢もあったのではないか。

写真3　中筋川ダム（2022年7月4日）

6. 四万十市役所との会合：朝比奈雅人農林水産課長、岡田圭一係長、環境生活課渡邊康課長他、

①当方から、2022年3月調査の結果を説明。四万十川の水質悪化は農業の農薬・過肥料と都市下水と公共事業が問題である旨を説明した。農業については農林水産省も「みどりの食料システム戦略」を公表し、「有機農業にかじを切っているので、四万十市の農業も農薬や肥料の使用量を漸減することで対応するべきであること、四万十町の生姜農家が農薬（根茎病対策としてEUなどで禁止される劇薬クロロピクリン）を使用し、排水とともに流れる側溝をコンクリートから自然の土手に代えて植物に吸収させることで水質の改善が図れると説明した。

②朝比奈課長は、「みどりの食料システム戦略」は大規模農業には適するが、

四万十市の小規模農業は人手もなく高齢化しており、農薬と肥料を使用せざるを得ない。また、側溝の改修は農水省の事業が自然対応型の事業にしてもらえばよいと語った。これに対して小松から、横山紳農林水産省次官と7月19日に会合する機会が予定されているので、その点を提起すると述べた。実際小松より横山紳次官にその点を提起したが、回答はなかった。

③ また、アオサノリの不漁の原因についても話に及んだ。種苗の採集方法に原因があるとの意見も出されたが、毎年減少して、本年はゼロというのは、単なる種苗採集の一技術の問題ではない。国営農場からの農業廃水の濁度と貧酸素水が原因と考えるレベルに悪化している。また、本年は、市役所で海苔の現場を漁業者とのコミュニケーションのため、毎年継続することが緊要であると小松より述べた。

④ クロロピクリンを取り上げた理由についても問われたのでそれは世界では使用が禁止の劇薬であること、生姜農家での使用量が多いことからであると説明した。

⑤ 台風の影響で石山の「中央排水処理場」の訪問は中止となった。

7. 四万十川漁業協同組合連合会

堀岡喜久雄組合長と大木正行副組合長との会合2022年3月の調査結果と7月の暫定調査の結果について報告した。

写真4　江川崎岩間沈下橋付近の河川敷の掘削伏
流水がない金谷光人組合長提供の資料を撮影
（2022年2月2日調査）

8. 西土佐の江川崎：四万十川西部漁業協同組合金谷光人組合長と林大介副組合長との会合

西土佐道の駅の2階で会合した。

金谷光人組合長は、2022年（令和4年）2月2日に四万十川中流域の江川崎付近で、河川敷の掘削工事を実施した。実施個所は岩間沈下橋付近（芽生地区）の河川敷の川側の水際付近3か所と山側の雑草が生えた場所2か所であった。約2メートルの深さに掘削し、伏流水は確認されなかった[注]。

（注）2月22日に橘地区で同様の掘削調査を実施したところでは、河川に近い場所（水際）の掘削地点では伏流水が確認された。

伏流水が河川敷に行き届いていない。このことから判断されるのは、河川床の下にも伏流水は流れるが（図3参照）、これも閉塞している可能性が大きいと類推される。

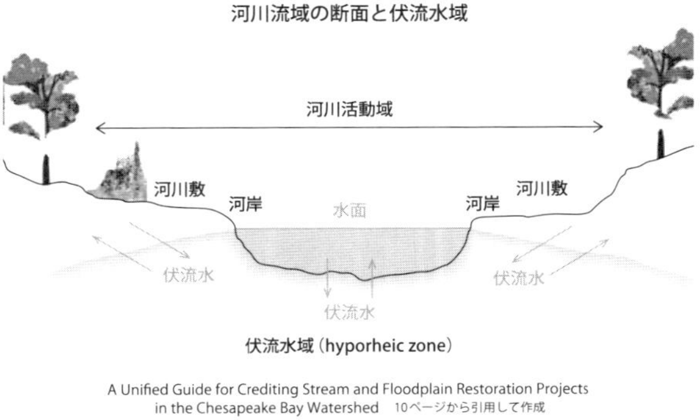

9. 河川・伏流水域の科学評価

図3　河川流域の断面と伏流水域
米チェサピーク湾再生ガイドから著者が作成

陸から河川を通じて海へ流れる河川水が河床下や、川沿いの土手や氾濫原に水が伝道し、それが再度河川本流に流れ込む。これを伏流水域（HyporheicZone）という。土手や氾濫原には微小・微細な穴と空洞があり、其処に河川水が流れ込んで、微生物やバクテリアによる分解作用を受けて、化学物質が分解され、有機的な栄養分が製造される。土手や氾濫原は河川で処理できない大量雨水の保水機能もある。米国では、土手（Bank）と氾濫原（Floodplain）の機能を水電導度（量と速度）と土壌蓄積量（Sediment）と土質から科学評価する。

四万十川の伏流水の劣化と不足の原因としては四万十川の場合以下の2つが考えられる。

① 農薬と過肥料並びに土壌中の微生物と土壌細菌やウイルスの殺傷である。農薬、過肥料（N：窒素とP：リン酸）と塩基性薬物（次亜塩素酸ナトリウム）が機能して、土壌□の空洞を形成する土壌微生物と細菌やウイルスを殺傷し、空洞が喪失することによって土壌の親水性・浸透性が喪失したと考える。

② 台風や低気圧の発生により、山林や河川の流域から、河川や道路工事中と地盤がぜい弱な場所からの土砂が河川に大量に流入し（2022年7月4日の台風4号の大雨による）四万十川の本流と支流へ土砂が流出して、これが河川床と河川敷と氾濫原にも蓄積し土壌空洞を塞いでしまうと推測される。

10. 高知県水産課との意見交換

四万十川の調査結果について当方から説明し、高知県内水面漁業の現状と問題に関する意見交換を行った。

特に内水面漁業協同組合員の資格については漁業への従事日数が、海面の90日を大幅に下回り、30〜90日が問題であって、厳密には組合員資格を確認していない。

また、現在の内水面の利用者が、遊漁者であり、内水面の漁業権が現在のまま必要であるのかに関して、質問があった。

小松より、内水面漁業に関しては、実態が遊漁（スポーツフィッシング）であることから、これにライセンス制（許可制）を導入して、漁獲する漁獲量に関しても欧米と同様の制限：尾数か数量制限を課すべきではないか。内水面の漁業協同組合の必要性に関しては、実態上、漁業者も存在しえなくなっているので、これが漁業法上の組織として必要であるのかどうかを根本的に検討の必要があると述べた。

農業振興課と四万十川条例担当の環境課との会合は、先方が多忙で持てなかった。次回の 2022 年 11 月の訪問時に再度会合を設定する。

11. 高知大学理事・副学長受田浩之博士

6 月 15 日に開催された高知カツオ県民会議の自然資源分科会での小松の四万十川調査に関する講演が縁での訪問。

当方から「四万十川報告書：8 月出版済」の原稿を基に、四万十川の現状について、報告と説明をしたところ、受田浩之博士からは、報告書には森林と林業の観点が入っているのかとの質問があったので、小松より、自分の経験では、高知県の幡多郡地方は特段の森林の非持続的伐採はないと思うが、受田浩之博士が具体的問題を承知しているのかと質問した。これに対して、特段に問題の箇所の特定ができているわけではないが、森林の観点も流域管理には必要と述べた。

受田浩之博士は自分達の取り組みも科学的根拠（エビデンス）に基づく、提言につながるように努力したいとした。

12. 福田仁高知新聞記者

当方から「四万十川報告書：8 月出版予定」の原稿を基に、四万十川の現状について、報告と説明をしたところ、報告書出版のタイミングで高知新聞でも取り上げたいと述べた。しかし、同記者からは何らの対応もなかった。

13. 調査活動の延期

台風 4 号の襲来のために科学観測（下田港湾地区のアオサノリ養殖場）ができなかったこと、中央排水処理場の担当者が、排水処理の業務に追われて視察が出来ず、また、津賀ダムでの四国電力との協力を得た調査が、四国電力も監視業務があることから延期された。一般に公的機関などは、災害対策に過剰に対応することが見られ、サービス提供や事業の機会を失っていると考える。

2022年11月14日・16日　四万十川中流域調査
津賀ダムと窪川地区

1. 概況と調査の結果概要

①7月3日と5日には台風の影響で実施できなかった四国電力が所有し管理運営する津賀ダムの訪問と調査を実施し、津賀ダムに関する水質データを収集し、津賀ダムの問題点並びに課題について、科学的観点から認識を深めた。四国電力の円滑なる協力が得られるのかについて不透明であったが、実際には四国電力社員（大石佳伸副長）に積極的に対応していただいた。副長によれば、四国電力が環境の保護に対しても前向きの対応を取っているとのことである。

本調査の結果は、国土交通省水管理・国土保全局岡村次郎局長や中村河川国道事務所、浜田省司高知県知事／高知県庁ならびに四万十市と四万十町にも既に説明済みである。四国電力の本店（高松市）にも説明することが必要と考える。

②津賀ダムでは今回ダム湖の水質調査を実施し、その貧酸素水塊の存在が明らかになった。溶存酸素 DO（%）は水深 7.6 メートルで 57.0% の貧酸素水塊であり、これを津賀発電所に放流している。これより深い水深の地点と夏の貧酸素水塊の発生の可能性が高い時期には、さらに酸素の欠乏状況が悪化すると推測される。そして津賀ダムからはその貧酸素水塊を含んだ発電後の放流水を四万十川の本流に放流し、それが流れ込む。その貧酸素水塊を含んだ水が、津賀発電所放水口の貝類が死滅をした原因の可能性とも（2022年3月12日の報告書参照）考えられる。ところで、四国電力社員は、津賀ダムから津賀発電所までの放流導管では火力発電所と原子力発電所が、海水を汲み上げて、排水を放出する際に、海藻と貝類の管への付着防止を目的とした次亜塩素酸ナトリウムなどの無機塩素系化学物質を使っていないと説明した。

③津賀ダムは、四国電力の単一管理で、電力の供給目的の発電用のダムである。最大で毎秒約 22 トンをダム湖から取水し、津賀発電所から放流する。それによる発電量は計算をする必要がある。四国電力社員によれば、戦前に建設され、現在までの保守により設備上問題なく、定期的な国の検査でも不適合はない状態であり、その運営上は特段に問題がないとの説明であった。しかし上述の通り、ダム堤壁とダム湖の存在による水流と生態系の遮断とその結果の水質の悪化に十分な考慮がなされていない。そのため、環境を阻害する問題にほぼ配慮していない。運営上問題ないのであればより環境に配慮した対応：コストをかけて

1. 概況と調査の結果概要

写真1 津賀ダム湖とダム堤
（2022年11月14日）

写真2 津賀ダム下流側水溜。
放水口の水が溜り表面に浮遊物が浮く。
（2022年11月14日）

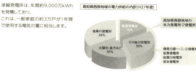
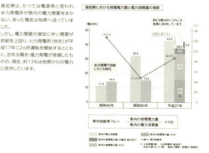

写真3 津賀ダムの概況四国電力提供

　　水流の改善とヘドロ堆積の阻止などを実施するべきと考える。これが課題であろう。

④ ダム湖下流の水たまりには、貧酸素水塊が放流されている。これを四国電力は通常の1.15トン／秒に4月から9月の間に上乗せし、1.91トン／秒の放流を実施しているが、この放流水の水質は貧酸素水塊の可能性があり、また、夏場はさらに貧酸素の状況が悪化することが懸念される。このことは却って四万十川の環境の悪化に貢献する可能性があることを排除していない。

⑤ 渇水時期に行われた中流域の窪川地区調査に関しては、四万十川の支流の仁井田川で水質の悪化が進行しているとみられる。吉見川では濁度が昨年も本年も

河川維持流量の放流による河川環境の保全

前回の水利権更新(平成元年)以降、津賀ダムから直下流へ年間を通して、河川維持流量を放流しています。
なお、河川維持流量は、年間を通じガイドライン上限を放流しており、4月から9月の半年間はさらに上乗せ放流を行っています。
その河川維持流量で発電(津賀発電所3号機 平成10年運開)を行い、貴重な水資源の有効活用や河川環境の保全に努めています。

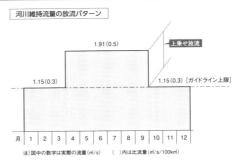

ガイドラインって?
河川環境の改善を図るため、特定の条件に該当する発電所について、水利権更新時に河川維持流量を放流することを昭和63年に国が定めたものです。
なお、ガイドラインでは、河川維持流量の大きさは、概ね0.1〜0.3㎥/s/100km²となっています。

写真4　津賀ダムの放流による河川環境の保全を謳った冊子　資料：四国電力

2.3FTUを超えて悪い。本年は新開橋で5.8FTUを超えており、悪化していると考えるべきである。

しかし大野井川の測定値では、2021年と比べて2022年11月は濁度(FTU)については改善した数値を示している。溶存酸素(DO)に特段変化はない。

(注)　今回は単純に電池補充をし忘れて、窪川地区の4地点(仁井田橋、吉見橋、新開橋と太井野橋)の流向・流速の観測値を得られなかった。調査には、多方面の協力と我々自身の予算・経費と時間が投入されており、このような初歩的ミスはあってはならない。再発防止に努めたい。

2. 調査の体制
　今回の調査も調査リーダーは小松正之、調査員は阿佐谷仁（今回から参加）並びに渡邊孝（今回で最後）である。

　四万十川窪川流域の調査では、四万十川財団の神田修事務局長と高知銀行窪川支店の百田幸生支店長と溝渕史興氏：本店地域連携ビジネスサポート部の協力をいただき謝意を表する。

　また、津賀ダムとの日程調整などに関して高知銀行の田村忍常務ならびに本店地域連携ビジネスサポート部の竹内清彦氏にはご支援を賜った。併せて謝意を表する。

3. 調査の目的
河川環境把握と汚染とその原因の推定

　今回の7月の調査から第2年度に入ったので、11月も2021年11月の調査結果との比較が可能であり、有益な評価が得られる可能性がある。

4. 調査の結果
1）津賀ダム
　津賀ダムの貧酸素水塊の原因を解明する必要がある。2022年3月12日の津賀ダムの調査では水深10センチで39.8FTUを記録している。これは着底している可能性とヘドロの中に計測器が入り込んだ可能性があり、そのままの値としては、十分に注意する必要がある。

①今回の調査の測定値ではダム湖の内側では溶存酸素（DO）が57.0%（水深7.2メートル）であった。

　これは酸素の量が欠乏した貧酸素水塊を示している。これがダムと全体に分布しているのか、私たちが計測したダム湖岸に集中しているのかの検証が必要であり、このためにはダム湖に調査のための船を出して、そこからダム湖を広範囲に調査する必要がある。南北方向と東西方向の両方で行い、ダム湖内の貧酸素の分布状況を調べる必要がある。また、濁度（FTU）に関してもダム湖内の地点①では水深7.6メートルで3.2FTUを記録した。これは通常の清浄水の10倍の濁度・汚染度である。

②ダムの下流の放水口でも貧酸素水塊の状態が観察された。ダム下流では2か所を計測したが、放水口（地点②）では、溶存酸素（DO）は67.8%であった。濁度（FTU）も1.7FTUと高かった。その放水口の内側（ダム外壁に近いところ（水深1メートル））は水が澱んでいるように表面から見え、濁度（FTU）は2.3FTUであ

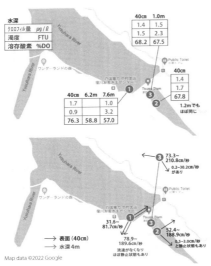

図1 2022年11月14日津賀ダムの
クロロフィル量他（上）と流向・流速（下）

り、溶存酸素（DO）が67.5％と放水口より更に悪化した。放水口と同じ表面で比較すると水質の悪化状態は地点②も地点③も変わらない。

③流向と流速はダム内であり、下流と発電所に向けて放水するので流速が早くなる。189.6センチにも達する（水深4メートル：ダム湖内）。同様にダム湖の外の放水口でも188.9センチを記録している。しかしながらダム湖でもダム提壁の下での排水口とよどみでも、極端に流速が低下する時間帯が定期的に表れる。0.2～0.3センチ／秒である。これらは一定の時間の間隔で放水を停止する時に起こっているものと推測されるので、四国電力に確認する必要がある。また、放水のインターバルと放水量が、溶存酸素の値の改善につながる可能性があるのかどうかについても検討を重ねたい。

2）旧窪川町内仁井田橋付近

仁井田橋の下の根々崎堰は、3月14日の調査の時期には渇水状態であって、堰を水が超えて流れることは全くなかったが、7月3日には、台風4号の影響で雨量が増大して水濁りが増加し、焦げ茶色の色彩を呈した水流が大量に流れ出た。流速も176～318センチ／秒と著しく早かった。今回は7月よりは濁度も大幅に上がり、表面（40センチ）

写真5　仁井田橋から下流を望む。
根々崎堰を水が超えない。（2022年11月16日）

図2　2022年11月16日
仁井田橋のクロロフィル量、濁度と溶存酸素

4. 調査の結果

で 2.2FTU であり、水深 1.1 メートルで 6.1FTU であり、かなり汚濁・汚染の状況が進行している。今回は、河口堰から水量が超えることができないほど渇水状況であった。そのために、川底の濁度が上昇したと考えられる。

神田事務局長によれば、最近は渇水状態が続いているとのことである。それに対する対応も検討する必要がある。

仁井田橋の下の堰から水量が少ないために流れが遮断されている様子が見て取れる。このために、仁井田橋の直下で堰の上流の水質が悪化する。水流を停止させない方策があるかどうかも検討してみたい。

3) 旧窪川町内：吉見橋と新開橋と四万十川の本流太井野橋

7月は吉見橋付近ではクロロフィル量が全くなかったのは仁井田橋と同様である。今回の 11 月 16 日は吉見橋川で $1.4 \mu g/\ell$ で新開橋では $1.6 \mu g/\ell$ であったので十分である。また仁井日橋でも $1.4 \mu g/\ell$ であった。太井野橋では $0.55 \mu g/\ell$ であったので貧栄養の状態である。

7月は新開橋そして太井野橋ではそれぞれ $3.3 \mu g/\ell$ と $4.1 \mu g/\ell$ と高い値を示したのでそれらの値から見ると大幅な減少である。

新開橋付近では、7月の濁度（FTU）は 78.7FTU と著しく高かったが、今回は平時に戻ったが相変わらず濁度（FTU）の値が 5.8FTU と極めて高水準であった。吉見橋でも 2.3FTU であったので汚染は進行していると考えて間違いはない。太井野橋では 0.4FTU であり、清浄水のレベルであり、特段問題はなかった。

新開橋の左岸側にクレーン車が見えて、ここでも左岸の改修工事ないし補強工事が行われているが、何の工事なのかに関して、説明書きが近くに見当たらなく、何の工事なのかに関して住民も関心を持っ

写真6 吉見橋から上流を望む。
(2022年7月3日)

図3 2022年11月16日吉見川橋、新開橋と太井野橋のクロロフィル量、濁度と溶存酸素

179

写真7 新開橋から下流の方向を望む。鯉が数匹見える。
（2022年11月16日）

写真8 太井野橋（窪川橋）から四万十川の上流を望む
（2022年11月16日）

ていた。これは三陸の陸前高田市でもそうであるが、何の目的の工事か、期間がどれほどかを説明することが重要と考える。期間が毎年更新されて半永久的であるケースもある。

2022年11月14日・16日 四万十川下流域調査

1. 調査結果のサマリー（要点）

今回の調査と視察・気聞き取りは非常に有意義な反応をもたらした。

(1) これは、2021年3月から開始した四万十川調査の結果の報告を行ってきたことやスミソニアン環境研究所とのNBSの取組を地道に実施してきたことが少しずつ浸透してきたためと考える。しかし、これでNBSの方向に各自治体（高知県と四万十市など）が実際の行動に出るかについては現時点では、期待することは早計であると考える。

(2) 今回は7月には台風の影響で実施できなかった津賀ダムの訪問と調査の実施、四万十市右山の中央排水処理場での視察と訪問が実現し、排水処理場の機能、現状とその問題点並びに課題について、認識を深めたことも収穫であった。下水処理は地球温暖化対策では大きな要素である。ここで塩素系の薬剤を使用しなければ、それだけ環境への負荷が削減され、生態系の活性化の維持に貢献する。

(3) また、国土交通省の中村河川国道事務所との会合を初めて持ったことも極めて有意義であった。これは国土交通省の岡村次郎水管理・国土保全局長室の支援を得ながら実施したものであるが、中村事務所がきわめて真摯に対応して、各事務所が有する業務の現状が理解できたとともに、細切れになっている国と、県と市町村の分野別の対応にも、今後は対策の必要があることが判明した。このことは内水面漁業と河川の漁業権に関して同様の問題を抱えていることが判明した。河川に関してはオランダなどが採択している分水嶺毎の管理を導入すべき時期に来ている。

(4) 津賀ダムに関しては、今回のダム湖の水質調査を実施することによってその貧酸素水塊の存在が明らかになった。DO（%）は水深7メートルで50%強の貧酸素水塊であり、これを津賀発電所に放流している。そして津賀ダムからはその貧酸素水塊を含んだ発電後の放流水を放出して、それが四万十川の本流に流れ込む。その貧酸素水塊を含んだ水が、以前の調査で私たちが発見した、津賀発電所の排水口の付近の大量の貝類の死滅を招いたと考えられる。ところで、大石副所長は、津賀ダムから津賀発電所までの放流導管には通常、火力発電所と原子力発電所が、海水を汲み上げて排水を放出する際に、海藻と貝類の管への付着防止を目的とした次亜塩素酸ナトリウムなどの塩素系化学物質を使っていないと明言した。(この件に関しても四国電力に確認する必要がある。)

2. 調査の目的
河川環境把握と汚染とその原因の推定

　第1年目と今回の調査結果から①中筋川と津蔵渕川の河川の護岸建設と直行流向化工事による自然回復力の低下②ダムと堰の建設による生態系の切断③四万十町や家地川流域の農薬と過肥料と土壌流出など農業排水の流入と④後川への都市下水排出と中筋川への高知南西中央工業団地からの工場排水が四万十川の水質悪化の要因と推測される。

3. 調査の結果

　今回の調査で水質が悪い地点は津蔵渕川、後川の中央排水処理施設の排水口、下田のアオサノリ養殖場と中筋川下流であった。これらはいつでもこのような傾向を示す。夏場では、濁度（FTU）の値の悪化に加えて、溶存酸素（DO）も悪化する。しかし、冬場では溶存酸素は100％前後と決して悪くないが、これをもって水質が改善したとは全く判断できない。

① 津蔵渕川では濁度（FTU）が11.9FTUでありかつ酸素も87.2％と低い値を示した（水深1.2メートル）。
② 後川の中央排水処理場の排水口：ここでは濁度（FTU）が14.6FTUと異常に高いだけではなく、塩素系化学薬物（次亜塩素酸）のにおいが多分に感じられた。
③ 下田の養殖場の濁度（FTU）は3地点ともすべて高い。地点⑮では4.3FTU（水深3.4メートル）であるが、地点⑯では極端に濁度（FTU）が高く、30.0FTUである。（水深2.4メートル）。さらに地点⑰では水深1.4メートルで11.5FTUであり、竹島川の国営農場に近い地点（地点⑱）ではさらにこの値が高く12.4FTUであった。これらの傾向は毎回の調査で国営農場に近い方が濁度（FTU）が高いことが示されており、国営農場が汚染源であることは疑いの余地がないと考えられる。
④ 中筋川の濁度は4.0FTUであった。この地点も問題である。その下流の大島の北端では2.7FTUであったし、間崎の養殖場（地点⑩）でも5.9FTUである。

1）クロロフィル量

　四万十川の下流域の全般にわたり、表面（2022年11月は表面10センチ、2021年は表面50センチ）のクロロフィル量は、2022年7月4日では1.1～1.6μg/ℓ、2021年8月2日では0.96～1.7μg/ℓであり、横ばいであった。

　今回の11月15日調査の時点ではクロロフィル量が表面（水深40センチ）では、0.4μg/ℓ～1.0μg/ℓであった。また、水深は1.4～3.4メートルまで地点によって異なる

が川底では、0.5から3.9μg/ℓまでであった。もっとも高かったのは中央排水処理場の排水口であった。これは昨年11月では、1.5μg/ℓ（中央排水処理場の排水口）であり、かなりの富栄養化が進んでいると推定される。一般にクロロフィル量は表面でも川底でも、夏に比べると低下しており、この傾向は本年の調査結果でも変わらない。

写真1　右山の中央排水処理場の排水口
（2022年11月15日午前9時）

2）濁度（FTU）

2022年7月4日の調査の結果では、夏場の濁度（FTU）が大幅に増加し、汚染・濁りは進行した。後川では佐岡橋で38FTU、右山排水処理場の排水口で44FTUそして四万十川の本流との合流点で48FTUであり、異常な高い水準であり、汚染の深刻度を示している。また中筋川では四万十大橋下で10.4FTUで、本流との合流点で8.9FTUであった。津蔵渕川でも12FTUであった。従って、7月の調査では、濁度が異常に高かった。

2022年11月15日の調査でも濁度は、7月の台風襲来時の値に比べれば大幅に低下したが、それも軒並みに8FTU以上の異常値が津蔵渕川、後川の中央排水処理場の排水口、下田の養殖場と竹島川で計測された。とりわけ竹島川と下田のアオサノリ養殖場では、計測した4地点のすべてで高い濁度（FTU）が計測された。地点⑯は濁度（FTU）が30FTUであったので、これは極めて高い異常値である。海底には、ヘドロが堆積している。その起源は国営農場からの排水であると推測するのが妥当である。国営農場の農家との話し合いを一刻も早く持つ必要がある。これを四万十市が仲介する必要がある。

（注）山崎清実理事に拠れば、本年3月ではアオサノリ収穫はほぼ終了、アオサノリの養殖量はゼロであったが、未生長の海苔の葉状帯から種苗を採取して、それらを放卵させて種付けを行った。それを活用して本年も海苔の養殖を開始したとのことで、未だ全域には海苔張りは済んでいないとの事。下田川で23軒の漁業者は作付面積を減らしながらも養殖を行う。間崎では8人中の3人が脱落し5人で養殖をするとのことで、規模も減少するとの

写真2　津蔵渕川の川面の水面に水泡が目立つ
（2022年11月15日午前10時34分）

2022年11月14日・16日四万十川下流域調査

写真3　下田のアオサノリ養殖場種付けと支柱建て（2022年11月15日11時12分頃）

事。河川の水質の環境は昨年より悪化しているので収穫の可能性は2022年よりも低下する可能性が大であると小松より指摘したが、それでもやるとのことであった。

3）溶存酸素量（DO）

　2021年8月は悪かったが、11月は90％台で2022年3月では、さらに改善し概ねあらゆる水域で100％を超えた。これら改善・変化は秋から冬場を越して植物相の変化や水温の低下などに伴う季節的な変動であるとみられた。

　2021年8月2日の調査結果で河川の底の溶存酸素量（DO）は悪化が示されていた。特に、中筋川では四万十大橋下で58％であり、合流点で74％であった。竹島川の養殖場の61.3〜73％であった。このような値は昨年度では、8月2日以外に観測されなかった。

　中筋川では67％（四万十大橋下）と79％（四万十川との合流点）であった。これらの溶存酸素（DO）も昨年の11月同様に、本年においても大幅に改善された。これは昨年と同様の傾向である。昨年も高いところでは100％を超えた値が計測されたが、そのほかの大半の地点では90％台で、ある地点（複数地点）で80％台の上方の値であった。溶存酸素（DO）が80％台で低いところは、濁度（FTU）とクロロフィル量でも好ましくない値が計測されたのは津蔵渕川で87.2％、（昨年は88.9％）、大島の北端で88.3％（昨年85.2％）であった。昨年では中央排水処理場の排水口（89.8％）と中筋川と四万十川合流点（88.9％）であったが、これらの2地点では本年では、特段に問題の値が観測されなかった。

　今回調査では溶存酸素（DO）は津蔵渕川の水深1.6メートルでの87.2％が最低値であった。津蔵渕川は、川面の表面に白い濁りの気泡がたくさん浮いている

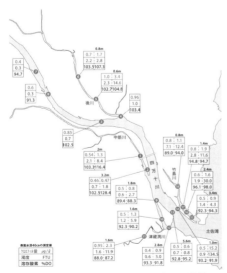

図1　2022年11月15日の四万十川下流域のクロロフィル量、濁度と溶存酸素量

状態が観測された（写真2）。これは明らかに河川水の汚染・汚濁が進行していることを示している。これらの汚染・汚濁水の源が上流とその周辺にあると推測される。付近には水鳥の保養地が建設されて、これがコの字型で奥が行き止まりであるので、水流が停滞する。そのために、これが汚染水の原因の一つと推測される。これに加えて、津蔵渕川は生態系に取っては明らかに工事のし過ぎであり、これら工事によって河川の生態系が破壊されたものと考えられ、そのために津蔵渕川の上流の調査も実施することが重要である。

4）塩分濃度

塩分については四万十川橋（赤鉄橋）の鉄橋下まで計測した。その結果は、四万十川橋（赤鉄橋）までは海水が到達していることは2021年11月、2022年3月と7月の調査でも立証されなかった。今回の調査結果でも同様に、海水が赤鉄橋には到達しているとの計測値は示されなかった。むしろほぼ1年間にわたって、到達していないとみられることから、海水は赤鉄橋までは到達していないと断言しても良いものと考える。

渡川大橋（地点8）でも0.1‰であり、ここまでも海水は到達していない。後川の合流点までも7月では海水は到達していないとみられたが、今回の11月15日の調査では、表面では10‰であったし、水深1.4メートルでは32‰を超えていたので、海水は到達していた。赤鉄橋と渡川大橋の塩分濃度はわずか0.04から0.1‰であり、これは中流域の四万十川太井野柄、吉見川や仁井田川でも記録される。従ってこれらの塩分は陸地由来の塩分であると考えるのが適切である。今回の調査結果から推定されることは、後川との合流地点（地点③）で32.48‰であった。

2021年11月調査時と2022年3月の調査では渡川大橋までは淡水で、四万十川と後川の合流点では海水が到達した。合流点で塩分濃度（表面水深50センチ）は25～27‰程度であった。しかし、7月は表面（10センチ未満）がほぼ淡水である。

後川の佐岡橋付近でも9.21‰（水深80センチ）であり、海水は若干到達している。津蔵渕川の川底（水深1.6メートル）では31.1‰であったのでほぼ海水が到達しているとみてよい。

5）水温

7月の調査時点では、夏であったことと台風のために淡水の水量が増したので四万十川下流域では表面の水温は24.5℃である。水深10センチの水温は26.7℃であり、赤鉄橋から後川の合流点までは、水深10センチの水温が表面より2℃高く、其れよ

2022年11月14日・16日四万十川下流域調査

写真4　下流の渡川大橋から望む赤鉄橋と水鳥「かも」(右上)(11月15日9時37分)

り南から河口域までは1℃の差がある。
　しかしながら、今回の11月調査では赤鉄橋では17.5℃で水深に関係なく一定であった。しかし、地点④の後川と本流の合流点では18℃台と20℃台の差が僅か40センチの水深の差でみられたが、20.2‰であったので、ここにも海水の差し込みがみられる。下流域の地点⑭では表面水温が19℃台であるが、水深が1メートルでは23℃台に上昇した。この地点での水深1メートルは海水であるので、これらの温度差は淡水と海水の差を表しているとみられる。

　水温に関しては今後の検討と調査の課題であるが垂直方向の分布図の導入によって、現在以上に水温と海水の混入と台風時などの雨水の量との関係そして伏流水の構造などがわかってくると思われる。少なくともいろいろな仮説と推測を立てることが必要となる。

6）流向と流速

　先回の7月4日は満潮が8時28分で水位168センチ、干潮が15時54分で水位が38センチであった。今回の11月15日はこれとは好対照で干潮が3時43分で水位が58センチ、満潮が10時52分で水位が153センチであった。再度の干潮が16時12分で水位が124センチでほとんど干満の差がない干潮であった。

　このために赤鉄橋に向かう時間を遅れさせて、満潮時刻に合わせたいとの意向が山崎組合長らにあったので、まず最初の計測地点を中筋川の2地点として、その後、後川の合流地点から後川に入り、佐岡橋まで計測したのちに赤鉄橋に向かうことにした。

　7月の台風時の大雨と流量の多いときの調査と比べると流速の速度に大きな違いが生じた。すなわち7月は流速がきわめて早かった。特に川幅が狭い後川の流速の速度は著しかったが、今回の11月15日の調査は雨も降らず、風もなく晴天であったので、流速の増加に影響する要因はなく、平穏時で晴天時の流速になり、とても緩やかな流れになった。本流の下流域でも4〜25センチ／秒程度であった。後川はもっと緩やかであって2.7〜15センチ／秒であって本流下流域の約半分であった。

　平坦な場所を流れる中筋川はさらに減速して、2〜7センチ／秒であった。これらはいずれの場所においても7月の計測値を大きく下回り中筋川で5分の一、後川で8

分の一程度、本流でも2分の一程度である。このような流れが河川工事を施す前はどのようなものだったのかについても文献などから推定の作業をしてみることが重要である。それによって、全体の水量の土佐湾への流出量と災害の予測と氾濫原は湿地帯への保水量の計算の基礎とすることが可能となる。

5. 中央排水処理場の視察

　安岡晃四万十市下水道係長と高橋大四万十事業所長が説明。四万十市水産課岡田圭一係長と池田係員が同行。KPS社が四万十市からの委託を受けて、1996年（平成8年）に完成・運営を開始した中央排水処理場の管理運営を行っている。2014年（平成26年）高橋大（まさる）所長に拠れば本中央排水処理場は旧中村市、具同町平田地区などの2,000～2,500世帯からの排水量2,200トン／日（平日は2,300トン／日で土日は2,100トン／日）を受けいれている。各家庭から流れてきたものをポンプアップして水管に上げる。能力的には全体処理能力で4,700トン／日（下水道課資料）である（説明では5,000～6,000トン／日であった）。流入の水質がBODで190mg/ℓであり、生活排水の一般に言えるがかなり高い値である。SSは270mg/ℓである。計画の放流水の水質はBOD15mg/ℓである。相当の高水準の汚染・汚濁物質となる可能性がある。

　まず、流入してきた排水・汚水からは固形物・残渣を取り除く。髪の毛と野菜や紙などは分解できないので問題である。排水処理場の分解能力はあくまで水に溶けているものを分解し、除去することであって、固形物は取り去ることである。固形物・残渣は一日に10キロほどが蓄積される。水洗トイレよりも問題は台所とお風呂場であり、そこからの固形物の流入が問題である。活性汚泥法などの方法では固形物は除去できない。

　まず、最初は沈殿槽で固形物を除去し、その後浮いている油分やオイル・ボールなども除去する。

　活性汚泥槽に入れる前に、残渣・細かい固形分を取り除く。活性汚泥槽ではエアレーションして地場菌のバクテリアからなる活性汚泥（ボルカチア属やエベスチス属の細菌など）を活性化させて、バク

図2　2022年11月15日四万十川下流域の上げ潮時の下流域の流向流速

187

2022年11月14日・16日四万十川下流域調査

写真5　中央排水処理場屋上。生物活性処理曝気槽や沈殿池がある。(2022年11月15日)

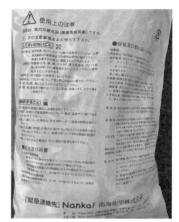

写真6　塩素系殺菌消毒剤の裏面
(2022年11月15日)

表1　中央排水処理場の処理能力と機能
(資料：四万十市上下水道課)

テリアの力で、汚濁物質を分解する。活性汚泥槽は、通常ラインと2006年（平成18年）から導入した窒素分とリン分を除去する高度処理槽を導入した。そのために通常槽を入れて2ラインあるが、高度処理は現状では機能していない。従って汚染の原因となる窒素分とリン分の除外が足りない。処理能力は4,680トン／日であるが、このために12～13時間を処理に要する。その後最終沈殿池の排水は移動し、そこで上澄みを

放流に回す。沈殿後の固形物は放流ではなくて固形物として焼却場に持っていき処理する。放流前の排水の透明度を毎日モニターし、目視している。NとPを直接計測する機械・器具はない。

溶存酸素量は最終排水の直前では3～4mgである。これは私たちの計測ではDOが50％程度の極めて悪い貧酸素水に匹敵する。これを放水前に曝気して空気中の酸素を吸いこんでから放水するとのことで、これでは7～8mg/ℓであるとの説明であった。これはDO（％）では90～100％に相当する。しかし、塩素化合物（次亜塩素酸HOCl）は生物に悪影響がある。酸素が不足しない状態の排水に曝気しても酸素は長時間は溶存しない可能性がある。

また、放水の直前には、2,200トン／日に対して1.5キロの無機塩素剤（ナンカイ「スタークロンPT」（商品名））を投入して、殺菌する。これは放水口での塩素系の異臭（次亜塩素酸）の元であった。

6. 高知県庁津野健太郎水産振興課長、遠近共生担当官

小松より、7月四万十川調査の結果を報告。また、6月のスミソニアン環境研究所と中谷元衆議院議員らとの間のNBSに関する決議を中谷先生から浜田高知県知事に送ったことを説明しつつ、NBSは米国がCOP27でも正式に同国のホワイトハウスの立場として推進しているとしてペーパーを配布。それを説明した。また、内水面漁業に関する2021年データの提供をお願いした。

先方からは県で分水嶺が分断され、内水面の漁業権が分断設置される問題と、水質検査に四万十方式という水中での見える距離によって透明度を図る方式がある。しかし、水量の減少でこの方式が活用できない問題がある。住民参加型の予算の獲得をしたい旨の表明があった。

7. 四万十市役所への7月調査の説明

朝比奈農林水産課長、岡田圭一水産課係長と池田係員朝比奈課長からは、市町村による荒廃森林の整備のために、森林環境税が令和6年度から導入される前に森林環境贈与税の分配が予定されており、その資金を使って

針葉樹林の現状調査や伐採を行いたいとの話がなされた。針葉樹の長年の放置が山荒れの原因で地滑りと生態系の崩壊と河川への泥の流入の原因となるのではとの話題が提起された。そこで岡田係長と小松も入り針葉樹の問題について、一般に根が深く浸透し、土中に拡大しないと見られる針葉樹と広葉樹との比較が提起された。針葉樹と広葉樹の問題の多くが理解されていないことも含めて、今後の重要課題である。

8. 四万十川内水面漁業協同組合連合会

　小松より、7月の調査の結果を堀岡喜久雄組合長に説明したが、堀岡組合長からは津賀ダムの上流の梼原川の調査を是非していただきたいとの要望があった。また、アユの違法漁獲（投げ網を使った漁獲は禁止）を監視中の理事の一人が本日の調査を赤鉄橋付近で観察していたと報告した。

9. 国土交通省中村河川国道事務所

　岡林福好副所長、宮地憲一計画課長、太田秀明事業対策官が出席。

　中村河川国道事務所管内の四万十川下流、中筋川と後川の防災事情と環境事業をご説明いただく。特に中筋川のツルの里づくり、四万十川下流域の魚のゆりかごづくりと赤鉄橋の付近のアユの瀬づくりの説明を受けた。小松から、これらの事業が生物相の改善のための結果を伴っていない、漁業者も評価していないことの検証とモニターの必要性を述べた。

　小松から四万十川調査の結果（2022年7月の結果を別添）と世界のNBS：自然工法による水辺再生の説明をした。四万十川の汚染・汚濁進行による水質劣化は①農業排水②都市と工業排水と③公共事業・コンクリート工事による自然の浄化力・生態系の喪失（中筋川の蛇行の直行化や川中島の撤去など）と④ダム建設による生態系遮断と水質の悪化があると説明した。今後は一部局を超えた包括的な対応が重要であると述べた。

　岡林次長は、国、県と市町村の管轄が分断され、有効な対策をとれないことも問題。今後は漁業者からの聞き取りに加え生物・生態系の専門家を組織内に抱えることが必要ではないかとの指摘を小松から行った。中村河川国道事務所の前向きな対応で、大変に有意義な意見交換となった。

2023年2月28日 四万十川下流域と2月27日窪川地区調査

1．2月28日〜3月1日の下流域と窪川地区調査結果
1）調査結果概要
(1) 下流域の調査
　①継続した科学データと連続水温の取得
　　2021年3月から開始した四万十川調査も今回の2月27日から3月1日の調査で四万十川に関する2年間の調査が終了し、科学データの蓄積が2か年分になった。このために、四万十川の水質環境、特に下流域と窪川地区に関してより科学的な説得力を持った説明が可能となった。また、連続水温を冬の最低水温を記録する時期（2月ごろ）に取得し、アオサノリの養殖不作を知るうえで新たな情報も取得した。
　②下流域では、竹島川の下流の下田地区で濁度（FTU）が昨年と同様高い値を示した。特に竹島川底付近で極端な高さ121.5FTU（地点②）を示した。
　　津蔵渕川とアオサノリ養殖場と中筋川の四万十大橋下でも高い濁度（FTU）を観測した。これらの傾向はこれまでの計測値と変わりはない。後川でも四万十川との合流点、中央排水施設の排水口並びに佐岡橋付近でも高い濁度を川底では示した。
　③溶存酸素量に関してはいずれの地区も97％台から100％を超える良好な値を示した。
　④下田地区の竹島川のアオサノリの養殖場は、本年においても収穫はゼロ。津蔵渕のアオサノリ養殖場も同様に、葉状帯の伸びがみられず、収穫は望めない。
　　これらは、竹島川と津蔵渕地区の双方とも水質悪化が原因と考えられる。特に濁度（FTU）が高いことが原因であろう。クロロフィル量も概ね$0.5〜1\mu g/\ell$以下ではあるが、冬であり低い。濁度（FTU）は2〜3.7FTUを表面（水深40センチ）でも記録し、国営農場に近接するほど悪化する。津蔵渕の養殖場では、中筋川からの影響とみられる濁度（FTU）の高さが記録された。
　⑤後川の佐岡橋下では濁度が5.2FTU（表面40センチ）と8.8FTU（水深90センチ）である。中央排水処理場付近では、塩素系化合物（次亜塩素酸HOCl）に悪臭が感じられた。塩素分の臭いが、水質計測値には反応、反映されない。
　　濁度（FTU）は、1.3FTU（表面40センチ）と3.0FTU（水深1.4メートル）を示した。

(2) 窪川地区の調査結果

① 渇水状態であり、仁井田橋では、通例のごとく、根々崎堰を超えない状態で水流が停滞した。従って濁度（FTU）は3.0FTUと高かったが溶存酸素量（DO）は特に問題がない97％を示した。窪川町内では一般に濁度（FTU）が高く、溶存酸素（DO）が特段問題はない。
しかし大野井橋（窪川橋）では濁度（FTU）が1.3FTUと高かった。

② 流向と流速は吉見橋川が渇水状態で堰を水が超えられないので遅かった。四万十川の本流も流速は遅かった。

2. 調査の体制

今回の調査も調査リーダーは小松正之並びに調査のアシスタントは山本仁調査員である。

四万十川下流域の調査では、調査に乗船した山崎明洋四万十川下流漁業協同組合長と山崎清実理事が参加した。

また、高知県庁環境農業課青木敏純課長、四万十市と四万十川東部漁協組合長との日程の調整などに関して高知銀行の田村忍常務ならびに本店地域連携ビジネスサポート部の竹内清彦氏と溝渕文興氏に感謝の意を表したい。また、青木剛中村支店長には四万十市との会合のアレンジとご同席をいただいた。山崎洋二大正支店長は溝渕文興氏とともに津賀ダムと梼原川の調査に同行された。百武窪川支店長にも厚く御礼を申し上げたい。

3. 調査の目的：河川環境把握と汚染とその原因の推定

今回の7月の調査から第2年度に入ったので、2021年度の2022年3月13日から14日にかけて実施した下流域調査と窪川地区での調査結果との比較が可能である。

写真1　四万十川橋（赤鉄橋）には海水は到達せず
（2023年2月28日午前著者撮影）

今回は天候には恵まれたが、渇水状態であった。

第1年目と今回の調査結果から①中筋川と津蔵渕川の河川の護岸建設と直行流向化工事による自然回復力の低下②ダムと堰の建設による生態系の切断③四万十町や家地川流域の農薬と過肥料と土壌流出など農業排水の流入と④後川への都市下水排出と中筋川への高

知南西中央工業団地からの工場排水が四万十川の水質悪化の要因と推測される。

4. 調査の結果
1）下流域
(1) 塩分濃度

今回の調査時には満潮が午前 10 時 20 分（水位は 129 センチ）で干潮は 18 時 42 分（水位は 43 センチ）である。満潮時に近い 11 時 25 分での計測であったが、四万十川橋（赤鉄橋）の鉄橋下での塩分濃度は 0.08‰であり、2022 年 3 月の 1 年前の値と変わらなかった。従って今回も赤鉄橋までは海水が到達していないと考えられる。渡川大橋の下でも 0.096‰であり、ここまでも海水は到達していないと考えるのが妥当である。

しかし後川と四万十川の合流点までくると、表面で 1.4‰であり、水深 10 センチでは 3.4‰であるので後川での合流点でも表面水の約 10 センチまでは淡水である。水深 20 センチで 30‰であり、水深 2.5 メートルでは海水と同様の 33.6‰である。従って、後川の合流点までは海水が到達していると計測値では判断される。「図 1　塩分などの垂直分布」によると水深 10 センチから水深 20 センチの間で塩分濃度が急激に上昇していることがわかり、この間の水深で淡水と海水を分ける躍層が形成された。

(2) 溶存酸素量（DO）

汚染・汚濁が進行する四万十川の下流域であるが、夏場に比較して冬場では溶存酸素量（DO）は比較的高い値を占める。概して 100％前後の値である。溶存酸素量（DO）が表面水では 100％を超え、表面水の溶存酸素量（DO）は川底の溶存酸素量（DO）より高い傾向にある。川底でも 90％を記録した。その中でも竹島川下流域のアオサノリ養殖場が最も低い値を示した。竹島川下流のうちアオサノリ養殖場は地点②、地点③と地点④であるが、これらの川底でも 90％台であった。しかし濁度（FTU）はこの地点では悪化した値を示す。特に地点⑤国営農場に近付くほど FTU 値は悪くなる。

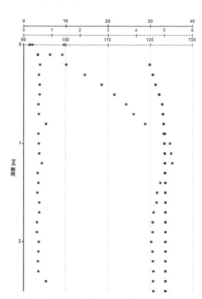

図1　四万十川と後川の合流点での
塩分濃度（青）、濁度（緑）と溶存酸素量（赤）
（資料：一般社団法人生態系総合研究所）

すぐ上流にある国営農場ではビニールハウスで温室農業が営まれており、温室ハウスから流れ出る排水の水質の科学的計測が必要であり、次回、温室ハウスの近くの排水の溝などでの水質の計測が必要である。

(3) クロロフィル量（µg/ℓ）

概ね表面水では0.4〜0.6µg/ℓが計測された。冬場ではよく計測される値であり、一般にみられる値である。川底は概して高い値が示される。1.5〜4.2µg/ℓが計測された。特に高かったのは、中筋川の地点⑬川底の17.5µg/ℓと竹島川の地点③の9.7µg/ℓであるが、汚染物質と栄養が共存している可能性がある。

(4) 濁度（FTU）※注：清浄水のFTUは0.3FTUである

濁度（FTU）は中筋川の河口部の川底が47.9FTU（2.1メートル）、四万十川本流の渡川大橋が11.1FTU）、佐岡橋の下が表面で5.3FTUと川底が8.8FTU（90センチ）である。中央排水場付近では、塩素系化合物の悪臭が感じられた。塩素分の臭いが、水質計測値には反応しない。

今回の計測で最も濁度（FTU）の値が悪かったのは竹島川下流のアオサ

写真2　中央排水処理場の排水口付近の後川
塩素化合物のにおいがする
（2023年2月28日著者撮影）

ノリの養殖場の内部とその上流の国営農場の下流に存在する地点⑤の下田のヨットハーバー付近である。ここでは川底で9.7FTUである。また、アオサノリの養殖場の中の最も高い値は地点⑤の121.5FTU（水深3.2メートル）である。竹島川下流は表面でも0.6FTUから1.2FTU、2.7FTUそして下田のヨットハーバーで3.7FTUとなり、毎回の計測時と同様に国営農場に近付くにつれて汚濁度が増す、高くなるので汚濁の原因は国営農場であると断言しても誤りである可能性は極めて低い。

(5) 流向流速

流向流速は、昨年の3月13日午前には上げ潮時の調査であったが今回2月28日は満潮が午前10時20分で、干潮が午後18時42分であったので、午前8時過ぎの調査開始から午前10時20分までは上げ潮時に調査をした。これは地点①の土佐湾から地点⑬の中筋川の渡川大橋下までである、下げ潮は地点⑭後川合流点から地点⑲の赤鉄

4. 調査の結果

橋下までである。河川の場合は表面水を見ると、下降流の勢いがあり、河口に下降する流向となる傾向があり、四万十川の下流域全域でその傾向がみられる。今回も平時の観測であったので流速も特徴的なものは見られない。

また、今回は四万十川の本流での赤鉄橋と渡川大橋までは、流速が早い傾向がみられた。これは前回2022年3月13日の上げ潮時の調査と異なり、今回はそれらの地点での調査・計測が下げ潮時にあたっていたためと考えられる。その後、後川から土佐湾までの下流域では流速が低下した。このように潮の干満は河川流の流速にも影響を及ぼしていると考えられる。

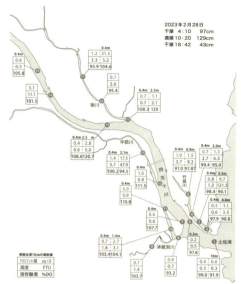

図2　2月28日の四万十川の下流域でのクロロフィル量、濁度と溶存酸素量

しかし、竹島川での流速の値は2022年3月13日と2023年2月28日との間に特段の差がみられない。どちらも上げ潮時に調査している。

(6) 連続水温計値

　先回は、連続水温計を干出するように設置したために、気温と水温が毎日交互に入り混じるように水温計に記録され、その結果水温の読み取りが不可能となった。今回

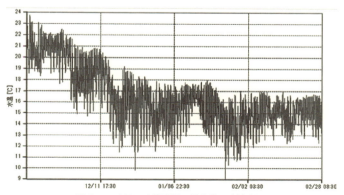

図3　アオサノリ養殖場の地点③の連続水温
(2022年11月15日から2023年2月28日　資料：生態系総合研究所)

195

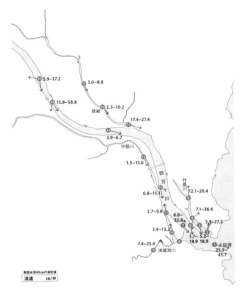

図4　2023年2月28日の
四万十川下流の流向流速

は水温計をノリ漁場と同様の干出しない場所に設定し、水温だけの動きが記録されるように設定した。その結果が図3のとおりである。

これによれば、最低水温が1月20日過ぎ（要確認）の9℃である。しかし、この後の最低水温を見ると10.3℃から10.8℃程度を2月25日以降に記録している（要確認）。これらの水温は、広田湾と大船渡湾の同時期に観測された表面水温（5～8℃）に比べれば2から5℃程度高いことがわかる。

一方で、これらの最低水温を記録している1月下旬から2月上旬もそれらの日々には14.8℃から17℃の水温を併せて記録しており、一日の間に約10℃程度の水温の変動がある。これと、気温の日変化との比較も必要であるが、ほぼ気温と同じ変化をしているようである。

更に12月中旬から1月の下旬までの約40日間には最高水温と最低水温の変動の差が大きく、11月15日頃と2月5日過ぎから2月28日の時期には3℃から4℃に低下する。これも気温と連動しているとみられる。

これらの気温の動きとアオサノリの発育と生育状況に及ぼす影響については、今後共計測を継続していくことと、過去の水温とアオサノリの養殖生産量との比較が必要あるが、このような連続水温を取得・計測した例は見たことがない。

(7) アオサノリ養殖の状況

アオサノリの生育状況も2022/2023年度漁期においても全く不作であり、本漁期においても収穫量はゼロであった。本漁期においては、昨年の不作の状況にかんがみて、養殖を最初から断念する漁業者が多かった。竹島川では3分の2程度に減少し、残存者もその作付面積を削減し、津蔵渕の養殖地では、15名程度の漁業者が8名程度に減少し作付面積も削減した。また、種のりの確保も、昨年不作であったので、これを如何に確保したのかを小松より山崎清実理事に尋ねたが、多少育成した海苔から胞子をとってそれを種ノリとしたとの説明があった。

4. 調査の結果

写真3 竹島川下流のアオサノリ養殖場
全く収穫できず（2023年2月28日著者撮影）

写真4 中筋川の下流域の渡川大橋付近。
石積みで河川の沿岸を補強している。植物の育成は見られない。（2023年2月28日著者撮影）

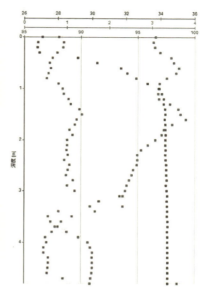

図5 塩分、濁度（FTU）と溶存酸素量の水深による鉛直分布（2023年2月28日の地点②：最も海に近い養殖場計測地点資料：一般社団法人生態系総合研究所）

　この不作の原因として、山崎明洋下流漁協組合長は、河口域にあった干潟を撤去して海水の流入が増大し、ノリの成長に必要な淡水層の減少が近年著しいためではないかとの発言があった。

　これに対して小松からは、根本は竹島川下流域の水質悪化が主たる原因であると推定される。特に濁度（FTU）は化学的汚染物質の肥料と農薬であり、また、農用地からの流出土壌（セディメント）である。海水の流入が多くなったのが問題ではなく、むしろアオサノリの育成に必要な栄養分がある淡水域への浸水の期間が減ったとすれば、それは海水が流入したことより、近年の四万十川本流と後川ならびに中筋川などの河川の護岸工事と直行化で河川水が一気に流れ出て、河床と氾濫原並びに湿地帯に滞留しなくなり、その結果河川の淡水層減少が原因であると考えられる。事実、上記の図5を見れば、養殖場の表面から30センチは淡水の影響がある塩分濃度27‰であるが、それ以降は海水が卓越し水深1メートルでは34‰の海水となる。この30センチの淡水の躍層が以前はどれだけの厚さがあったのか、後川の合流点では20センチの水深で既に30‰である。

　しかし4〜5年前に4トンの生産があったものがゼロとなった急激な減少については、

197

これらの複合要因で悪化が急速に進行したと考えるのが最も自然であると思われる。

(2) 窪川地区

渇水状態であり、仁井田橋では、通例のごとく、左わきから少量の水流が下流に下るが堰を超えない状態で水流が停滞した。従って濁度（FTU）は 3.0FTU と高かったことで水質の悪化が継続しているとみられる、しかし溶存酸素量（DO）は 97% を示した。この堰の目的をヒアリングする必要がある。

窪川町内では一般に濁度（FTU）が高く、溶存酸素（DO）が特段問題はない。しかし大野井橋（窪川橋）では濁度（FTU）が 1.3FTU と高かった。

双方の写真とも、四万十川の窪川地区での渇水状態で、左岸側の砂利石が白くなっており 1〜2 メートル程度水際から河川水が後退したことを示す。この渇水状態が長期間にわたって観察されることが四万十川の水質と生態系に与える大きな影響の一つである。

写真5　渇水状態の仁井田橋下の根々崎堰
水がせき止められて水質が悪化する傾向を促進する
（2023 年 2 月 28 日著者撮影）

写真6　渇水状態にあり川底が露出する吉見橋付近の吉見川
（2023 年 2 月 27 日著者撮影）

写真8　太井野橋から見た四万十川
（左が 2023 年 2 月 17 日、右が 2022 年 11 月 16 日著者撮影）

4. 調査の結果

写真7　左：河川の工事が行われている新開橋下流方面
（2023年2月27日、右：2022年11月16日の水質調査の折には工事は行われていなかった。どちらも著者撮影）

（3）四万十市との意見交換

　四万十市役所の渡邊康環境生活課長と岡田圭一農林水産課係長が出席。こちらは小松、阿佐谷、田村忍高知銀行常務、青木剛中村支店長と溝渕文興氏が出席した。

　会合では、先回の11月の調査結果を報告するとともに、四万十川の汚染・濁度と水質の悪化は現在では多くの人が知るところである。従って最後の清流四万十川のイメージを変えて、むしろ、清流としての輝きを取り戻す対策を今後講じていくことが重要であるとの理解と認識で一致した。其の意味で高知放送テレビ（RKC）が2月28日に番組で取り上げたのは大変に良かったとの認識でさらに一致した。汚れた四万十川をどのように回復するのかの問題提起の番組であることを期待したいと述べた。

　四万十市としても必要な協力は前向きに検討したいと述べた。（了）

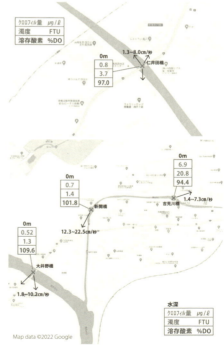

図6　2023年2月27日の仁井田橋、吉見川橋、新開橋と大井野橋（窪川橋）での流向流速、クロロフィル量、濁度（FTU）と溶存酸素量

199

2023年2月27日〜3月1日 四万十川の環境調査津賀ダムと梼原川調査並びに高知県・四国電力の会合記録

1．2月27日〜3月1日の調査結果のサマリー（要点）

今回の調査と視察・気聞き取りは非常に有意義な反応をもたらした。

(1) 2021年3月から開始した四万十川調査も今回の2月27日から3月1日の調査で四万十川に関する2年間の調査が終了して、科学データの蓄積が2か年分になった。このために、四万十川の水質環境に関してより説得力を持って説明が可能となっている。また各方面に本調査の内容が周知し、

写真1　2月28日高知テレビ（RKC）で放送された四万十川下流域の調査
（2月28日午後6時23分著者撮影）

今回は高知放送（RKC）テレビの2月28日早朝7時30分から下流域でのアオサノリの育成場での取材が入り、これが小松らの調査活動の様子が即日18時23分頃から放送された。

(2) 津賀ダム湖調査を四国電力の協力を得て実施した。ダム湖8か所と梼原川の上流の四万十町と梼原町の境界にある芦川橋まで遡って目視観察をした。上流の下野井橋ではクロロフィル量、濁度と溶存酸素（DO）の計測と流向流速も測った。ダム湖は予想通り、堤頂の脇から上流にかけて、ヘドロが蓄積（計測値からの推定）しており、この影響で濁度（FTU）が高く、溶存酸素（DO）は極めて低かった。流向と流速は表面では5〜20センチ／秒で、水深10メートルではそれより遅くなり、0.5〜6.2センチ・秒であり、表面の4分の1から5分の1であり底の流れが遅いのは海洋と同様である。梼原川上流の下野井では、ダム湖の湖底の流速程度の流速であり、流れがきわめて遅い。ダム湖の取水が表面からどのくらいの水深で行われているのか承知が重要となる。

この流れを速くすることで、ダム湖の水質が大きく改善すると考えられる。

(3) 高知県環境農業課の青木敏純課長との意見交換を持った。高知県農業は減農薬と現肥料に取り組んでおり、環境にやさしい農業の実現を実施している。農薬使用量は農林水産省がその統計情報の収集を廃止したので高知県も取っていない。また、三面張りではなく土壌のあぜ道を創造して環境に配慮し、畜産業も養鶏は少なく、養豚

1. 2月27日〜3月1日の調査結果のサマリー（要点）

と飼育牛である。これらは養鶏に比較すると水質の汚染が少ないとの由。高知県の農業は環境保全に貢献しており、農業が四万十川の汚染原因の第1の原因であるとの表現は回避されたいと述べた。しかし、農業も四万十川の水質・環境汚染の主たる原因であることは肯定した。最大の原因ではないと強調した。農業事情に関して口頭での説明がなされ、データや資料の提供はなかった。これは日本の役所全般に言える。データの提供を促進が急務である。

(4) 四国電力の高知支店岩田康伸技術部長と八嶋和幸次長他計4名と意見交換の実施した。津賀ダム湖の調査にボートを提供の協力をいただいた。

津賀ダム湖の水質調査を8地点で実施し、ヘドロの蓄積（計測値からの推定）と貧酸素水塊の存在が明らかになった。これらのヘドロと貧酸素水塊は北の方に伸びており、右岸側の支流の合流点より北まで確実に伸びている。これらの8地点では水深が10メートルでは濁度（FTU）が10FTU程度を記録し、ヘドロに近付き水深が深くなるとと100FTUを瞬時で超える。溶存酸素量（DO）は80％台から65％台を記録した。合流点より北上した左岸が飛び出した鼻先の地点では、水深が急に深くなり、その30メートル水深（要確認）では、溶存酸素量（DO）が49％まで低下した。

(5) 四万十川東部漁協代表理事武政賢市氏からの説明

3月1日の午前に津賀ダムから梼原町の下津井部落までの間の梼原川の上流域をご案内される。途中ダムの堰き止めに関する梼原川への影響を観察した。私たちは、下津井橋でも計測を行ったが、下野井橋では表面的には正常な河川水に見えたが、ここでは水深3メートルを超えると濁度（FTU）が10FTUを超えて急速に悪化した。

津賀ダムの堰き止めによる影響は四万十町と梼原町の境の芦川橋付近にまで影響が及んでいるように見えた。上流の下野井橋まで、ダムの影響は及んでいるようだ。梼原川の上流には、津賀ダムよりは小型であるが利水（発電）用のダムが3基あること。また、アユを他所から購入してきた梼原町が毎年上流に放流していること。しかし、アユは1年焦であり、毎年放流する必要がある。近年はアユの冷水病の死滅アユが多く放流事業がうまくいっていないこと。また、津賀ダム下流域では土砂の流入がないので下流の梼原川の川底が削り取られてしまって河川の生態系によくないことなど武政組合長は指摘した。小松より、アユの海に降海する性質がダムで阻害されること、ダム堰き止めで水質が悪化し、外部のストレス要因が多く、冷水病の発生原因と考えられる。従って、アユの放流はいつまでも継続しても意味が薄く、予算が有効に使われていない、また、当地のアユ冷水病に関する科学論文があればそれを見たい。とりあえず、放流はアユ資源の増加に効果がなく、中止するべきと述べおいた。

また、四万十川漁業協同組合連合会は、四万十川下流漁協。中央部漁協、西部漁協

と東部漁協（四万十町の大正町から十川付近まで）から構成され、さらに四万十川上流には連合会には入っていないが四万十川上流淡水漁業協同組合がある。

東部漁協は組合員が約250名で、ほとんどが農業との兼業者である。専業は一人もいない。次回は、農業者の訪問のアレンジを武政組合長にお願いした。

(注) 四万十川の各漁業協同組合の解説を記述する。

2. 調査の体制

今回の調査も調査リーダーは小松正之並びに調査のアシスタントは山本仁調査員である。

四万十川下流域の調査では、調査に乗船した山崎明洋四万十川下流漁業協同組合長と山崎清実理事が参加した。

また、高知県庁環境農業課青木敏純課長、四万十市と四万十川東部漁協組合長との日程の調整などに関して高知銀行の田村忍常務ならびに本店地域連携ビジネスサポート部の竹内清彦氏と溝渕文興氏に感謝の意を表したい。また、青木中村支店長、山崎洋二大正支店長と百武窪川支店長にも厚く御礼を申し上げたい。

3. 調査の目的

河川環境把握と汚染とその原因の推定

2023年7月調査から第2年度に入ったので、2021年の調査結果との比較が可能である。

第1年目と今回の調査結果から①中筋川と津蔵渕川の河川の護岸建設と直流化工事による自然回復力の低下②ダムと堰の建設による生態系の切断③四万十川や家地川流域の農薬と過肥料と土壌流出など農業排水の流入と④後川への都市下水排出と中筋川への高知南西中央工業団地からの工場排水が四万十川の水質悪化の要因と推測される。

4. 調査の結果

1）津賀ダム湖と第1発電所

(1) 2022年3月調査

津賀ダム湖の調査を開始したのは2022年3月12日からである。その時は、津賀ダム湖の堤長の左岸側からとダムから下流1キロ地点そして、四万十川に注ぐ第1と第2発電所の設置場所の下流における計測と目視観測を行った。その際はダム湖では濁度が推進10センチで1.9FTUと非常に高かった。（また、2度目の計測では39.8FTUを記録）溶存酸素104.5%を超えて何ら問題がなかった。1キロの下流でも濁度は0.77FTU

4. 調査の結果

写真2　津賀第1と第2発電所の排水口で多数の死貝が見える。泥に埋まって貝片が見えるもの、貝殻が欠けたもの、全体の死貝が見えるものなど多数である。(2022年3月12日著者撮影)

写真3　調査用ボートから見た津賀ダム湖の風景
(2023年3月1日著者撮影)

で高かったが特段問題があるほどではなく、溶存酸素は101.8%をであった。津賀ダム第1と第2発電所では濁度は1.08FTUと高く、溶存酸素は100.5%である。しかし、この際にシジミの死骸が排水口付近で多数発見された。しかし、この時の溶存酸素量(DO)は特段の問題がなかった。しかしその後の調査では溶存酸素量が慢性的に低く貧酸素水塊を形成すると考えられるので、これが時期の違いがあるものの影響した可能はあり、詳細な分析が必要である。

(2) 2022年11月14日の調査

　2022年11月14日の調査ではダム湖堤長側の右岸で水深7.6メートルでは溶存酸素が57.0%であり、濁度は3.2FTUであった。ダム湖の下では67.5%と濁度は2.3FTU(水深1メートル)で、その下流の第3発電所排水口では67.8%と1.7FTU(水深40センチ)であった。貧酸素状態であると考えられる。

(3) 2023年3月1日の調査

① クロロフィル量 (μg/ℓ)

　表面のクロロフィル量はほほどこでも0.4mg/ℓであった。また水深10メートルでは少し多くなり、0.6〜1.6μg/ℓであるが、所によっては地点③と点⑥のようにゼロのところがあった。これらの原因は不明である。

② 濁度 (FTU)

　濁度(FT)は表面(0.4メートル)ではどこの地点でも問題は観測されなかった。しかし水深8メートルを超えるとどの地点でも濁度(FTU)が急速に増加する。この水

深地点から河川と陸地から流入した汚濁物質と物理的な土砂などが蓄積されるとみられる。水深18〜19メートル地点から更に汚濁物質が蓄積されることがわかる。ダム堤長の内側では、堤長基底の直近は汚濁物質が急速に蓄積している場所である。このことから類推されるのはダム湖の水深はおおむね18〜24メートルで、そのうちの水深の8メートルまではほぼ正常な水質であるが8メートル水深を超えると急速にその濁度（FTU）が低下し悪化する。そして湖底附近まで水深が低下すると、さらに急速に濁度（FTU）が高くなり、湖底に汚染物質が蓄積していることが類推される。

③ 溶存酸素（DO%）

溶存酸素（%）も表面水では何ら問題はない。全てが97〜98％台である。しかし表面で低いのが第3発電所の排水口での91.3％である。これはダム湖からの排水なので、ダム湖の水のうちの溶存酸素の少ない水を流した結果であろうと推定される。

貧酸素水塊は問題となるのはダムの湖底である。

(注) 四国電力がダム湖からの水を発電用に取水する際には水深何メートルの水層からの水を取水するのかを調査する必要がある。これはダム湖からの水で四万十川の淡水シジミの死滅の原因の解明にも貢献する可能性がある。

これらの垂直方向断面図と図3の水平方向図からわかることは、ダムの水深約8メートルから下層の水深の水層に水質の悪化をもたらしていることである。溶存酸素（DO）に顕著に表れている。水深8メートルから急速に溶存酸素量の値が悪化しそれ

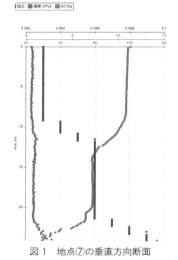

図1　地点⑦の垂直方向断面　　　図2　地点②の垂直方向断面
上記は濁度（FTU緑）、塩分（‰青）と溶存酸素（DO％赤）を示す。
資料：生態系総合研究所

が、ダム上流地点の地点⑥では。水深20メートルまでは、横ばいの溶存酸素量が継続するが、水深20メートルを超すと急に溶存酸素量が悪化する。その悪化の程度は極めて急速であり、最終的には49.8％まで低下する。（水深24.1メートル）。堤長沿いの中間点である地点②では同様に水深8メートルから溶存酸素量が低下し悪化する。これは急速に18メートル程度まで続きそこから更に急速に悪化し、最終的には、30.5％（水深18.2メートル）まで低下する。この30.5％は私たちが計測した値とし

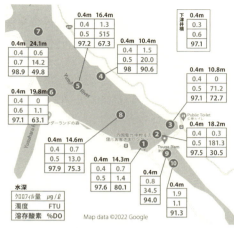

図3 2023年3月1日津賀ダム湖の水質調査
クロロフィル量、濁度（FTU）と溶存酸素（％）
資料：生態系総合研究所

ては最低の貧酸素水塊である。（大船渡湾の尾崎沖の2022年7月で39.5％であった。）

　今回の調査と水質測定から判明したのは、津賀ダム湖の水質も表面から約8メートル水深までは、濁度（FTU）は0.5～0.7FTUであり（清浄な水質のFTUは0.3である。）溶存酸素（％）は97～98％を記録しも特段問題がなく清浄水であることが確認された。しかし、底質付近は濁度による汚染と貧酸素水があり、特に左岸に比較すると右岸では湖底に近いほど水質は悪化していることが数値で示されている。また、津賀ダム湖の中央の汚濁と貧酸素が進んでいること、そして堤長に近い中央部が最も水質の悪化が進んでいると考えられる。また、ダム湖の中央部の水深が深い北部の地点⑦では水深が深く（今回の観測では最低水深24.1メートル）49.8％と好ましくない溶存酸素の値となった。

　ところで、下津井の情報はクロロフィル量が貧弱であったが、溶存酸素は98～100％であり特段問題はないが、濁度（FTU）は10FTU（水深3メートル）で観測されているので、この地点まで、ダム堰き止めの影響がある。

2）流向流速
(1) ダム湖表面水流

　流向と流速の結果からは、ダム湖内での表面水はダムの下流に向かって流れている水流が卓越する。しかし、ダム堤長の中心に当たった水流はそこで上流に向かって跳ね返されている。流速はおおむね2～15センチ・秒で第④地点では最大27センチ・秒に達する。しかし、これらは四万十川の下流域の本流に比較すると半分以下である

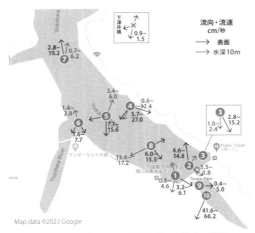

図4　2023年3月1日津賀ダムの流向・流速

が、下流域の竹島川と比べる（2022年3月）とダムの堤頂付近の流速を除いては、ほぼ等しい値である。しかし堤長付近は減速する。

(2) ダム湖の水深10メートル

ここでは表面水深の流速と比較すると大幅に減速する。大船渡湾と広田湾でもそれぞれ、表面と水深10メートルでは約40〜50％程度減速するが、津賀ダム湖ではさらに減速しているとみられる。表面水深の流速の3分の1程度とみられる。これが水深14〜18メートルないし24メートルにダム湖底ではさらに、減速し、ほとんど水流・流速がない状態となっていると予想される。水深10メートルでの最小流速を拾って見ると0.5センチである。最大排水口でも7.2センチであり、流れがない状態である。

上流の下津井橋でも0.9〜1.5メートルであったのできわめて遅い。

3) ダム湖の水質浄化対策（案）

ダム湖の水量が上流まで及ぶにつれて、上流の水質：濁度（FTU）と流速の低下がみられる。これは下野井橋の計測の結果から判明した。このことは、可能な限りダム湖の貯水量を上流に影響しない程度に抑えることが、上流の環境の保護と保全にとって有用なことを示唆している。

またダム湖の8メートル水深以深の水質が悪化していることが問題である。また、この水層は流速を見れば表面水の約4〜5分の1程度（大船渡湾では水深10メートルでは表面水の約40〜50％の減少）また、水深が深くなれば水圧がかかりその分だけ流速は低下し、水深の深い水層は固定化して動かない。それによって、深層に蓄積した汚染物質が移動ししなくなるとみられる。このことからも水深をできるだけ浅く保つことが流速を速くし、水質を良好に保つことにつながる。

このために随時、発電量やそのほかの放流量を増大させることが必要である。発電量だけでは放流量が不足する場合、新たに発電以外の放流を心がけるべきである。その際にダム湖の深層の貧酸素水量を放流するのではなくて、水質で何ら問題の無い

水塊を放流するべきである。また、どうしても貧酸素水塊を放流する前には、曝気するか放流前に湿地帯を一度通過させるべきであろう。

5. 調査結果の現地の説明会の開催へ向けて

1）現地説明会の概要と目的

　四万十川は1980年代に日本の最後の清流として脚光を浴びましたが、地元の方々は、そのころから特に2000年代に入り、川の環境が悪化した、そして土佐湾にもその影響があると口々に話すようになりました。そして、川が客観的・科学的にどれだけ悪化したのかを調査してほしいという声が、私たちの研究所に、届いた。本調査は2021年3月15～16日に予備調査を実施して以来、2021年度は3回の調査を、2023年度も2月27日から3月1日の調査を入れて3回の調査を実施した。予備調査を入れて7回の現地調査を実施して、蓄積が殆どない継続的な科学的データを取得して、現地の方々が実感していた四万十川の環境と水質の悪化を科学的情報により、客観的・科学的に見ることができます。これらを地元高知県の方々にご紹介すること、また、世界における生態系サービスを活用した水辺、湿地来と水質浄化の取組を紹介します。これによって四万十川の水質・環境と生態系について理解していただくこと水質・環境と生態系の回復のためにできることを考えることが目的である。

2）現地説明会の開催

（1）日時 2023年7月中旬
（2）場所 四万十市と四万十町の1ないし2か所
（3）対象の聴衆　一般市民・町民と公官庁と大学・研究機関ならびにNGO
（4）現地説明会のテーマ。

　2021年度と2022年度の調査から分かった四万十川と流域水質、環境と生態系米スミソニアン環境研究所などの世界の生態系の回復の取組。NBSと自然力活用の川、水辺と農地、湿地帯と森林の再生について

3）説明会の内容

1）テーマに関する講演 45分
2）現地の住民からの発表 10分 四万十市と四万十町：そして四万十川とその変化
3）パネル・ヂスカッションメンバー：今後人選
（6）主催　一般社団法人生態系総合研究所　共催　高知銀行
協賛 今後依頼する。（了）

2023年8月4日・5日 四万十川シンポジウム
2023年8月4日㈮ 四万十市・5日㈯ 四万十町で開催

　一般社団法人生態系総合研究所主催と高知銀行共催による四万十川シンポジウムが8月4日㈮と8月5日㈯の2日間にわたり四万十市ならびに四万十町で開催された。

　8月4日の四万十市でのシンポジウムは新ロイヤルホテル四万十で開催され、約80名が出席した。また、8月5日の四万十町でのシンポジウムは四万十町役場本庁東庁舎多目的大ホールで開催され、約60名が出席し活発な議論が展開された。二日間にわたるシンポジウムのあと、四万十川決議（後に共催者の意向により「決意表明」と変更した）が採択された。

　四万十川シンポジウムは、高知県、四万十市、四万十町、黒潮町、高知新聞社、高知放送、四万十川漁業協同組合連合会、公益財団法人四万十川財団による後援、一般財団法人高銀地域経済振興財団の協賛を得て開催された。シンポジウムの概要は以下の通り：

8月4日㈮15：00～17：15
　出席者（来賓）
　中平正宏、四万十市市長
　海治勝彦、株式会社高知銀行頭取パネリスト
　岡田圭一、四万十市農林水産課課長補佐
　山﨑清実、四万十川下流漁業協同組合理事
　野村彩恵、公益財団法人トンボと自然を考える会

写真1　主催者として挨拶する小松代表理事
（2023年8月4日）

　主催者の一般社団法人生態系総合研究所代表理事小松正之が冒頭の挨拶をした。四万十川を含む高知県の内水面の漁獲量が激減したことを受け、漁業者を含む関係者より四万十川の環境劣化に対して懸念が表明され、2021年から四万十川の調査を開始した。濁度、溶存酸素、クロロフィル量などの科学調査をし、流向・流

速などを調べている。この調査にあたり、高知銀行はじめ四万十川下流漁業協同組合など多くの皆様からご支援、ご協力をいただいた。主催者挨拶のあと、司会者が浜田省司高知県知事のメッセージを代読し、中平正宏四万十市長、海治勝彦高知銀行頭取による挨拶があった。

中平正宏市長挨拶

冒頭挨拶で、少しはアユなどが獲れるが、アオノリが全く採れず、アオサノリの収穫もこの2～3年かなり悪い。自分は平成10年から市長をやって来たが、その時から河川排水に関しては標準よりかなり厳しくし、河川環境改善に取り組んできた。昨年度は、川砂利を掘り起こして河川環境の調査をした。今回発表の四万十川調査の結果などを参考にして河川環境再生に取り組む必要がある。

株式会社高知銀行、海治勝彦頭取挨拶

高知銀行は、2021年3月より四万十川水質環境調査の主旨に賛同し、2年半あまりの調査の報告会として今回のシンポジウム開催の運びとなった。四万十川は日本最後の清流と言われ、アオサノリ、アユ、ウナギなどが豊かに採れた時代があったが、最近は水質が悪化し生産量が減少した。そのため、漁協や地元の協力を得て、四万十川で一体何が起こっているのかの調査を始めた。地域の人々、事業の繁栄が地元銀行の繁栄に繋がり、自然環境がその大きな基礎になるので、銀行としてサポートしなければ、取り組まねばと考える。次の世代まで、豊かな水域を維持していかねばならないし、豊かな自然を次の世代に繋げたい。

小松講演は以下のパワーポイント（一部のみ抜粋して以下に貼り付け）によって行われた。

四万十川調査は地元の方々の四万十川が汚れて、ピークの3％の漁獲しかなく、以前のように鮎とウナギもほとんど獲れなくなったので、科学的に調査してほしいまた土佐湾に対する影響も調査して欲しいとの要請に従って、2021年3月の予備調査から開始した。本格的な調査は8月からであり、一年に4回春夏秋冬に行うことを予定したが、結果的には1年に3回の調査を実施してきた。そして2年間の調査の結果をまとめ、この夏、本シンポジウムでの報告会となった。

2023年8月4日・5日四万十川シンポジウム 2023年8月4日(金)四万十市・5日(土)四万十町で開催

四万十川シンポジウム
四万十川流域科学調査報告会
2021年3月から2023年3月まで

一般社団法人　生態系総合研究所
代表理事　小松正之
2023年8月4日・5日

調査の結果、四万十川の水質、環境と漁業精算減少などの生態系の悪化は上記の4つに起因する。まずは公共事業工事で自然・生態系を破壊したこと、農業からの排水が汚染源であること、都市下水・工場排水の排出（貧酸素水と塩素化合物）が生物に害を与えること、そしてダムが流水を止めて貧酸素とヘドロ状態をダム湖内に作り出したこと。これらが推定されることを、2年間の一連の調査の結果から科学的根拠に基づく推定として提示した。

以上のように、四万十川の問題点と汚染の原因を特定したが、これに対する解決策としては、その原因を除去することである。その除去の方法としては、米国においてNBS: NatureBasedSolution が採用されて、水質の浄化と改善とさらには生態系の改善に効果が上がっている。これらの技術はチェサピーク湾の水質浄化に効果を発揮している。また、米政府も

1971～2022年の高知県の内水面の漁業生産量

これまでの四万十川調査

調査目的と結果推定

四万十川シンポジウム四万十川流域科学調査報告会

調査活動中の山崎清実理事、山崎明洋（後方）と小松（左）（2021年8月1日）

中筋川下流域のコンクリートで固められた河岸（2021年8月2日）

高岡郡四万十町七里の収穫後の生姜畑。
手前の側溝から余剰肥料と農薬が四万十川に流れ込む。
（2021年11月10日）

右山の中央排水処理場の排水溝
（2022年11月15日午前9時）

中央排水処理場屋上。生物活性処理曝気槽や沈殿池がある。（2022年11月15日）

塩素系殺菌消毒剤の袋の裏面

211

2023年8月4日・5日四万十川シンポジウム 2023年8月4日(金)四万十市・5日(土)四万十町で開催

ホワイトハウス環境クオリティー委員会（CEQ）との会合（2023年5月2日）

山口壯衆議院議員及び鶴保庸介参議院議員は、ホワイトハウス環境諮問委員会（CEQ）のリディア・オランダー部長ほかと、Nature-based Solutions：NbS の普及に向けた意見交換を行った。先方：サラ・ワトリング連邦緊急事態管理庁（FEMA）分析官、ポール・フェリチェッリ同庁気候部長、ステファニー・サンテル環境保護庁（EPA）気候担当上級アドバイザー、アレクシス・ペロシ住宅都市開発省気候担当上級アドバイザー、キム・ペン海洋大気庁（NOAA）沿岸管理官、ジュリー・ロザティ陸軍工兵司令部技術部長。

NBS の現地視察の例
Havre de Grace 市の生きた砂浜・海岸

左：Havre de Grace 市の護岸（bulk head）（2023年5月3日）、中：Havre de Grace 市の生きた海岸線（2023年5月3日）、右：メリーランド州 Havre de Grace 市堤防を撤去した自然砂浜（2022年12月2日）

St. Paul Episcopal Church：側溝から直接流れる水を RSC により浄化

左：プロジェクト前　コンクリート面張の測溝から直接川に水が流れ込み、大雨の時は溢れ出した。下流の小川が水流で深く掘り下げられた。

右：プロジェクト後　水路からすぐのところに湿地帯を造成し、水の流れを緩和させ、下流の小川の岸部の崩壊を防止。（2023年4月30日）

Bishopville：堰を撤去し川を自然な流れに戻すプロジェクト（2023年4月30日）

左：プロジェクト前　堰の内側には、付近の農家や鶏舎からの排泄水・汚染水が流れ込み、ダムで遮られ停滞。夏には悪臭が付近の住居と路上まで漂って、不評だった。

中右：プロジェクト後　自然な川の流れを回復させ、ダムが溜め込んでいた土砂や汚染物質を濾過し流すとともに、川ニシンなど在来魚へ産卵域への上流までの移動経路を提供。

四万十川シンポジウム2023決議

2023年8月4日と5日
四万十市と四万十町において

　高知県濱田省司知事の後援を受け、四万十市と四万十町において四万十市長、四万十町長（代理副町長）と金融機関頭取をはじめ一般市民、漁業者、市役所職員、銀行員とマスコミ関係者などの参加者約80名が参加し、2021年3月から2か年間にわたる四万十川の環境・水質調査の報告と専門家のパネル・ディスカッションを聴取し、近年40年間における四万十川の水質と環境ならびに生態系悪化に懸念を表明した。

　四万十川を含む高知県の内水面の漁獲量が1975年の3,500トンから2022年の100トン（3%）に激減したことを改めて認識し、以下を決議し、参加者他が日本政府と高知県並びに国会議員に働きかけることを併せて決議した。

1）12023年以降以下に配慮し四万十川の水質・環境調査を継続して実施すること。
①防災と自然環境の保護の双方を目的とした河川工事の確実な実施。
②過肥料と除草剤・殺菌剤と稲作代掻きの影響を含む農業排水の把握。
③工業排水と都市下水排出の適切なあり方。
④ダム及び堰の及ぼす水質、生物や環境への影響。
2）上に関し、科学、人文科学的データの収集を継続・強化する。
3）上記1に関連し、米国等で実施される自然を活用した環境修復・再生事業（NBS: NatureBasedSolution）及び適切な自然工法の導入を図る。

　主たる参加者とパネリストと講演者は以下の通りである。

2023年8月4日・5日四万十川シンポジウム 2023年8月4日㈮四万十市・5日㈯四万十町で開催

シンポジウム参加者
　　四万十市中平正宏市長四万十町森武士副町長
　　株式会社高知銀行海治勝彦頭取
　　株式会社高知銀行河合祐子副頭取
パネリスト
　　四万十市農林水産課、岡田圭一課長補佐
　　四万十川下流漁業協同組合、山﨑清実理事
　　公益社団法人トンボと自然を考える会
　　野村彩恵
　　四万十町人材育成推進センター中井智之次長
　　公益財団法人四万十川財団神田修事務局長
　　株式会社佐竹ファーム佐竹考太専務
講演者
　　一般社団法人生態系総合研究所
　　小松正之代表理事

小松講演後の質疑応答

田村忍、高知銀行常務取締役：今回分かったことが一つある。大学、行政、漁業関係者、農業関係者など環境を考え努力しているが、皆バラバラで成果が非常に少ない。提言にもあるようにNBSを普及するにはどうすればいいか？①高知県あるいは全国でNBSを普及できるのか？②日経調のような政府に対してNBSに関して提言できる機関があるのか？　どのようにして政府に提言するのか？

小松：さっきのダムの話だと、佐賀堰を取っ払って石を5段階に並べたらこれまでと同じだけ、あるいは70〜80%水が溜まるのか？　仮説的に計算できるが、実際はどうなるのかを試算することは容易である。水は人類共有の財産なので、産業側と住民との皆で分かち合うという考えで、津賀ダムのような巨大なダムでは、ダム堤体の脇にトンネルを造りそこから浄水を流すということも考えられる。中筋川の沿域では休耕田があるのでそ

写真2　小松代表理事の講演に聞き入る聴衆
（2023年8月4日）

こに湿地帯を作ってそこを通して、浄化してから中筋川に流すという案がある。そのような工事は新しい技術の振興につながる。下田の港に砂浜海岸ができるか？とか、初崎上流のちょっとしたスペースに砂浜や湿地帯ができるのでは？とか、そういった対策があると思う。米国では、湿地帯を造成しバクテリアや昆虫と小動物が汚染物質と過栄養を体内に取り入れて分解し、植物が光合成をして二酸化炭素を分解し酸素を供給する。

　提言に関しては、日経調、鹿島平和研究所の研究会を通して政府や国会議員と在外大使館とFAOなどの国際・海外機関と新聞社などに対して出している。くじらの伝統捕鯨サミットを2000年頃に室戸でやった時は、シンポジウムで決議を採択し、それを農林水産省や国会議員に持っていった。将来の提言をベースにして、本日のシンポジウムで決議を採択することは可能であり、適切であると考える。この将来への提言は決議とすることを意図して作ったものではない。そして仮に決議として採択しても、私たちのシンポジウムは私的な機関であり、決議には拘束力がないが努力目標とはなる。ただ関係者の氏名を入れ、確認するので参加者の一つの決意と決心の表明と考えられる。継続的な調査を、住民も努力して取組み、国や地方自治体としてバックアップして欲しいという決議で、皆さん次第だ。また、意見があれば修正する。

田村常務：きちっと提言してもらって予算付してもらえばいい。ただ、農場、農家やダムと排水処理と公共事業などについた固有名詞を取って一般論としての問題を表明し、その対策としてNBS調査とその事業に予算をつけてもらえればいい。

　この意見に基づいて、上記の決議案を作成した。これを窪川・四万十町のシンポジウムでさらに議論を加えて、微修正後に決議案を採択した。

（5分間の休憩）

パネルディスカッション

四万十川下流漁業協同組合　山﨑清実理事：理事になってから20年以上経つが経験則しか語れない。40年前と今を比べると水は確実に汚れた。なぜかと思わないか？今、国道河川事務所などは河原を掘削して浄化作用を改善するという事業をしている。ところが下流について言えば、今まであったものがなくっている。砂州が消失していて、これが影響ないわけないと単純に考える。小松先生の調査では水温が一日に10度も変るとのことで、これは明らかに砂州の消失によるものと小松先生が言ってくれれば有り難い。

公益財団法人トンボと自然を考える会野村彩恵：トンボ公園には魚やトンボを展示した学友館があり、屋外は自然保護区になっている。トンボと自然を考える会は、自

然の重要性を訴えている組織でトンボ公園を管理している。1年を通して60種のトンボが見られ、他にはこのようなところはない。人間が手を入れて生態系を保っている。最近は虫が減っていて、アユ、ウナギもいなくなり、虫が減ったことが影響していると感じている。

四万十市農林水産課岡田圭一課長補佐（林業水産担当）：防災と水質、どこにバランスを置くのか？大規模堤防を建設したら、漁業が衰退し、湿地帯がなくなる。初崎などで工事をやっているがどの辺にバランスを置けばいいのか？おそらく、これまでバランスが悪かったからこの様になったのではと思う。土石流災害が多くなっており、人命を守ることが重要と思う。バランスについてはここで申し上げることができないが、工法を検討することは可能だ。ただ、ブロックに穴を開けても魚が住める状態ではない。見た目は近自然で石を使っていても、石の間にモルタルやコンクリートを詰めて全然自然ではない。そいうところで工夫することは可能。見た目の近自然でなく、本当に自然に近いものを使っていくことが重要だ。

山﨑清実：10数年前汽水域シンポジウムに出たことがある。その時、10数年後に飯が食えなくなると言われたが、それが現実になっている。あったものが人工物のせいでなくなり、あったものをもとに戻してくれと散々言っているが、今のところ進展がない。水温が一日に8～10度変化するということは、水温の1度は人間に換算したら4度の気温変化に相当し、それでノリが育つわけない。このことを小松先生から言って欲しい。そしてみんなに知って欲しい。

小松：ノリの養殖だが淡水層が非常に小さくなった。海水層はそのままだが、砂州があった時と比べると流向・流速が変化している。岩手の気仙川は40年前の1／4しか水がない。竹島川が国営農場からの排水で汚いこと、その影響がアオサノリの不作の原因であることは明らか。下田の海苔養殖場の淡水層が、近年豪雨時に簡単に海洋に河川水を流すので、氾濫原や水田の保水力が低下し、非常に減り、そして、その層が薄いので水温の変動が激しい。狭い淡水層の中の汚れは、きれいな水を流すことで解決する。きれいな水を流すために金谷さんたちがやっていることは非常に需要である。すなわち伏流水の重要性に目をつけているからだ。しかし、そのための分析が必要である。伏流水の下の四万十川の河川水の全部なおさな

写真3　パネルディスカッション
（2023年8月4日）

いとだめ。農薬、過肥料といった汚染源をどうやって断つのかを考えるべき。

山﨑清実：そういう話し合いの場を持つのは分かるが、我々は経験則しかない。どこまで行政に響くのか。

野村彩恵：トンボ公園からみて水質が劣化しているのが分かる。自分たちはトンボの特徴にみあった環境を作り続け、トンボが気に入ってやってくる。つまりトンボが好む環境を作るからトンボがやってくる。四万十川は広いので湿地のようにできないかも知れない。昔は上流からの恵みでアオサノリ、ウナギが採れた。上流が荒れて、休耕田が増えた影響は大きいと多くの人が思っている。上流が悪いということではなく、田んぼは労力の割に実入りが少なく、高齢化も進んでいて休耕田が増えた。ただ、田んぼは生物にとって非常に良い環境で、雨が降ると田んぼは水を溜める。水をゆっくりと流すし、急激な温度変化を防止する。若い人にがんばってもらって、会社化して田んぼを増やすのが一つの解決策。

小松：田んぼも氾濫原、湿地と同じ機能を持っているので、田んぼの良いところを伸ばして行く必要がある。四万十市の小谷氏と岡田氏に質問だが、本当の意味の自然工法の事例があるか？

岡田圭一：四万十川本流は国土交通省が管轄で、後川、中筋川、上流は県が管理していて、これまで工事したところ（堤防など）を壊して変えるというのを聞いたことがない。自然工法の事例については自分は把握していないので、必要であれば確認する。さきほど、昔はコンクリートブロックで固めていたが、今は穴が開いたコンクリートブロックを使っている。これは、魚が入れる隙間を作るためで、海岸などでも使っている。

山﨑清実：今の四万十川は非常に汚いので昔の姿に戻したい。

四万十市の小谷氏：農業排水、生活排水が汚れの原因なので汚染源を断つべき。なんとかせねばいけないと思う人がいるはず。今この場に60人ほどの人がいるけれど、皆さんの中で歯磨き粉、洗剤でせっけんを使っている人が果たして何人いるか知りたい（手をあげたのは5～6人）。そういう身近なところから考えるべきではないか？自分はここ30年石鹸を使っている。

山﨑清実：自分もせっけんを使っている。

小松：それも大事だが、洗剤に成分が書かれていないことがある。塩素系か、小さいプラスチックを入れているかどうかなど書いてない。身近なことも大事だが、大きな原因、特に下水量を減らし生物活性槽を付けるといった対策が必要だ。農薬や肥料の使用に関しても皆気をつけるべきだ。国土交通省が変わってきたことは事実だが、中村国道河川事務所へ最近行って分かったことは土木の人は、土木分野では非常に優秀で、熱心で、かつ、漁業を回復するために何とかしなければと熱意を持っている。

しかし、土木の域を出ていない。他の専門職、生物や生態学の専門職を入れるべき。そして、担当が違うところと意見交換をすべき。中村国道河川事務所が漁業者を採用したらどうか。四万十だけを見ていてはだめで、包括的に見てほしい。農業、林業、特に生活を見るべきで、小さい所から大きい所まで両方を見るべき。

野村彩恵：トンボは益虫で、水の中で育ち水の浄化作用をし、役割が大きい。

山﨑清実：四万十川は全長が長いので、上流、中流、下流みんながちょっと行動するだけで改善できる。

野村彩恵：自然を壊すのは簡単だが、元に戻すのは大変。自然を壊してお金を稼いで、自然を守るのにお金を使わない。この仕組みが変わらないと難しい。このシンポジウムにしても多くの人に伝わらないので、もっと多くの人に伝えて欲しい。石けんのように、ちいさなことでできることからやるのが大切。自分たちはそういったことから改めるべき。

岡田圭一：提言をここで出しましょうとは申し上げられない。「はい」とは言えない。自分は土木が専門だが、ここ10年はやっていない。防災目的と自然保護のバランスが大事だ。

小松：これまでのシンポジウムで提言を出したことがあり、そのため見てほしいと言った。3人から意見を聞いて2対1になった。防災と自然保護のバランス論を入れて岡田さんに見せる。あとは任せてもらって明日までに直す。その間、岡田さんと岡田さんを遥して中平市長に相談する。意見が出た山林からの土砂の流出に関してだが、ここ20〜30年とてもひどいので間に合わない。作業道を造成したりしたため、山からの土砂が非常に多いと思うので、泥のもとから見るべきだ。しかし、土砂の流失の防止もNBSによって解決が図られていることが米では知られる。

＊四万十川 決議に関しては手を入れたあと関係者に回覧することになった。

8月5日（土）14:00-16:30

参加者（来賓）

森武士、四万十町副町長

河合祐子、株式会社高知銀行副頭取パネリスト

中井智之、四万十町人材育成推進センター次長

神田修、公益財団法人四万十財団事務局長

佐竹孝太、株式会社佐竹ファーム専務

主催者の一般社団法人生態系総合研究所小松正之代表理事より、シンポジウムの目的は科学的観点から四万十川の問題点について話すと説明。現在、水産業、農業他関

係者がそれぞれバラバラで、中央省庁もそれぞれバラバラであり、森川海の観点から横串を刺して考えるべき。今回は、皆さんの参考に、知っているか、知らないかでは大きく違ってくるので熊本の荒瀬ダムを壊した件も紹介する。

司会により知事メッセージ代読のあと来賓による挨拶があった。

写真4　主催者として挨拶する小松代表理事
(2023年8月5日)

森武士、四万十町副町長：このシンポジウムは高知銀行と四万十町の支援を受けて開催された。自分は船を3隻持っているが、台風が来るため今朝船を港に上げてきたが、海水温はぬるま湯のようだった。50年以上前はアユの天然遡上が多かったが、去年は200～400匹、今年は200匹くらいになった。四万十川の水質が改善しなければ、そして四万十川にアユがなければ地域再生はない。2021年に四万十川対策室を作り、小学校5年生に筏を体験させ川との触れ合いの機会を作った。後世に四万十川という財産を残したい。そして四万十川の再生・保全は行政にとって大きな課題になるので、本日のシンポジウムでヒントをもらって取り組みたい。

河合祐子、高知銀行副頭取：高知銀行は四万十川調査に最初から関わってきた。自分は7月はじめに東京から高知に来たばかりで、9年前にも別の仕事で高知に来たことがある。四万十川は日本最後の清流と言われていたが、自然環境の劣化が見られるようになった。そのため、

科学データを取って、四万十川で何が起こっているかを知らなければならない。皆さんは、銀行がなぜこんなことをやっているかと思うかも知れないが、自分はヨーロッパにいたことがあり、ヨーロッパでは金融機関が環境保全をやっていて環境保全運動

写真5　挨拶する森武士四万十町副町長
(2023年8月5日)

写真6　挨拶する河合祐子高知銀行副頭取
(2023年8月5日)

が非常に盛んだ。地域社会の環境、状況が銀行のビジネスに直結しているため地域社会、地域の環境が豊かでなければだめなため、世界中で金融機関が環境に取り組んでいる。子供たちや、将来の世代のために四万十川が美しい川である続けることが大切だ。

来賓挨拶のあと、小松代表理事の講演。講演の内容に関しては四万十市での講演内容と同じで、決議案は四万十町では明快に提示された（講演内容は四万十市と同じなので略）。質疑応答で質問が出なかったため、短い休憩のあとパネルディスカッションに入った。

パネルディスカッション

中井智之：この3月まで6年ほど四万十川振興室にいて小松氏の調査を手伝った。自分は愛媛で生まれ、育ったが大学は高知で、大学を卒業後は旧窪川町役場に勤務し、2年ほど環境省に出向していた。そのため科学的な話、例えばFTUとかDOとかについては理解できる。酸素量（DO）に関しては今まで見ていなかったため、新しい関心事だ。アユが激減したが、ここ数年、少しだけ回復傾向にあるがその理由は分からない。

神田修：自分は長野県出身で15年前に四万十に移住し、今は高知県自然共生課と一緒に仕事をしている。四万十の環境はこの10年で大きく変わり、生物数が極端に減っている。なんとかしないといけないが、具体的な方法が分からない。小松氏の講演でNBSが紹介されたが、かつての四万十川ではいろんな取り組みが行われていた。1983年のNHKの放送で四万十川が有名になった。林道造成や浄化槽の設置など非常に先進的な取り組みがされており、四万十川再生のために今一度大きな取り組みができればと思う。

佐竹孝太：私は生粋の四万十町民で、窪川高校を出てから自衛隊に入り、今は農業をやっていて22年間農業を頑張っている。生姜農業が川を汚す産業であることは間違いないことなので、自分たちでできることは何かを考えている。それで、自らリサーチして栽培方法を見直している。例えば、水分量、肥料、農薬がどれくらい必要なのかを考えて工業的生産を続けてきた。

小松：四万十川が非常に汚くなったので、どのようにしてきれいにすべきか真剣に考えるべきだ。今、問題点は何かを把握して、どう進めるのかを考えるべき。四万十川の調査をしているが、中流のデータをどう評価していいか。なぜならば濁度（FTU）は高く、汚染は進行しているが、酸素（DO）は必ずしも悪いくない。これは、下流域に比べて、本流支流とも、川が浅いので、空気に触れるので、溶存酸素（DO）はどうしても高く出るのではと思う。

中井智之：農業、林業、生活排水、気候変動などいろいろあってどう改善すべきかが問題だ。理想はあるけれど、皆実行しているのかどうかは分からない。例えば、ゴミを捨てないのは当たり前のことだ。農業では濁水対策、なるべく泥を出さないようにするにはどうすればいいのかを実践している人がどれだけいるのか？一時はダムの撤去で盛り上がったけれど、今どれだけ実行しているのか？自分の家は掃除するが、関係ないところは何もしない人がいる。これは意識の問題で、足元から変えていくことが大事だ。

神田修：大局観を持ってやることが大事。農業排水の問題は仕事の中でどうしても出てくる。代掻きなどは汚そうと思ってやっているわけではない。排水に関しても三面張の水路や川があり、そこからの水が四万十川に流れ込むのでなんとかしないといけない。こういう場で、みんなが知恵を絞って対策を考えるべき。皆が電気を使っているのでダムが必要だが、ダムに関しては貧酸素の問題がある。何か解決法があればそれを教えて欲しい。また、四万十川の川底がガチガチに固まっていて、金谷さんがそれを改良し水が通るようになって生物相が増えたのではというデータが出てきた。ああいった取り組みを広げていって、河床に手を入れ河床環境を改善できればと思う。

佐竹孝太：生姜の栽培方法が環境に負担をかけているのは承知している。それで、どうやって解決すべきか、まず疑うことから始めた。例えば、生姜栽培に肥料が必要なのかを考えた。米作では代掻きをするが、北海道や福島などでは旱田での米栽培が進んできた。それで今年旱田での米栽培をやってみた。雑草刈りが大変だったが、実験してみた。水がないと米を作れないのかどうかやってみないと分からないことがある。旱田栽培をすると川に土を流すことが少なくなる。ともかくできるところから始める。おそらく5年くらいで結果が出ると思う。米と生姜との関係だが、考え方が近く、農薬をなくしていかなければならない。虫が食べられないような葉を人間は食べないし、肥料で過剰生産させることを考え直すと、農薬の使用も減る。

小松：データ取りが非常に大事で、それらの取組の記録をとることが大事。自分たちは下流域のアオサノリ養殖場では連続水温系を設置し、環境の変化を連続水温計でチェックしている。

中井智之：面白い取り組みだと思う。今、四万十町では有機農業を志す人たちが増えている。匹万十に合うのかどうかがあるけれど、有機農業は政府も政策としてすすめている。

小松：RSC（湿地型の流水路造成：RegenerativeStreamChannel）を造成しそこに水を流すことを考えると休耕田を使える。四万十川でがけ崩れがあるようなところで livingshoreline の概念を使えるかも知れない。ダムの場合、3メートルくらいの小型ダ

ムが山ほどあって、国土交通省はそのようなダムの撤去をを把握している。米国ではhiddendamと呼ばれる未登録のダムが多くある。小さいダムを一つひとつ吟味して撤去できるかどうか考えてはどうか。例えば、佐竹ファームにある側溝は三面張をやめてNBSを取り入れることを考えてはどうか？

佐竹孝太：汚れた水を隣の空いた畑に貯めている。栄養分は植物生成に重要だが、リン酸カリを入れすぎるとよくない。

神田修：学ぶべきことが多い。近自然工法は福留修文氏が四万十川で進めていたが、最近それが滞ってきた。NBSと同様、川や水の動きを活かし、自然に負担をかけない工法で、それをもう一度考える時が来た。人間が手を加えて戻して行こうという時が来た。10数年前だが、後川水系で魚が魚道を登れない場合が70％あるということが言われたが、それはデマだった。県が設置した魚道は県が壊したりできるが、他の団体が作ったものを県が壊せず、やりたくても縛りがあってできないところがある。分水嶺は管轄が違うので、法改正によってできることがある。そういった行政上の問題を明確にすべき。また、福留氏の近自然工法にはどういう例があるのか、事例と写真をまとめたものを作るべき。

小松：神田さん、重要なポイントです。四万十川シンポジウムの決議の採択が重要である。決議は拘束力がないけれど、せっかく50人ほどの出席者がいるので、四万十という名前を残して決議を採択すれば、これは全国の水系に当てはまる。防災、環境のどっちが大事かは人それぞれで、当面は両方が大事。一人ひとりが自分のできることをやっていくことを念頭においた決議の採択を考えるべきである。

佐竹孝太：青年団で様々な取り組みをしていて、その際、いろんな人から話を聞いている。昔のことを聞いて守るべきことを学んでいる。いろいろな話をしながら、一人ひとりが意識すれば一歩前に進むことができるので、できるところからやってみたい。

神田修：大枠は賛成だ。データ収集が重要ということも同感だ。ただ、できるところからやる。そしてやるかやらないかは一人ひとりが決める。拘束力は全然ないということで理解した。

中井智之：地元の人が意識を高められるようなものが必要だ。具体的には④近未来工法の導入を図るとか。河合祐子：決議は非常に重要だが、個人の信念としては議員に働きかけるというのは私は反対する。むしろ自分たちが何ができるのかを考えるのが大事。以前パブリック・セクターにいたので、働きかけることはやってもいいし、選択肢としていれるのはいいがそれが結論になってはいけない。それぞれのレベルで何ができるのかを具体的に入れるべき。

仁井田（高知銀行）：最初から四万十川調査に関わってきたので、まさか3年後にシ

ンポジウムができるとは思わなかった。これからもっと前に進んでほしい。今回は感動し、そして感謝している。NBS は日本ではまだ導入されていないので、一番大事なのはここで日本初の市民参加型の取り組みができるのではということだ。高知では、「よさこい」を大事にしてきたし、四万十川を大事にしてきた。だから、強制ではなく何らかの形でこの取り組みをすすめるべき。銀行は、農業、漁業に携わろうとして勉強している。金融機関として、この取り組みに対して何かできないか、自分たちで何かできないか、話し合いできる場を持てないかとずっと思ってきた。そのため、この様な機会をもっと増やすべき。

金谷：講演有難うございます。私は 3 年前から西部漁協組合長をしていて、組合長になってから 200 名あまりと意見交換をしてきた。自然河川では災害があるが、災害についてどう考えるべきかを話し合ってきた。台風の前後はダイバーを雇って調査をし、川の危機を感じた。西土佐では幅 100 メートル、長さ 1,000 メートル掘削し浄化機能を持つことができるかどうか調査している。どうなるかみんなから意見を聞きたいし、小松氏らに立証して貰う目的で調査を活用できるかも知れない。今回のシンポジウム参加者が周りの人に声をかけることが川の改善に繋がる。農業には川の水が必要で、お互い助け合いだ。泥を使わずに砕石を使う（？）、そういった助け合いが改善に繋がる。

小松：修正を入れた決議賛成でよろしいか？

神田：四万十川の悪化した現状に懸念を表明するとともに、こうしたいという思いが一行でも入っていたらいいと思う。

小松：前文に環境の劣化を認識したと書き、四万十川を将来に向けて伝承できる豊かな川に復活させることを願ってという文言を入れることにする。

（注）シンポジウム終了後に、共催者の高知銀行からシンポジウムでの発言内容に沿った申し入れがあり、最終的に以下のような内容の「決意表明」となった。主変更点は「議員に対する働きかけ」が原案から削除された。しかしながら「決意表明」がコンセンサスで採択されたことは特筆に値する。

四万十川シンポジウム 2023 参加者による決意表明
四万十市と四万十町において

高知県濱田省司知事の後援を受け、四万十市と四万十町において四万十市長、四万十町長（代理副町長）と金融機関頭取をはじめ一般市民、漁業者、市役所職員、銀行員とマスコミ関係者などの参加者約 80 名が参加し、2021 年 3 月から 2 か年間にわたる四万十川の環境・水質調査の報告と専門家のパネル・ディスカッションを聴取し、近年 40 年間における四万十川の水質と環境ならびに生態系悪化に懸念を表明した。

四万十川を含む高知県の内水面の漁獲量が 1975 年の 3,500 トンから 2022 年の 100

トン（3%）に激減したことを改めて認識し、今後も、各自の立場においてあるいは協働して、現状の確認や他地域・他国における事例の調査を進めるとともに、四万十川流域の環境改善に向けて取りうる施策を検討し、実行に移していくことに賛同した。

　具体的には、以下のような項目を含め、各自において可能な活動をしていく。

1) 2023年以降以下に配慮し四万十川の水質・環境につき、科学的・人文学的な調査の継続、あるいは調査への協力。

① 防災と自然環境の保護の双方を目的とした河川工事の確実な実施。
② 過肥料と除草剤・殺菌剤と稲作代掻きの影響を含む農業排水の把握。
③ 工業排水と都市下水排出の適切なあり方。
④ ダム及び堰の及ぼす水質、生物や環境への影響。

2) 四万十川流域の環境改善に資するような手法（例として、NBS、近未来工法、または水質を浄化するノリの養殖や農業など）の研究、実施検討、導入。

3) 国際機関、国、地方自治体、関連団体などへの働きかけ。

主たる参加者とパネリストと講演者は以下の通りである。

シンポジウム参加者
　　四万十市　中平正宏市長
　　四万十町　武士副町長
　　株式会社高知銀行　海治勝彦頭取
　　株式会社高知銀行　河合祐子副頭取

パネリスト
　　四万十市農林水産課　岡田圭一課長補佐
　　四万十川下流漁業協同組合　山﨑清実理事
　　公益社団法人トンボと自然を考える会
　　野村彩恵
　　四万十町人材育成推進センター
　　中井智之次長
　　公益財団法人四万十川財団
　　神田修事務局長
　　株式会社佐竹ファーム　佐竹考太専務

講演者
　　一般社団法人生態系総合研究所
　　小松正之代表理事

2023年8月5日 公益財団法人トンボと自然を考える会との会合

　小松が公益財団法人トンボと自然を考える会、杉村光俊常務理事と野村彩恵氏（8月4日四万十市でのシンポジウムにパネリストとして参加）を8月5日午前に訪問したところ、その会合の概要以下の通り（当方中村智子同席）。

　トンボ王国（四万十市トンボ自然公園）はその造成がWWFジャパン保護区用地買収をきっかけに1985年6月に開始された。それまでは、耕作水田に加えて、湿地化していた休耕田が急速に草原化し一時繁殖していたトンボ類も減少した。1986年に本格的トンボ保護区づくりが開始された。述べ200人の市民ボランティアが参加した。1988年7月に秋篠宮殿下をお迎えし、開所した。その後1990年5月トンボ自然館と2002年8月さかな館がオープンした

　野村彩恵氏によると、それまでも減少はしていたが2019年ごろから四万十川のアマモや青ノリがなくなり始め、アカメの稚魚の隠れ家がなくなり、育たなくなった。アマモは60センチから1メートルに伸びるが、今は根はあるけれど数センチ程度の長さの芝生のような感じで伸びたいけれど伸びない状態。栄養が足りないのではと思う。（小松より、土砂が多すぎて濁りがじゃまし、かつ水質の悪化が影響しているのか？）近隣の川、益日川でもアマモがなくなった。黒潮町や大和田の川にはまだ孤立状態で残っているが、アマモは消えつつあるし、多分消えるだろう。問題は農薬である。特にエビは甲殻類で昆虫に近く、ネオニコチノイドという殺虫剤に神経をやられている。この殺虫剤は稲の害虫、カメムシに効くので、作業を楽にしたい高齢の農業者がよく使い、使用をやめられないでいるが、これが長く水中に残る。田舎の人は以外と自然を大切にしない。3年くらい前からひどいことになっている。

　杉村光俊常務理事から四万十の状況について、高知県の川と水田は全部同じ様な好ましい生態系を喪失した状態にある。中山間地域では過疎化により水田がなくなりつ

写真1　四万十市トンボ自然公園入り口の看板
（2023年8月5日）

写真2　四万十川学遊館にて杉村光俊常務理事
（中央）と野村彩恵氏（左）小松（右）
（2023年8月5日）

つある。高齢者は草刈りが大変なので除草剤を使い、農薬漬けの状態になっている。昔は草刈りした草が栄養源だった。日当たりが悪くなると生態系環境が悪くなり、トンボは環境と水質の清浄さの指標である。ミヤマカワトンボがいれば日当たりがよく環境が良いことが分かる。窪川では数年前から急にミヤマカワトンボがいなくなったし、3～4年前から魚もいなくなった。カワムツは水生昆虫を食べるが、餌がないと魚がいなくなる。このことを皆知らないでいる。ホタルも激減した。

田んぼがなくなり、田んぼの保水力がなくなった。水を保管する支えがなくなり洪水で一気に水が流れ、湿地と氾濫原もなくなり、それらを棲み家とした水性昆虫がなくなる。自分が若い頃は中山間地域で家の前の川でアユやウナギが採れて買わずに済んだほどだ。ところが過疎化により田んぼが農薬漬になったし以前は、山奥の水田、畑では雑草のすそ刈りをしていて除草剤など使わなかった。

温暖化の影響も出ている。40年前には台湾に行かなければ見られなかった台湾型紅トンボが2011年に石垣島で確認され、その後九州と四国に渡り、現在では愛知県まで北上している。これは温暖化の影響と考えられるので要注意である。

50年ほど前、足摺岬にひたち海浜公園ができて、高度成長期で付近が乱開発された。田畑が取り上げられ、大木は台風で倒れ、下草が生えないところは表土がむきだしになり洗い流され泥が川に流れた。それで、10年前にミヤマカワトンボが絶滅した。一昨年まで抜け殻が30あったのが、去年は10でそのうち奇形が3つあった。今年は抜け殻が3つしかない。絶滅の危機にある。

ところで、自然は放置しておけば回復するとの考えがある。そのような考えが静岡の磐田市のトンボ公園でみられた。彼らは当初それでトンボの生息種数が70種まで増え、私たちのトンボ公園は人工的に生態系を維持する考えで、トンボの生息域に適する環境を作った。その結果、磐田は60種に減少し、四万十のトンボ公園は当初は60種であったものが79種(2019年6月)まで増加した。

源流が傷めつけられているのに河口域が元気なわけはない。過疎化をなんとかすべきで、中山間地の農業は食料生産だけ求めても無理で、企業化して食料生産だけでなく生態系保全で再生すべき。2020年に球磨川が決壊して人吉市近郊が大洪水にあったが、以前はもっと雨が降ってもそうはならなかったし、多少の水害は床上浸水でもこれに人吉も耐えることができた。以前は、川の水は丸一日かかって下流まで流れてきたが、今では大量の水を一気に下流に流して水害を招いている。渇水期になっても、氾濫原から水が供給され、湿地帯も、河川敷きとエコトーンも枯れなかった。

今の子供達は発想が違う。自分が子供の頃は昆虫採集の標本を見てどんな種類のものがどれだけあるか興味を持って見たが、今の子供達が標本は「死んでる」とか「誰

が集めたのか」とか言って、数や種類に感動しない。現在の環境の悪化は日本人の感性、能力の低下につながるのではと心配する。今の日本人は食べること、お金を儲けることしか考えない。環境が劣化したらなくなるものが増える。自然を知らない若者にいかに自然の大切さを教えるかは至難の業だが、これを実施することが必要である。これは小松がニューヨーク大学の教授と意見交換をした折に先方の教授が同様に嘆き、大きな課題であると指摘していた。

　本山町というところで「天空の米」を作っていて、そこではミヤマアカネやナツアカネがたくさんいて美味しく安全な米が作られている。ところが、今そういうところがなくなってきた。最近は気候変動で一番水を欲しい時、ゴールデンウィークに雨が降らない。トンボは5分の1が有機物で残りの5分の4は水。汚染の度合いが影響し、最初に生存できなくなる種には順番があって、以前はヒルムシロが四万十川にたくさんあってその頃は泥がなかった、ヤナギモもあったが一切なくなった。アオノリはなんとか生きているがのびていない。トンボで除去されるべき有機物がなくなっている。沈下橋ではカワゲラ、トビゲラなど水生昆虫がびっしりいたが、一切なくなった。農薬が川に流れ、雨が降らず濃縮された。水生昆虫は10年前の100分の1以下に減った。また、以前はアユは後川の中央排水処理場があるところでも上ってきていた。

　市長は自分の2級下で、同じ学校を卒業した。とんぼ公園をやめたらどうかという議員がいるが市長が理解して、引き続き支持してくれている。ただ、下田地区での看護学校設立で住民の理解を得られず失敗して、今は政治的に大変だ。四万十市役所では一生懸命やる役人は仕事をしたがらない上役の役人から1年で飛ばされ季節労働者みたいなものだ。だから、改善の要求、良いことを課長や市会議員に言っても通らないことが多い。それでも、必要なことは要求していかなければならない。

　小松から例示として四万十川流域の公共工事、例えば、下流域でも中村河川国道事務所では漁業者の漁業の生産力と環境改善のためにとの思いで実施しても、結局コンクリートを使う土木事業で、結果的に漁業に悪影響である。また、窪川の新開橋の左岸工事は、目的があるように見えない。すると杉村氏は土木業者に技術力がなく地元業者は大きな工事は無理で、仕事を与えるために目的が不明に見える仕事を作り出している。人間の手が入り、生態系が崩れると移入種が増え、人工的な手を加えて従来あった自然に戻すとそれまで生存していた在来種が戻るというのがスミソニアン環境研究所で学んできたことであると小松から語った。手を入れないと自然も劣化するので、適切に保たれた水田などの生態系を守るのが一番だ。自然は手つかずがいいという専門家もいるが、それは周辺も手つかずの場合であって、周辺が宅地造成と工場建設がされたら、自然公園や水田は手つかずでよいとはならない。道路での過剰水・ス

トーム水の氾濫は昔だったら田んぼと湿地帯と河川氾濫原で吸収されていた。環境保全のための農林業が必要だが、だから地方と土地は重要で、人口比だけで選挙制度を決定するなら地方が寂れる一方だ。今の環境破壊は欧米的だが、日本の文化はやりすぎないところがいい。生態系を考えると役に立たないものは何もない。政治家がもっと賢くなって欲しい。生態系劣化に関して正しく分かっていない政治家が多い。自分たちがいる間に四万十川を壊したくない。コンクリートで固めた公園で十分で、維持管理の作業がいらないと言っている人がいるが、環境に関する教養、経験、知識が必要だ。

　今後も小松は四万十川流域と四万十市を調査で訪問するので、継続した会合を持てることを期待すると杉村・野村氏にお願いした。

小松の総評
　四万十川の水質と環境・生態系の改善には、清浄な水を好み、気温の上昇にその生息域が敏感に影響を受けるトンボに代表される環境と生態系の指標が目に見える形で、市民にも理解されることが重要と考える。其の意味で杉村・野村氏の推進し管理するトンボ公園の果たす役割は大きい。四万十川の科学調査とともに、トンボ自然公園での取り組みとの協働と協力を図っていくことが、私たちの取組にも欠かせないと考える。また、トンボ自然館は四万十川流域の魚類の生きた水槽展示を行っており、生きた魚類の生理・形態の観察が可能であるので、これらから得られる情報と示唆は大きいとみられる（了）

参考文献
公益社団法人トンボと自然を考える会「トンボで守る食の安全」(2019年8月)

2023年9月12日 四万十川下流域と西土佐地区の水質環境調査 トンボ王国訪問を含む

1. 調査結果概要
1) 下流域の調査
概況

　9月10日から大雨で四万十川中流域から下流域まで増水して、いつもより水量が多かった。9月12日の下流域の調査の当日朝8時頃も、中流域と下流域とも土砂で川色が黄土色に濁ることのない増水であった。一見、鍋島の綱築羽では透明度が高そうにも見えたが、四万十川の本流では、黄土色ではないが深緑色の粒子がたくさん浮遊し、透明度は低かった。これが濁度の高い粒子であると思う。下流組合の山崎清実理事他によると、以前は濁りができても2～3日で透明に戻ったが現在では1週間を要しても濁度が透明化しない。回復しないとの感想を漏らしており、四万十川の回復力が低下していると更に推測をしている。これは、私たちの科学調査の結果とも一致するものである。

　鍋島の船着き場の下流で下田の上流では、護岸工事が引き続き行われている。これは水の流れを阻害し氾濫原を縮小させる。この本流下流左岸の工事現場を12日の朝8時頃に通過したが、この工事は四万十川の水質と環境には悪影響を与えることが明らかである。環境のアセスメントはこれを例にして実施するべきではないだろうか。また、中流域の新開橋の下流の左岸の土手の補強工事も同様にその目的が工事の説明書にも書かれていなかった。目的が明確でなく環境への影響が悪影響とみられる工事が数多く見られる。アキアカネが後川と本流との合流点から渡川大橋の間でまとまってみられた。しかし、後川より下流で河口まではアキアカネはみられない。また、赤鉄橋へ向かう渡川大橋の上流ではアキアカネは見られなくなった。昔はアキアカネが大量に飛んでいたものであるが、集団で飛んでいる姿からは程遠い。本当に数が少なくなった。アキアカネは水質の清浄なところに生息するので、水質が劣化し、ヤゴが生息する湿地帯も少ないのであろう。

① 連続水温の取得は次回の調査へ

　2021年3月から開始した四万十川調査も今回の9月12日の調査で四万十川に関する第3年目の調査に突入した。このために、四万十川の水質環境、特に下流域と窪川地区に関してより科学的な説得力を持った説明が可能となった。連続水温については、調査の時間が迫り、今回引き上げはしなかったが次回に引き

継いだ。

②下流域：竹島川下流の下田地区で濁度（FTU）が高い値

特に竹島川の橋の下で調査を実施し、国営農場からの汚染の実態に更に調査を拡大したが、予想通り、汚濁が158.1FTU（表面）と異常に高かった。それより下流の下田の養殖場の北辺でも濁度は976.8FTUで、溶存酸素（DO）が39.8%と異常に低かった（水深1.4メートル）。従って下田の養殖場への影響は、ほぼ国営農場からの汚染水と断定しても誤りがないとみられる。同様に津蔵渕川と中筋川の汚染が、津蔵渕の養殖場のアオサノリの養殖に影響を及ぼしていると考えて差支えないとみられる。中筋川の四万十川大橋の麓では濁度が13.7FTU（水深0.7メートル）であり、本流と中筋川合流点では22.6FTUである（水深0.8メートル）。この合流点では、右岸側に深木川が注ぐが、この川も一見するとかなり汚濁が進んでいる。

津蔵渕川と海苔養殖場と中筋川の四万十大橋下でも高い濁度（FTU）を観測した。これらの傾向はこれまでの計測値と変わりはない。後川でも四万十川との合流点、中央排水施設の排水口（36.3FTU：水深1.5メートル）並びに佐岡橋付近（7.0FTU水深1.1メートル）でも川底では高い濁度を示した。

③溶存酸素量に関しては多くの地区も90％～100％を超える良好な値を示した。しかし、中筋川とその下流では80％台であり、竹島川の下流ではさらに悪化した。竹島橋の下では71.7％であり、下田の養殖場の北辺では、38.9％と極めて低い値を示した。

④山崎清実氏は、下田地区の竹島川のアオサノリの養殖場の種付けは実施。2024年に収穫は望めないが、何もしないわけにもいかない。

⑤後川の佐岡橋下では濁度が.7.0FTU（水深1.1メートル）である。中央排水場付近では、さらに悪化し36.3FTU（水深1.5メートル）ある。そして、毎回、塩素系化合物の悪臭が感じられた。至急に塩化化合物の除去対策が必要である。

2）西土佐での水質調査

昨年来、四万十川西部地区漁業協同組合の金谷光人組合長が、ご自身の資金でボランティア活動として、2022年2月、8月と2023年3月と5月に四万十川本流や広見川を含む西土佐地区の河川敷で掘削工事を行った。これは、河川敷（氾濫原）で土砂が粘着・結合し、水はけが全くない状態を掘削により、水通しを良好にしたいとの意図で実施してきた。

掘削では物理的に一時的に水流が発生し、掘削した上流部に水質が改善された場所

写真1　金谷光人組合長と意見交換する筆者（2023年9月12日）

写真2　広見川合流地点のすぐ上流の多孔質の土壌が全く見られない河川敷（2023年9月12日著者撮影）

写真3　水流がみられる掘削上方部は多少水質が改善掘削効果が見られた（2023年9月12日）

が観測され一定の効果がみられたが、一時的な効果にとどまった。これを埋めてしまうと水流も再度停止してしまう。従って、掘削とともに、付着物質に満ちた土壌が多孔質（水泡状態）（Porous）になるようにする作業との組み合わせが必要とみられる。

そのためには、農薬と肥料などの化学物質の流入の削減と工事と山崩れなどによる土壌の河川への流入の削減である。このような要因が河川敷と伏流水地域の土壌の目詰まりを起こすので、これへの根本的な対策が必要と考えられる。

2. 調査の目的

河川環境把握と汚染とその原因の推定

9月の調査から第3年度に入ったので、2021年度と2022年度の下流域調査と窪川地区での調査結果との比較が可能である。

第1年目、第2年目に加えて、第3年目の今回の調査結果から①中筋川と津蔵渕川の河川の護岸建設と直行化工事により水質の悪化が継続して悪化していること②津賀ダムによる水質の悪化が夏場で著しいこと③四万十町や家地川流域の農薬と過肥料と土壌流出など農業排水の流入と④後川への都市下水排出と中筋川への高知南西中央工業団地からの工場排水が四万十川の水質悪化の要因と推測される。特に問題は都市下水の塩素系化合物（次亜塩素酸HOCl）を添加した後の排出と貧酸素水の排出である。これらは四万十市に限ったことではなく日本全国の都市下水場からの排出が問題であるが、外国は塩素系化合物による処理をやめて、紫外線での殺菌と塩素系化合物で排水を処理したのちに、脱塩化施設を設置しての脱塩化を義務付けている（米国メリーランド州環境省）。

3. 調査の結果

下流域

（1）塩分濃度

今回の調査時には満潮が午前4時09分（水位は171センチ）で干潮は10時53分（水位は52センチ）である。干潮時に近い9時01分での計測であったが、四万十川橋（赤鉄橋）の鉄橋下での塩分濃度は0.06‰であり、前回2023年2022年3月の1年前の値と変わらなかった。

写真4　四万十川橋（赤鉄橋）には海水は到達せず
（2023年9月12日午前9時著者撮影）

従って今回も赤鉄橋までは海水が到達していないと考えられる。渡川大橋の下でも0.063‰であり、ここまでも海水は到達していないと考える。

しかし後川と四万十川の合流点までくると、表面で0.069‰であり、水深10センチでは0.059‰であるので後川での合流点でも水深2.3メートルまでは淡水である。また水温は後川では表面から2.3メートルまで23.6℃で一定していた。これらから淡水だけが流れていることがわかる。

（2）溶存酸素量（DO）

汚染・汚濁が進行する四万十川の下流域であるが、夏場では溶存酸素量（DO）は比較的低い値を占める。それでも表面では概して100％前後の値である。しかし、後川の合流点までは、90％台以上で100％台もあるが、それ以降の下流域では、溶存酸素が悪化する。その悪化の原因は、中筋川、津蔵渕川と竹島川からの河川水の流入である。

その中でも竹島川下流域のアオサノリの養殖場が最も低い値を示した。竹島川下流のうちアオサノリの養殖場は下田漁港（地点⑬）とアオサノリ養殖場の北辺（地点⑭）と竹島橋（地点⑮）であるが、これらの川底で86.7％、38.9％と71.7％をそれぞれの順に示していた。特に、地点⑭では著しく低い値である。これは、海水ではなく塩分濃度から見て淡水層であると判断されるが、このような汚染度と濁度（FTU）も976.8FTUと著しく高く、この地点ではノリ養殖をやることは環境的に不適切な状況に陥らされたと考えるべきである。この地点では、特に国営農場に近付くほど（地点⑮）濁度（FTU）が悪い。

すぐ上流にある国営農場ではビニールハウスで温室農業が営まれており、温室ハウ

スから流れ出る排水の水質の科学的計測が必要である。また、アオサノリ漁業者と国営農場の農業者の早急な話し合いと、汚染物質の削減のために具体的な対策と農家の協力が必要である。

(3) クロロフィル量（μg/ℓ）

概ね表面水では 0.7μg/ℓ が赤鉄川から後川では計測された。しかし川底ではこれらの値は同等か高くなる。下流域の中筋川、竹島川と津蔵渕川では 1.4μg/ℓ から 4.0μg/ℓ と高くなる。川底ではさらに高く 3.0μg/ℓ から 16.8μg/ℓ である。夏場ではよく計測される値であり、数値としては高い。1.5～4.2μg/ℓ が計測された。汚染物質と栄養が共存している可能性がある。

下田の養殖場では、約2メートルの水深まで、淡水が海水の上部を覆っていることがわかる。すなわち、アオサノリの養殖はこの淡水層で行われてきたことがわかるが、この淡水層では溶存酸素量（DO）が 65％か 85％台であるので、酸素も不足しているし、濁度（FTU）は 2～13FTU と非常に高く、汚濁していることが明らかであり、これではアオサノリの養殖には適していないことがわかる。

(4) 濁度（FTU）

（注）清浄水の FTU は 0.3FTU である。

濁度（FTU）は中筋川、後川、本流と竹島川のいずれも高い。特に川底の値が高い。四万十川本流の渡川大橋が 8.2FTU、佐岡橋の下が表面で 2.3FTU と川底が 7.0FTU（水深 1.1 メートル）である。中央排水場付近では、川底は 36.3FTU（水深 1.5 メートル）で正常値の 120 倍で異常に高く、塩素系化合物による悪臭がいつものようにすべての調査員に感じられた。排水口からの排水（どす黒い色）と後川の流水（深緑色）との間に明確に水色と水質の差が表れたラインが浮き彫りとなった（下の写真を参照）。それだけ排水が汚濁されていることを示している。

今回の計測で最も濁度（FTU）の値が悪かったのは竹島川下流のアオサノリの養殖場の内部（地点⑬）で 976.8FTU であり、清浄水（0.3FTU）の 3000 倍の汚濁度であり、その上流の国営農場の下流の竹島橋の下に存在する地点⑮では 158.1FTU で清浄水

写真5　中央排水処理場の排水口付近の後川
塩素化合物の臭いがする（2023年9月12日著者撮影）

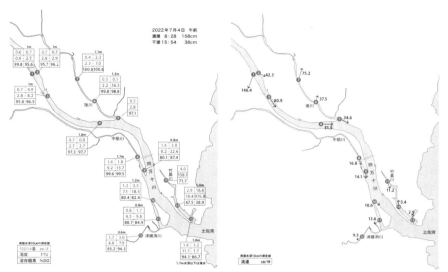

図1　9月12日の四万十川の下流域での
クロロフィル量、濁度と溶存酸素量

図2　2023年9月12日の四万十川下流の
流向流速

（0.3FTU）の 500 倍である。毎回の計測時と同様に国営農場に近付くにつれて汚濁度が増す。また、今回の計測値がこれまでの 3 年間で最も高かった。汚濁の原因、すなわちアオサノリの不作の原因は国営農場であると断言できる。

　津蔵渕の養殖場でも大嶋の北端の川底で 18.5FTU（水深 1.2 メートル）で、津蔵渕養殖場では 9.8FTU（水深 0.8 メートル）であった。また津蔵渕川では 7.1FTU（水深 0.6 メートル）であり、いずれもかなりの汚濁度の高さである。これでは養殖場としては不向きである。

(5) 流向流速

　流向流速は、昨年の 3 月 13 日午前には上げ潮時の調査であったが今回 2 月 28 日は満潮が午前 10 時 20 分で、干潮が午後 18 時 42 分であったので、午前 8 時過ぎの調査開始から午前 10 時 20 分までは上げ潮時に調査をした。これは地点①の土佐湾から地点⑬の中筋川の渡川大橋下までである。下げ潮時の調査は地点⑭後川合流点から地点⑲の赤鉄橋下までである。河川の場合は表面水を見ると、下降流の勢いがあり、河口に下降する流向となる傾向があり、四万十川の下流域全域でその傾向がみられる。今回も平時の観測であったので流速も特徴的なものは見られない。

　また、今回も前回の調査と同様に四万十川の本流での赤鉄橋（146.4 センチ／秒）と渡川大橋（80.9 センチ／秒）までは、流速が早い傾向がみられた。そして後川の合流

点（51.5センチ／秒）までの流速は早かった。これは計測が下げ潮時にあたっていたためと考えられる。その後、中筋川の合流点から土佐湾までの下流域では流速が低下し、10センチ／秒台となった。問題は竹島川であり、ここでは養殖場では、2.9センチ／秒（地点⑬）と3.4センチ／秒（地点⑭）とほとんど流れのない澱んだ水であった。流速から見ても竹島川は養殖に不適当である。津蔵渕の養殖場は13.6センチ／秒であり、これも流速は遅い。

(6) アオサノリ養殖の状況

アオサノリの生育状況について言えば、2023／2024年度漁期においてもアオサノリの作付けを行う方針とのことである。作柄は本年同様の結果、ほぼ収穫が見込めないことは明らかであるが何もしないことはできない（山崎理事）。一方の本流の右岸の対岸の小学校の跡地を利用したアオサノリないしは、スジ青ノリの養殖を手掛けることを下流組合としては取り組みたい意向であるが、6月からはまた組合長が改選され、執行部に変更がもたらされたので、この話も現在は休止状態である。他方、下流組合とは別に一般企業の参入によるスジ青ノリの養殖の話も持ち上がっているが、こちらは具体性があるレベルにはいっていない。

この不作の原因として、山崎明洋下流漁協前組合長は、河口域にあった干潟を撤去して海水の流入が増大し、ノリの成長に必要な淡水層の減少が近年著しいためではないかとの発言があった。

これに対して小松からは、根本は竹島川下流域の水質悪化が主たる原因であると推定される。特に濁度（FTU）は化学的汚染物質の肥料と農薬であり、また、農用地からの流出土壌（セディメント）である。海水の流入が多くなったのが問題ではなく、むしろアオサノリの育成に必要な栄養分がある淡水域への浸水の期間が減ったとすれば、それは海水が流入したのではなく、近年の四万十川本流と後川ならびに中筋川などの河川の護岸工事と直行化で河川水が一気に流れ出て、河床と氾濫原並びに湿地帯に滞留しなくなり、その結果河川の淡水層減少が原因であると考えられる。事実、上記の表②と表③を見れば、養殖場の表面から1～2メートルは淡水層である。この層でアオサノリの養殖

写真6　竹島川下流のアオサノリ養殖場
海苔養殖の杭が見える。汚濁の進行が目だつ。
（2023年9月12日撮影）

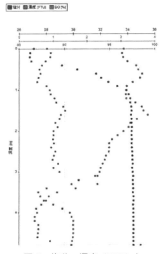
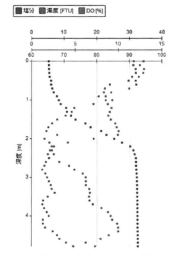

図3 塩分、濁度（FTU）と
溶存酸素量の水深による鉛直分布
2月28日の下田養殖場計測地点

図4 同地点での9月12日の計測値他

がおこなわれており、その下の海水層は無関係であることが、表2と表3の塩分、濁度（FTU）と溶存酸素（DO）の垂直分布から明らかである。

　4～5年前に4トンの生産があったものがゼロとなった急激な減少は、環境の劣化が最近では急速であることを示しているのではないか。

5. 四万十市トンボ自然公園（トンボ王国）訪問
1）トンボと植物・土壌・水質

　トンボ公園の杉村常務理事と野村彩恵さんから、トンボ自然公園内を約1時間弱ご案内していただいた。駐車場前水路では、過剰繁茂したミゾソバを早期に刈り取り日照を確保することで、激減していたタベサナエというトンボの個体数が回復してきた。

　ヒルムシロは水質の悪化（富栄養化）に極めて弱く、ヤナギモ（ヒルムシロ科）は2番目に汚染に脆弱との事である。泥が深くなるとヤナギモも無くなる。しかしながら、水田では、ヒルムシロは雑草扱いで、駆除の対象である

写真7　トンボ自然公園を杉村常務理事と野村彩恵にご案内を頂いている。（2023年9月12日）

こと。これらの水草が維持できるレベルの環境維持がトンボ王国の目標である。

トンボはハグロトンボがいたが、東北にはいるかどうかである（注：東北地方も分布域であることを杉村常務理事が確認）。台湾から地球温暖化の影響で日本にまで北上してきたベニトンボはアキアカネよりは紅色が濃い。

2）ウスバキトンボの北上大移動

ウスバキトンボがみられた。田んぼが乾田化してきたことによってトンボの種類と生態も変化してきた。ウスバキトンボはアキアカネより大きい。このトンボは、日本を経由してロシアまで北上して、そこで息絶える。そのトンボを捕食しながら燕などの鳥類も気流に乗って移動する。大移動である。しかし温帯域以北では、一時的に繁殖できても越冬（定着）はできない。繁殖はあくまで南方で行い、そこで増殖した次男三男が北上回遊に参加する。これは増えすぎたものを間引く遺伝子上の操作や分散の本能的な仕組みかもしれない。八重山地方を除く日本の冬には持ち応えられない。

チョウトンボは反射板のような翅を持ち、無職透明の翅をした多くのトンボ類より暑さ（日照）への耐性が高い。本種を含め、気温が高くなると腹部を挙上させ体への受光面積を少なくして体温上昇を抑制するトンボ類が少なくないが、気温が $38oC$ を超えると、チョウトンボでは太陽を背にした腹部を挙上させて飛翔する行動が観察される。

「アイモンイトトンボ」を含むイトトンボは種類が多い。イトトンボ科を含む均翅亜目の種類数はトンボ目の約5分の1を占める。ベニイトトンボなど、イトトンボ科の多くはオスとメスが連結して産卵する。ベニイトトンボはわかりやすい。

写真8　中央の茎が伸びた先に泊まったイトトンボがみられる（2023年9月12日）

写真8　クリなどの低木が水田と湿地帯に迫り乾燥化する（2023年9月12日）

3）トンボは小さいトンボを捕食

ところでトンボは他の昆虫類もよく捕食するが、小さいトンボを大きなトンボが捕食することも少なくない。大型のイトトンボも小さいイトトンボを食べる。オオイトトンボは水質が悪化するとすぐに死ぬ。高知県でも今や3か所に生息するのみである。以前は四万十川はトンボだらけであったが青ノリとアオサノリも良く取れた。水質が良かったということである。今ではそれもいない。

モノサシトンボは、腹部の斑紋をものさしの目盛りに見立ててその名がついた。春のモノサシトンボは夏のモノサシトンボよりも大きい。

ギンヤンマは湿地帯にいるが、乾いたところが好きである。空中湿度が高いところを嫌い、また田んぼが無くなってもいなくなる。

トンボは食事の時間とメスを探す（生殖活動の）時間とに分けられる。ギンヤンマは高温期には約3か月で卵から成虫になる。基本的にはトンボの寿命は1年である。

「コウホネ」は国内産水生植物の中では最も汚染に強い。スイレン科に属する水草の一種である。

前立て赤とんぼ（ミヤマアカネ？）は、流水を好み、止水は好まない。

4）人工手入れと自然生態系の活用

昔は田んぼの用水路にオニヤンマがたくさんいた。低木が田んぼのそばに茂ると風通しが悪くなってオニヤンマがいなくなる。田んぼが無くなって、表土が流出してすぐに土砂が下流に来る。

田んぼと畑に人の手を入れないと豊かな生態系が崩壊する。人間は表面の水だけを見ている。以前の四万十川は今回の9月10日頃程度の大雨では、1週間もあれば、濁りも解消したが、それがいつまでも濁りが継続して濁りが取れない。

ガガンボ（双翅目）は大きな蚊のような形をしている。トンボ王国も年に5回刈り取りする。水は基本的にしみだしてきている。田んぼは一段2段と浄化作用があった。

2023年9月11日と13日
津賀ダム調査と四万十川窪川地区調査

1. 9月11〜13日の調査結果の概要
1）過去以上の率直な意見交換の実施
① 東部漁協の武政組合長他4名と神田さんと津野史司四万十町四万十川振興室長：津賀ダムがヘドロ、貧酸素と小石の堰き止めで大きな問題であり、改善策を四国電力は講ずるべきとの意見。
② 四万十市の岡田係長他：四万十川シンポジウムの会合と「決意表明」に関しては市長も長時間出席、賛成との理解。
③ 下流組合：下流域の不漁の原因が国営農場からの汚染・汚濁水の流入であることは、科学的に明らかであるが、次回は河口域の流向・流速の調査と養殖場への影響を実施して欲しい。
④ 西部漁協、金谷組合長：1,000万円の私財を既に投入し、澪筋を掘った。広見川上流の奈良川の葦をすべて刈り取った。今後は小松の科学的なご指導を得たい。また、津賀ダムの貧酸素水とヘドロそして小石の堰き止めが大問題。四国電力には、改善策を講じて欲しい。

2）調査結果の概要
(1) 9月10日と11日の雨量が多かったため、四万十川の水量が多くなり、濁度がきわめて高く貧酸素も目立った。濁度の回復に要する日数も以前は3日間〜1週間程度であったが、現在は1週間でも濁りが消えないと観察結果が聞かれる。
① 本流は深緑色で濁り、後川は黄土色で、排水処理場口はいつもの塩素臭があった。
② 中筋川は黄色で濁りがひどい。
③ 最も濁りが高いのは竹島川の国営農場下流である。下田養殖場はアオサノリが育成できる水質環境ではない。
(2) 江川崎の掘削の現場を金谷光人組合長が案内。掘削では一時的な通水効果があったが、再度埋めると効果が無くなる。中長期的には、四万十川全体の水質改善が必須。
(3) 津賀ダムは予想通り3月1日に比較してかなり水質が悪化、溶存酸素量と濁度「FTU汚濁物質」が増加した。特に堤体付近とダム湖の深くなった中心筋の水質が悪い。また水深16〜20メートル程度から湖底まで、10メートル程度のヘ

ドロの蓄積（小石も）が推定される。
(4) 津賀ダム上流の佐渡堰は発電用のダムで設備供用中との四国電力の説明である。コンクリート魚道も流れが速すぎ効果は見られない。中平堰は大雨後で水がオーバーフローした。水質表面のみ計測した。

3）評価
① 今回、多くの関係者と忌憚のない、率直な意見交換ができ、とても積極的に意見交換した。江川崎、津賀ダムと上流と河口域の調査に関して熱心であった。
② このような本調査への評価と期待は、これまで調査を継続してきたこと、高知銀行の多大な支援を含め、四万十川シンポジウム（決意表明の採択）が成功裡に開催されたことによる。「たかじんのそこまで言って委員会」の視聴者がとても多く、調査の実施者（小松）に対する信頼が増したことがあげられる。

2. 9月11日四万十川中流域の大正地区と昭和地区の四万十川東部漁協組合員との会合

集合者は以下の通り
　武政賢市組合長（大正地区）米作を中心
　平野賢一副組合長（十和地区）
　伊藤哲郎理事（十和地区）
　矢野健一理事（十和地区）お茶、薬研（唐辛子としし唐）などを栽培
　竹本英治（幹事）（十和地区）

武政組合長の説明は東部漁協の管轄地域は、十和地区と大正地区であり、窪川地区は淡水漁協に属する。東部漁協は津賀ダムの南の津賀ダムの下流から、大正地区と十和地区の管轄区域で窪川は入らない。佐賀堰までを対象地区として含む。

1）小松からの説明
①「今年3年目の四万十川調査を実施中。これまで下流域と3月1日に津賀ダムの調査をした。四万十川の水質悪化には4つの原因があるが都市下水・工業下水、塩素と貧酸素が問題で、塩素は生き物を殺す。米国とFAO（国連食糧農業機関）でも農業・畜産業が悪いと指摘する。過肥料と農薬の使用も問題で、過疎化でさらに農薬の使用が多くなる。3つ目はダムで、貧酸素になる。津賀ダムの堤体のそばでは濁度が高くヘドロが堆積し、水と環境を汚している。東京湾も汚いが水が澱むとダムも濁る。2022年には津賀ダム排水口付近で貝が死んでいる。

2. 9月11日四万十川中流域の大正地区と昭和地区の四万十川東部漁協組合員との会合

第4に河川土木工事・公共事業はコンクリートで蛇行した流れを直行する。現在の中筋川には蛇行がない。これでは二酸化炭素吸収・酸素供給能力と動植物の住処がない。
中村河川国道事務所とも話した。皆さんとても熱心ではあるが、専門が土木で、生物生態系の専門家

写真1　左奥から2人目が武政賢一組合長、手前左が平野さん（2023年9月11日）

ではない。米国では土木事務所でもいろんな専門家を入れている。自然の修復の解決策はコンクリートでは不可能である。
② 2023年3月1日には津賀ダム湖で水質計測した。冬で、水質は良い時期であった。9月13日調査を実施する。夏であり、9月13日は水質が悪いとのデータになろう。
③ 農業は生姜栽培の佐竹ファームに行ったきりであり、皆さんから農業の状況を聞きたい。「清流であった四万十川」を直したいと説明した。
④ 更に米国での農地、沿岸域でのNBSの活用に関しアメリカでの対応を説明した。

2）討論と意見交換
漁業者からは以下の意見が表明された。
① 大正地区は200ヘクタールの水田がある。2月にまず荒掻きをする。箱で20日間ぐらい苗を育てて、それを本圃に移植する。箱に使用する2〜3種混合の農薬がある。井用、虫と門枯れをやる。その後水田に除草剤を袋のまま放りこんで便利である。5月中旬に代掻きをする。7月に三種混合の農薬を入れる。8月に2種混合農薬を入れるが、これはウンカとカメムシに対する農薬である。9月は井用をやる。いもち病が出る。箱だけに3種混合農薬を施し、後は手抜きでやらない。家庭菜園・自家用には農薬は一切使わない。農薬はコメだけ。発電所の下流は汚い。
② 津賀ダムと四万十川の水質
4月（2020年）に第1回の放水があり、放水口から茶色の水が流れてきた。4月の水質はきれいではなくて、汚い。せっかく放流した鮎がいなくなった。放水口（発電所）の下流が汚くなった。昔は箱眼鏡で見てアユを獲って商売できた。伊藤さんによると、昭和30年代または昭和の時代まではアユがかかったが、そのころから獲れなくなった。

発電所から出た水が臭い。ダムの影響が大きい。1945年建設のダムからの水が悪い。ダム湖の中でメタンガスがあると思う。ヘドロの状態が悪くなる。掃除をしているが、流木と落ち葉が溜まる。

ダム底にはヘドロがある。放水路からは毎秒22トン、維持放水1.5トンを出している。梼原川下流も汚い。ダム下流では泥がたまっている。白い微粒が流れ、微粒がべったりとつく。それで河川床は糞詰まり状態である。ダム下流は上流からの岩石の補給がない。そこまで考えると津賀ダムは撤去すべきである。

浚渫する場合、ヘドロは除けるべきである。その場合濁りを出さないようにするにはどうするのか。住民が納得する方法でヘドロを除けるべきである。当面はダムを撤去するよりこのことを優先するべき。

③ダムの75％はヘドロで覆われている。ダム貯水量の75％の貯水量を失っている。ダムの堤体の下部にある排水口は、四国電力に確認したが一切使用していない。流水型ダムは水をためない。発電も津賀ダムができたころに比較し、原発ができ、津賀ダムへの依存、環境と地域社会への配慮の必要性については、四国電力も気を使っている。

④漁業者からは河川の濁水が年々ひどくなっている。水も茶色になる一方である。昔にどう戻すか。

⑤ダムの安全性にも懸念が表明され、1944年の建設の津賀ダムは耐震補強をやっているのか。四国電力から耐震検査の文書を見せてもらうことが必要ではないか。国土交通省地方事務所がその関係書類を保持しているとみられるので見せてもらうことをお願いしたい。

⑥小松からは以下を説明した。外国はダムを壊す例がある。熊本県の球磨川の荒瀬ダムは熊本県の報告書ではヘドロの下流域への影響はないと言っている。また、県土木部署では影響はないという。

荒瀬ダムの撤去の際には、球磨川のヘドロは人手をかけて撤去した。荒瀬ダムは電力事業利益がないので撤去したとのことである。5年をかけて撤去した。5本の柱があったので5年を要して撤去した。コンクリートダムの津賀ダムの撤去は、例えば熊本県阿蘇水系の立野ダムのように流水型の別ダム構造物を造っておいて、現在のダムを撤去する。その後新ダムで発電する。

⑦さらに漁業者からは、物部川もダムがある。電源開発ではダムの濁りを出さないようにと徹底しているという。川辺川では流水型のダムを造る予定である。人吉の市民は治水貯水型ダムはいらないと言っている。

⑧今後の対応本意見交換では以下を確認した。

3. 窪川地区のニラ農家廣田吉男氏訪問

ダム一般と津賀ダムに関する情報集めが重要である。津賀ダムに関しては①きれいな水を流してもらうこと。②ヘドロと小石など湖底への堆積物の除去をしてもらうこと。③水田や畑作での農薬などの削減と農作業に手をかけた方が良いのかどうかと四万十川の水質改善への貢献の程度などの検討が必要である。

3. 窪川地区のニラ農家廣田吉男氏訪問

① 廣田吉男氏は高知県農業協同組合に属し、四万十ニラ部会の副部会長とニラ集荷・出荷施設運営委員会の副委員長を務めている。9月8日に急遽四万十川財団の神田事務局長を通じて、高知銀行大正・山崎支店長を通じて、今回のアレンジをして頂いたが、きわめて熱心なニラ農家である。

② 以前はミョウガを栽培していたが、みょうがは生姜と同様に根茎腐敗病に弱く、継続して栽培が困難であることから、病気には比較的強いニラに転換した。

③ 肥料代が最近はかさむ。アミノ酸が入り、有機系の栄養素が入った良い肥料を使いたいが価格が高いので化成肥料を使う。この場合良いニラができない。葉が幅広ではなく、ひょろ長くなる。以前は中嶋農法といって硝酸体の窒素を土壌とニラの葉っぱに残さない方法をとっていた。

(注) 「中嶋農法」とは中嶋常允が長年の経験に基づき、ミネラルのバランスを考え、土壌の性質も考えながら、葉上散布を含めて栄養を与える農法の事をいう。3年間の継続実施が必要。

この場合は、最後に「りん」を使いニラの根に窒素が残るようにして、葉っぱには残らないようにした。しかし、現在では中嶋農法をやめた。アスパラは味が変わるが、ニラは臭いのみであるので大した効用がないと思ったからである。

④ アスパラとニラの双方とするのは手間が大変だった。そしてニラの経営規模を考えるとアスパラをやめて、ニラハウスに転換した。見えているニラ（写真）は昨年の5月に植えた。現在同じ根から出たニラを刈り取り、5回目である。二年株にも挑戦したがいいものができない。現在のニラ価格キロ

写真2　廣田吉男氏から説明を受ける（2023年9月11日）

写真3　雑草の生えた排水溝（2023年9月11日）

800円であればとても良い。経営収支のボーダーラインの価格は400円で、300円では農業経営上は厳しい。費用対効果を考えながら収穫する。農協出荷は束にして出す。結局最終的にニラは切り刻んで食べるので束にまとめて出荷する必要があるのかと思う。自分は箱に入れて出荷する。肥料代が2倍になった。

農薬代金そして冬場になったら燃料経費が掛かる。

⑤ 病気は「ネギアザミウマ」とも言う「スリップス」という虫がつく。これらの場所にウイルスを媒介して、葉に不透明な緑色の斑点ができる。進むと枯れ死する。虫は一週間で孵化する。三日間隔で消毒するが止められなければ拡散してしまう。農薬はハチハチ、グレーシア、ファインセーブとコルトが聞く。ネオニコチノイド系の農薬はほとんど効かない。ネオニコチノイドが現在使用できるのは日本だけなのか不明とのこと。水質汚染が激しいのでヨーロッパでも使用禁止ではないか。耐性ができてしまった。

⑥ 一反(1,000平方メートル：300坪、0.1ヘクタール。1町がその10倍の10,000平方メートルで1ヘクタール)のニラ面積に対して3日に一度12トンの水を使用する。その水に肥料としての液肥料を入れる。昔ながらのやり方だと中耕して有機肥料を与えるが、その方法でいいニラができる。このハウスは21アールと25アールである。現在は出荷経費も経費でなくて売り上げに入れられた。農協の手数料と荷造り運賃もある。これらが売り上げとなる。本来はこれが経費。補助金は、欧州は多いが日本は少ない。このハウスは3,600万円を要して建設したが、今作ったら6,000万円は費用が掛かる。窪川ではほとんど生姜を作ってきて現在は水田に変わってきている。根茎腐敗病でやられた。ここ2～3年は生姜が安くて経営が厳しくなった人が多い。ニラの出荷量が高知県は全国第1である。

⑦ 問題は人手であるがパートが高齢化した。息子が後を継いでいるが将来がないのでどこかで職を探せと言っている(小松からサラリーマンはもっと将来性がないと言っておいた)。農業は暇がない。パートが3人と身内（家族が4人）では生活は楽ではない。おばちゃんたちは、ご主人も亡くなり、ここにきて、お茶飲みながら過ごすのが楽しみである。福利厚生を付けたら雇えないし、朝の4時からの刈り取りは機械化もできない。自分は365日働き、息子には日曜日は休ませている。

⑧ 水は、井戸を掘って取水して12トン／3日で使う。これを100メートル程度の排水溝で流している。これは最終的には四万十川に入る構造であるが、どうも流れ切っていない。排水溝はコンクリートの3面張りではなくて、草が生えた畔の水路であり、これは環境にやさしく、農薬と肥料の分解機能もあるとみられる。

4．9月13日津賀ダム湖調査
1）調査体制
　今回の調査も調査リーダーは小松正之並びに調査のアシスタントは阿佐谷仁調査員である。津賀ダムの調査でダム湖内での水質調査に四国電力からご協力をいただいた。

　山崎洋二大正支店長にはニラ農家の廣田吉男氏の訪問と無手無冠の4代目女将山本紀子取締役とのアレンジと、機材の発送のご支援をいただいた百田窪川支店長にも厚く御礼を申し上げたい。

2）調査目的　河川環境把握と汚染とその原因の推定
　2023年7月調査から第2年度に入ったので、2021年の調査結果との比較が可能である。

　第1年目と今回の調査結果から①中筋川と津蔵渕川の河川の護岸建設と直流化工事による自然回復力の低下②ダムと堰の建設による生態系の切断③四万十町や家地川流域の農薬と過肥料と土壌流出など農業排水の流入と④後川への都市下水排出と中筋川への高知西南中央核工業団地からの工場排水が四万十川の水質悪化の要因と推測される。

3）調査結果
（1）クロロフィル量（μg/ℓ）
　3月1日では表面のクロロフィル量はほぼどこでも0.4μg/ℓであった。また水深10メートルでは少し多くなり、0.6～1.6μg/ℓであった。これが大幅に増加した。特に表面のクロロフィル量が2.5～4.8μg/ℓと約4倍程度に増加した。湖底は0.1～1.7μg/ℓと20分の1から3分の1程度に低下する。これは光が届かず光合成が起きないためとみられる。表面のクロロフィル量もこれを消化する動物プランクトンもなければ汚濁物質として湖底に堆積するだけであり、また、動物植物プランクトンを食べる魚類と貝類も一見見当たらない。生物調査は将来に実施することが望ましい。

（2）濁度（FTU）
　①3月1日には濁度（FTU）は表面（0.4メートル）ではどこの地点でも問題は観測されなかった。しかし水深8メートルを超えるとどの地点でも濁度（FTU）が急速に増加する。水深18～19メートル地点から更に汚濁物質が蓄積されることがわかる。ダム堤体の内側では、堤体基底の直近は汚濁物質が急速に蓄積している場所である。このことから類推されるのはダム湖の水深はおおむね18～24メー

トルで、そのうちの水深の 8 メートルまではほぼ正常な水質であるが水深 8 メートルを超えると急速にその濁度（FTU）が低下し悪化した。湖底附近まで水深が低下すると、さらに急速に濁度（FTU）が高くなり、湖底に汚濁物質が蓄積していることが類推される。

② 上記の傾向が更に悪化した値で、湖底に関しては観察された。ダム堤体の直近の真ん中（地点②）では、466.1FTU（水深 20.8 メートル）を観測した。3 月 1 日では 181.3FTU（水深 18.2 メートル）であったので約 2.5 倍に悪化した。またダム湖中央部南（地点④）でも 206FTU（水深 18.3 メートル）で 3 月 1 日の 13.0FTU（水深 14.6 メートル）を約 15 倍も上回った。同様にダム湖北の中央部（地点⑧）でも 41.7FTU を記録し、3 月 1 日の 14.2FTU から 3 倍となり大幅に上回った（図 3 を参照）。

表面についても 3 月はおおむね 0.5FTU 程度で、清浄水であったが、9 月 13 日では、0.4FTU などの清浄水も観測されたが、0.9〜1.0FTU が観測され、約 25% から 2 倍に増加した。

この結果ダム湖底の水質はかなり悪化したことが判明した。

ダム湖の放水口の第 3 発電所では、同様に 3 月 1 日から比べると 20%（地点⑨）と 5 倍（地点⑩）の悪化した値を示した。これはダム湖の表面水に近い水を放水しているがダム湖の水質の悪化を反映していると思われる。

(3) 溶存酸素（DO%）

① 3 月 1 日は溶存酸素（%）も表面水では何ら問題はない。全てが 97〜98% 台であった。表面で溶存酸素量が低いのが第 3 発電所放水口での 91.3% であった。

② しかし 9 月 13 日の溶存酸素量（DO）は軒並み悪化した。最も悪化したのは堤体中央部の湖底の 0.3% であり、これは貧酸素の域を超えて無酸素状態である。また、湖底中央部北（地点 8）では 3.3% であった。これも無酸素状態と同様である。その他湖底中央部の地点④は 30.1%（水深 18.4 メートル）と地点⑥の 35.6%（水深 20 メートルであった。これは極端な貧酸素でこれでは動物・魚類の長期間の生息は不可能である。

これらの垂直方向断面図と図 3 の水平方向図からわかることは、3 月 1 日にはダムの水深約 8 メートルから下層の深水層に水質の悪化をもたらしているが、9 月では水深 12〜13 メートルから溶存酸素（DO）と濁度の悪化が顕著に表れている。水深 2〜3 メートルから既に溶存酸素量の低下が顕著になり、12 メートルから急速に溶存酸素量の値が悪化する。

その悪化の程度は極めて急速であり、最終的には0.3%の無酸素状態まで低下する（水深20.8メートル）。
今回の調査と水質測定から判明したことは、底質付近は濁度（汚濁）が高く、貧酸素水塊と無酸素水塊がある。津賀ダム湖の中央の汚濁と貧酸素が進んでいること、そして堤体に近い中央部が最も水質の悪化が進んでいると考えら

写真4　津賀ダム湖調査中の筆者
（2023年9月13日）

れる。また、ダム湖の中央部の水深が深い北部の地点⑧では水深が深く（今回の観測では最低水深23.4メートル）好ましくない値（3.3%）となったことは3月の調査と一致する。全般に今回の調査の方が濁度も高くなり、酸素の状態（貧酸素と無酸素の状態）も悪い。

（4）経年80年以上経過した初瀬ダム・中平ダム

ところで、初瀬ダム（佐渡ダム）と中平ダムも、水質の測定をしたが、ダムに貯まった水の水質も濁度（FTU）と溶存酸素量も決して良くない。またダム湖の表面にはごみが大量に浮遊し付着している。これから見れば湖底にも砂礫と土砂などが堆積している可能性がある。濁度（FTU）の計測値からは、ヘドロの堆積はないと考えられる。

初瀬ダムの建設時期と現在、稼働しているのかどうか（四国電力によれば稼働中）に

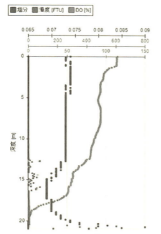

図1　堤体直近中央地点②の垂直方向断面
上記は濁度（FTU：緑、塩分（‰）青）と
溶存酸素（DO%赤）を示す

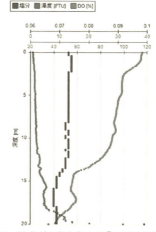

図2　地点ダム湖中央地点⑥垂直方向断面

2023 年 9 月 11 日と 13 日津賀ダム調査と四万十川窪川地区調査

写真 5　ごみがたまるが
定期的に除去していると四国
電力は説明：初瀬ダム
（2023 年 9 月 13 日）

写真 6　初瀬ダムの
コンクリート魚道
（2023 年 9 月 13 日）

ついて国土交通省中村国道河川事務所に聞き取りを実施したい。また、魚道もコンクリートで脆弱な鮎などの魚類がこのような無機質なコンクリートの魚道を遡上するとは思えない。四国電力によれば「既往の現地調査においてアユの魚道遡上は確認できており、階段に切り欠きを設け、魚道内において流速に差が生まれる構造とするなど、魚類にとって遡上しやすい魚道となるよう考慮している。」としている。従って、魚道の効果についても聞き取り調査や科学文書の提示を求める必要がある。また、アユなどがどの位の頻度で、都合何尾遡上し、それが資源の維持にどれだけ貢献したのか、又、ダムがどれだけ阻害要因になっているかを科学的に検証することが必要である。

　一方でダムからの流水が常に観察される、中平ダムは、特段に特記するべきことはない。

(5) 流向流速
① 津賀ダム湖水流

　流向・流速調査の結果からわかったことは、ダムの中央では、表面でも水深 10 メートルでも、ダム湖内での表面水と水深 10 メートル水流もダムの下流に向かって流れている水流が卓越する。しかし、右岸と左岸とダム湖の北辺では上流に向かって流れる流速が観測される。しかしながらいずれの流速も 1 センチ／秒を超える程度のものが多く、10 センチ／秒を超えるものが観察されない。このことは、通常は 10 センチ／秒を超え（四万十川下流の河口付近）、四万十川の赤鉄橋、広田湾と大船渡湾の 30〜40 センチを記録する海洋の湾流に比べれば、流れが全くないと言える。しかし濁度が高く汚染が進行している四万十川支流の竹島川でも 2.9 センチ／秒から 11.9 センチ／秒である。

　ダム堤体に当たった水流は上流に向かって跳ね返される。流速はおおむね 0.4 センチ／秒である。

4. 9月13日津賀ダム湖調査

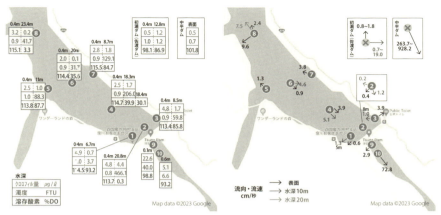

図3 2023年9月13日津賀ダム湖の水質調査：クロロフィル量、濁度（FTU）と溶存酸素（％）資料：一般社団法人生態系総合研究所

図3 2023年9月13日津賀ダム湖の流向流速
資料：一般社団法人生態系総合研究所

②初瀬堰（佐渡堰）と中平堰

　初瀬ダムでは0.8～1.8センチ／秒であり、ほとんど流速はなかった。ただし、水深10メートルでは0.8～19センチ／秒であり、これもほどんど流速がないとみられる。すなわちこのダムは放置され障害物として水流を止めてしまった結果を招いている可能性がある。四国電力によれば使用中で管理しているとのことである。初瀬ダムは梼原川第二発電所として、高知県西部地域の電力供給の約5％を担う。しかし、伊方原発の56万キロワットの供給に比べれば微々たる発電である。電力供給の役割が終期に近づいている。（四国電力の説明）中平堰は堤体の上部を超えて水が流れるように設計されており、この限りにおいて水質は決して悪くはなかったが、堤体・堰提に近づくことが困難であり、堰の内側の堰湖の底質を計測することができなかった。

写真7　中平堰堤体の上を流水する（2023年9月13日）

写真8　中平堰の水利権を説明した札（2023年9月13日）

249

5. 9月13日窪川地区の水質調査

1）仁井田川橋では、2023年2月27日と異なり水流が多く下流に根々崎堰を超えた状態で水流がみられた。濁度（FTU）は137.7FTU（水深0.9メートル）FTUと異常に高かった。水質の悪化が継続しているとみられるが、溶存酸素量（DO）は101.2%を示した。この堰の目的をヒアリングする必要があることを今回も認識したい。窪川町内では一般に濁度（FTU）が高い。吉見川橋が3.7FTU、新開橋が2.7FTUであり、大井野橋が1.3FTUであった。

これはいつもの傾向で窪川町内を流れる吉見川が町内の生活排水と農業の排水で汚染が進行するためと考えらえる。しかし、溶存酸素（DO）が特段問題はないのは河川が水深が浅く常に河川水が大気中の酸素を取り入れているからである。

2）工事が進んだ新開橋下流付近河川敷

目的（後に橋りょう補強工事と説明）がはっきりしない河川敷の工事で四万十川水系の環境が改善されるこ

写真9　水が豊富な仁井田橋下の堰
（2023年9月13日　著者撮影）

図4　2023年9月13日の仁井田川橋、吉見川橋、新開橋と大井野橋（窪川橋）での流向流速、クロロフィル量、濁度（FTU）と溶存酸素量
資料：一般社団法人生態系総合研究所

写真10　水量が豊富な状態にある吉見川橋付近の吉見川（2023年9月13日）

5. 9月13日窪川地区の水質調査

写真11　2022年11月16日
工事は行われず

写真12　2022年5月31日
県須崎事務所が発注

写真13　河川工事が
行われた新開橋
（2023年2月27日　著者撮影）

写真14　河川工事終了後
（2023年9月12日）

とはない。むしろ自然の浄化力や洪水時の水の吸収力を失う。近所の住民も何でこのような工事が必要なのかを疑問視。また、この河川敷から出た工事土砂は別の河川敷のような場所に移動してただ置かれているとの証言もある。これも調査の必要がある。高知県土木事務所の事業と思われる。

写真15　大井野橋から見た比較的水量が
豊かな四万十川（2023年9月13日）

6. 2023年9月12日無手無冠（むてむか）の山本紀子取締役　高知県高岡郡四万十町大正452

写真16　無手無冠の栗焼酎ダバダ火振
（2023年10月9日撮影）

　8月の四万十川シンポジウムの際にお会いして、大変な逸品の「ダバダ火振」栗焼酎をいただいた。これは、国産の栗が50％、麦25％と国産のコメ麹25％を使って醸造したアルコール度が25度の栗焼酎である。人気が高く、製造量も限定してあるので、なかなか手に入らないが、2023年8月5日に窪川地区で四万十川シンポジウムを開催した折にわざわざご聴講にお出かけ下さり、その折に持参いただいた。それを味わうことができた。栗の味がして濃厚で、かつ重かったが一方ですっきりとしたのど越しであった。体にとても良い健康酒であるとの自分なりの評価である。

　親切で有能な女性従業員の勧めがあって、「無濾過純米原酒」を味わった。無濾過によってアミノ酸のいい意味での雑味が残り、それが味わいを醸すので、フランス人の長年の愛好家がこだわっているとの説明をお聞きした。これが本当においしかった。その風味と厚い味わいがあって、それが純米大吟醸酒よりも人気が高いという。せっかくなので純米大吟醸酒もいただいて飲み比べたが、あっさりし、清々しい大吟醸酒の美味しさで無濾過原酒では味わいが全く異なった。

　四代目の酒造・蔵元の女将山本紀子取締役からは、四万十川があるからいい水がある。言い水があるからいい酒ができる。しかし、四万十川は年々悪くなっているとのご心配を聞いた。農業の農薬が川に入ること、そして道路工事がいたるところで行われていることなどをご心配で、これらは四万十川流域の人がみな心配していることでもあるのでもっともと思った。

写真17　株式会社無手無冠の山本紀子取締役と談笑する筆者（2023年9月12日）

　ご主人が亡くなられて、ご主人の意思を継がれて、三男が第5代目の社長にご就任された。女将本人は、高知市内から土佐の地酒を扱う「地酒屋」を発祥の地である旧大正町に移した。ご年配であるが気持ちの大変に若々しい方である。歌舞伎にもご熱心でご贔屓にしている歌舞伎役者がおられる。（了）

2024年1月15日〜17日
四万十川中流域窪川地区、佐賀堰の調査

1. 1月15日の四万十川窪川地区と津賀ダム調査結果の説明

集合者は以下の通り：

 四万十川漁部漁業協同組合　武政賢市組合長（大正町）

         竹本英治氏（幹事）（十和町）

 四万十町企画課四万十川振興室　津野史司室長

 （財）四万一川財団　神田修事務局長

 高知銀行大正支店　山崎洋二支店長

1）2023年9月13日報告書の説明

写真1　左から神田氏、武政組合長、右端は山崎支店長、津野室長と小松（2024年1月15日　四万十町の四万十川財団の入居ビルにて）

　小松から「2023年9月13日の津賀ダムの水質・環境調査報告書に対して四国電力は、津賀ダムの水質が9月13日調査で予想通り悪かった分析については特にコメントはなかった」と説明した。

　「しかし四国電力の梼原川上流のダムの効用と魚道の効用に関してと、武政組合長他との会合で誰がどう言ったのかを明らかにして欲しいと修正の要求があったので修正したが、四国電力の表現に偏る修正箇所は小松のコメントでバランスさせた。ダム撤去などの表現を漁業者が言うのは致し方がないと語っていた。「四国電力が気に掛けるダム撤去の国内と米などの事例は今後も参考のために調査を継続する」と小松から語った。

　・更に新開橋での過去1年余りの工事の推移と工事現場の説明書（写真）を見るとその工事に河川の環境改善に意味があるようには思えないと説明した。

2）討論と意見交換

　武政組合長より、津賀ダムの水質などが悪いこととダムによる土砂の堰き止めが一層本調査で判明したが、ダム下流の梼原川は土砂がせき止められて、川肌が露出し

253

2024年1月15日～17日四万十川中流域窪川地区、佐賀堰の調査

写真2　津賀ダム下流の梼原川：四万十町大正大奈路付近（岩肌がごつごつして小石も砂も見られない 2022年3月12日筆者撮影）

て、ごつごつしている（以下の写真2参照）。これでは、梼原川は今後10年で完全に生物が生きられない川になり死んでしまう。何とかしたい。ついては津賀ダム堤体の下流側の下に砕石を積み上げて、そこに現在、第3発電所の発電に使っている河川維持流量を岩肌に流して、蓄積した砕石の下流への転移を促したいと述べた。

　これに対して、小松から現在の河川維持流量（平成10年から1.15m³）では役に立たない。この水量では、全く現在と同じ状況でありダムの下に置いた砕石は動かない。また土砂は気の遠くなる時間で動くので、水流で砕石が砕けられて土砂がたまるようには、現在の少量に維持放水量ではならないと思う。下流の土砂堆積を促すなら、現在の何倍もの水量の放流が必要で、津賀ダムに導水管を造って下流への流水増を促す必要がある。導水管を造る工事は日本では普通にある技術なので、日本の土木工学の技術をもってすれば、比較的迅速にできるのではと思うと述べた。

　神田事務局長は、徳島県に砕石を積み上げて下流域の砕石土砂の蓄積効果（極めて小規模な事例であると中村河川国道事務所副所長は後日小松に語った）がみられたケースがあるとも聞いたと述べた。

　これに対して、小松から神田事務局長に対して、徳島県の事例調査と、津田ダム下流への砕石を蓄積し放流するアイデアをペーパーとしてまとめていただくとありがたいと述べた。

　新開橋の工事に関して津野室長からは、当該工事は高知県の土木事務所が発注した工事であり、新開橋の下流の橋げたの耐震補強の工事である。四万十町は直接関与していないが更に調べてみたいと述べた。小松から耐震工事では河川敷の盛り土は全く不必要で、却って遊歩道の造成は河川敷を失い、吉見川の環境浄化の機能を失うので、環境にはよくない工事であると述べた。

2. 2024年1月15日佐賀堰湖の水質・環境調査

　2024年1月15日14時53分から、四国電力のご協力を得てダム湖に小舟を出してもらって佐賀堰湖の調査を実施した。定点は7か所設置した。堰堤の内側沿いに3地点、家地川の河口から横に2点を取りその上流に200メートル程度遡り、横に電線風のものを張ってあるところの真下附近に1地点を計測した。堰湖内は6か所。それに魚道の中の1か所の合計7か所で計測した。

2. 2024年1月15日佐賀堰湖の水質・環境調査

1) クロロフィル量、濁度と溶存酸素

計測は、クロロフィル量、濁度（FTU）と溶存酸素（DO）などと流向・流速である。ほかにも当然水温と塩分濃度は計測した。その結果は以下の通りである（図1参照）。

四国電力によれば、2023年11月13日から24日の間にゆっくりと堰を開けて放流をした。その結果は堰湖の上澄みの部分の水質は大変に清浄であり、今回の水質調査にも反映されていた。全ての計測地点で、表面の計測値は濁度（FTU）と溶存酸素（DO）とも良好な値を示した。しかしながら湖底の濁度（FTU）は高すぎた。最高値は家地川の西地点⑤で780.8FTUであり、次いで堰堤左岸の地点③の447.3FTUである。また、右岸の地点①の130.2FTUも高い。これらは堰を開放したにせよ、結局は堰湖の水を流

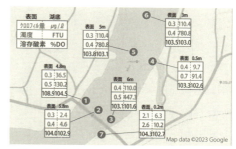

図1 佐賀堰湖の調査、クロロフィル量、濁度と溶存酸素（2024年1月15日午後）

写真3 佐賀堰湖で調査活動中の筆者（右）と四国電力職員（2024年1月15日）

しただけで、積年に蓄積した土砂・ヘドロなどの堆積物はそのまま残ったと考えられる。堰湖の水が下流域の黒潮町の飲料水になっているのであれば、なおさら堆積物・ヘドロの除去の対策が必要である。

2) 流向・流速

特徴的なことは、堰堤のそばの内側ではほぼ水流が止まっているに等しい。通常、河川でも20~40センチ／秒が一般的な流速である。水は流動して、初めて生きた水としての効用を持つ。止水では、次第に酸素が消費され、排泄物や流入物が堆積し、多くの生物と微生物が死んでしまい、水自身も死

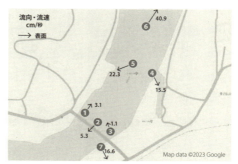

図2 佐賀堰湖の流向・流速調査（2024年1月15日午後）

んでしまうか死に向かう。

　水に流動性すなわち流れを与えることが自然現象・生態系サービス力の継続の上で極めて重要である。佐賀堰の堤体の近くでは表面では流速は1.1センチ／秒から5.3センチ／秒であった。残念ながら水深の深い箇所の計測はしなかったが、地点②（堰体の中心部）で水深が5.8メートルで地点③で6メートルあったので計測をすればよかった。一般に水深が深まれば、表面からの水の重力が加わって、流速が阻害されて流速は低下する。従って堰底、海底と川底には諸物質が蓄積しやすい。

　上流の地点⑤では22.3センチ／秒であり、それより上流の地点⑥では40.9センチ／秒がある。このことは堰提で水をせき止めて水量を確保するが、その機能のために水の流速は低下し水質が低下するという当たり前のことが判明する。

3. 農家の訪問
1）四万十町大正地区の清水只（えい）子さん

　清水只子さんは典型的な小規模農家であり、多種多様な作物を生産する農家（年金収入あり）である。以前は米作を主としていたが、コメの値段が低下して、現在ではコメは最低の作物であると清水さんは語る。コメでは生活ができないので自家用と自分のコメを本当に評価して購入する人にだけこじんまりと生産している。コメは1町7反（170アール）で170万円にしかならないので、生産額を50万円程度でやめている。その代わりしし唐（辛くないもの）を5アールで250万円と青梗菜（チンゲン菜）を80万円（10アール）を生産している。肥料代が2倍かかる。コメでは売り上げの2倍がかかる。しし唐は価格相場はよい。しし唐は害虫があるため、農薬が必要で土壌消毒もいる。

　水源は四万十川からではなく裏山から引いている。自分の農地の上に畜産農家がいないのが本当に幸運である。水が大変に豊かで清浄である。

写真4　清水只子（えいこ）さんと筆者
（2024年1月15日四万十町大正地区）

2）四万十町昭和地区（旧昭和町三島）の土居重光さん

　土居さんは、菜の花畑の維持管理などを四万十町から任せられ、収入は日賃役で生活している。要するに月に何日働いたかでその日数分を日給として町から支給される。

　耕作放棄地となった畑で、菜の花を育成する。春には観光客と近くの三島キャンプ

場を訪れる訪問客の観賞用に耕作する。それで直接の収入があるわけではない。また、時期になると菜花の出荷がある。菜花はつぼみ、若葉を言い、スーパーマーケットでも売られ、食堂でもメニューに供される。

土居さんの話を聞くと生活はどのようにしているのかとの思いがしたが、田舎暮らしでは経費はかからない。都会に出るとか子供に教育を受けさせるとかに現金収入は必要であるが、田舎で自給自足的に暮らすのには生活ができる。ただ、これからの世代を担う農家の育成という観点からは、土井さんのケースにしろ、前述の清水さんのケースにしろ、経済的には到底成り立たない。日本の農業はこのような形でしか残って

写真5　菜の花畑の前で説明をする土居重光さんに質問する筆者（2024年1月15日）

写真6　菜の花畑　　写真7　食用の菜花
（2024年1月15日）　（2024年1月15日）

いないものがいっぱいあるのではないか。国民のために食料を生産する機能が失われつつある。しかし、楽しんで農業をしているようには見えた。

4．2024年1月17日の窪川地区の水質・環境調査
1）仁井田川橋

今回も水量が少なく、川の下流に設置された堰（目的は不明で調査中）がある。写

図3　仁井田川橋クロロフィル、濁度と溶存酸素及び流向・流速（2024年1月15日）

写真8　仁井田川橋の下流の根々崎堰を左岸から見たもの（2024年1月17日）

真で明らかなように水流が停滞し、水が濁り、水質が悪化している。

　この状態では全ての生物と環境にとって好ましからざる状況を作り出している。この堰の建設目的と現在もその目的で堰を必要としているのかを正確に把握することが必要である。流速は0.7センチ／秒であり、全く流れがない状態と一緒である。これでは水質は悪化する。濁度（FTU）は川底で4FTUと高かった。

2）吉見川橋、新開橋と太井野橋

　吉見川橋はほぼ水流がなく、流速は0.6センチ／秒とほぼ止まった状態であった。その結果、濁度（FTU）が50.2FTUとかなり高い値を示した。着底したので高い値になったが、それでも高い。

　新開橋は濁度が川底で2.9FTUと高かった。

　　写真9　吉見川橋からの眺め　　　　　写真10　新開橋付近の工事

　河川での工事が引き続き進行していた。今回は新開橋の下流の橋梁の補強工事をしていたが、左岸の脇の氾濫原を道路に戻すのは河川の環境保全上は、伏流水の流れを抑止し問題である。河川環境保全の視点を持っていない。太井野橋での計測値はクロロフィル量も過大であったし、濁度（FTU）も表面が6.1FTUで川底（水深0.1メートル）が42.2FTUであり、かなりヘドロが堆積しているとみられる。吉見川橋に匹敵する悪さであり、四万十川本流ではあるが、水深が1メートルの水量しかないとは渇水状態が継続しているものと考えられる。

　窪川地区ではすべての河川：仁井田川、見附川（吉見川）と四万十川の本流のいずれにも水量が乏しく、その結果、流れも滞り、停滞し、水質が悪化している。近年の渇水は継続して生じており、計測値からは四万十川の中流域の水質と環境は年々悪化しているように類推される。

5. 2024年1月17日 四万十町の生姜農家 ㈱佐竹ファームの訪問（再訪）

佐竹ファームは2021年11月10日に訪問して、生姜と米を栽培する佐竹ファームの佐竹幸太専務から生姜栽培の話を伺っていた。また、佐竹専務は2023年8月5日に開催された四万十川シンポジウムに講師の一人として参加した。2024年1月17日の再訪が実現した。

写真11　左から筆者、佐竹幸太・佐竹ファーム専務と百田幸生高知銀行窪川支店長
（2024年1月17日）

(1) 佐竹幸太専務は、できるだけ農薬：クロロピクリン（第一次世界大戦中に毒ガス兵器として使われた。日本では土壌くん蒸剤として土壌の殺菌と殺虫用に使われている。激薬物に指定される）などを使わない生姜農業に持っていきたい。そのためには生姜生産の連作をやめる必要があり、コメを交えた栽培としたい。しかし、2年の間隔では生姜を再度栽培した場合にはどうしても根茎腐敗病（茎、塊茎、根と幼芽に水浸状の腐斑を生じて茎はかっ色に変色する。）が多少の水：雨でも発生してしまう。そのためには畑に水が停滞する量を削減することであると考えており、米作の時期でも、水を減らすことができれば、米作から生姜に転作した折にも生姜の根茎腐敗病の発生が抑えられないかと推定している。

水を使わないで米作を行う方法を、乾田で稲作をしている農家から勉強しながら、自分でも試行しているところであるが、成功した暁には生姜にも良い効果があると期待している。また、根茎腐敗病は人間には害であるが、自然の摂理からす

写真12　生姜と稲作農場
（2024年1月17日）

写真13　取水路、同日

2024年1月15日～17日四万十川中流域窪川地区、佐賀堰の調査

れば、バクテリアが茎と根を腐らして土に返すので、これはバクテリアの機能としては当然であり、人間の都合で勝手に、病気であると判断しているのは身勝手である。

農業用水は四万十川ではなく、地殻の山側の水脈から隣の農業集落と共同して引いている。それを圃場の近くで分離して使用している。従って取水路や排水路にNBSの概念を入れた手を加えるに際しては、関係者の合意を得る必要がある。また、自家用

写真14 排水路は雑草に隠れて奥が見えない同日

の取水は自宅の裏の山からの地下水を利用している。

自分の圃場・畑を3分割して、自分（佐竹孝太専務）の責任で耕す箇所、両親の担当と従業員の担当か所でそれぞれ、やり方度考えた異なるので自らの責任で耕作してもらうことにしたその方が、各自の責任が芽生えると考える。

(2) 小松より、むしろきれいな流水は多少生姜栽培時に存在しても却って良好な働きをするのではないか。また、根茎腐敗病といっても汚濁した水が停滞して発生するのではないかと推定できないか？だとすれば、清浄で栄養分が豊富な水量の水流を如何に確保し、供給するかに拠るのではないか。

2021年の11月にも申し上げた通り、四万十川に排水をそのまま流すのではなくて、ＮＢＳの考えを入れて、排水路のコンクリートの3面張りを土の畔にして、そこに微生物と植物が繁殖し、その力を活用して過剰肥料と農薬の分解を促進して、その後に四万十川に流すことが四万十川の水質改善に必要である。また、取水路もコンクリートの3面張りであり、これも植物相が繁茂する生態系サービス活用の取水路にすると水質が改善し、むしろ根茎腐敗病などの病気予防などにも貢献しよう。

更には圃場の内部にも、小さな湿地帯を造成して、そこを通して水を供給すると、良質の水がその後の圃場に供給されるのではないか。また、排水の浄化対策になるのではないか。1年後には再々度訪問して佐竹専務の取組がどこまで進展したかについて、お話を伺いたい。

2023年11月には、豪のマルーン・ファームの良質の水量確保対策を視察してきた。流れを堰で一部堰き止めるが水流は継続し、結果的に地下水量のレベルを上げて、農業の灌漑用と育成用に貢献している。この時の報告書を送るのでご参考まで。

(3) 佐竹専務は、今後も勉強を継続しながら、有機的な、農薬を使用しない生姜農業に代えていく努力をしたい。

　農薬を佪用しないことは結局土壌にもよく、土地力を向上するので、長期的な農業生産にも好ましい。どこまでできるかは、やってみないと分からないが、努力したい。取水路と排水路に手を付けることは、関係者との話し合いが必要であり、いずれは切り出してみたい。

　また、小松先生が海外に視察に行かれる際には自分も同行したいのでぜひ声をかけていただきたいと述べるところがあった。

2024年1月16日 四万十川下流域と黒尊川、西土佐地区広見川、奈良川と三間川調査

1. 調査結果概要

鍋島の船着き場に午前8時に到着し、2023年9月の下流域と津賀ダムの調査結果について、四万十川下流漁業協同組合の山崎清実理事と山崎明洋理事に説明をした。彼らも津賀ダムの水質の悪化が問題であるとの認識で一致した。しかし、砕石を津賀ダム堤体の下において放水しても水量が大きく増大しない限り、現在の維持放流量では下流には土砂がたまらないとの意見で小松と一致した。

写真1 鍋島の入江・船溜まりにて山崎清実氏と山崎明洋氏と調査地点の打ち合わせをする筆者
（2024年1月16日）

今回の下流域の調査は、土佐湾に面する四万十川の河口域の下田港内とアオサノリの養殖場への影響を理解するための計測を河口域で実施する。そのために赤鉄橋と渡川大橋での調査は割愛し、後川の上流部の調査も割愛した。

その結果、下田のアオサノリ養殖場は濁度（FTU）が高く、ノリの生育環境としてはよくないことが、これまで通り判明した。また土佐湾の河口域のデータも湾口の中心地の地点①、初崎寄りの地点②の濁度FTUがそれぞれ87.8FTUと10.8FTUと極めて高かった。これらの数値は2023年2月28日の計測値の濁度（FTU）に比較して悪化した。（地点①は0.3FTUで地点②は0.7FTUであった。）下田地区のアオサノリの養殖場でも中央部分では、濁度が112.9FTU（2023年2月28日は121.5FTU）であり、双方とも悪い。しかしそれ以外は、下田養殖場内ではFTUが一桁であったが、今回は地点⑥で55.6FTUを記録し、下田港付近でも濁度が3.5FTUから6.7FTUと2倍となった。冬としては、先回も高い値で、今回は更に上回った値である。養殖場内と土佐湾の河口とも水質悪化を示している。

1）連続水温のデータ取得に失敗

連続水温については、9月の時点では調査の時間が迫り、引き揚げなかったが、2024年1月16日に引き継いだ。記録値を見たが、途中から計測値が記録されていなかった。

2）下流域：竹島川下流の下田地区で濁度（FTU）が高い値

特に竹島川の橋の下で調査を実施し、国営農場からの汚染の実態を更に調査した。夏は、濁度（FTU）がきわめて高いのが当然だが、冬場の値を2023年2月と比較す

ると悪化傾向がみられた。上流に行けば濁度（FTU）が高まる。この傾向はいつ計測しても変わらないので下田の養殖場への影響は、ほぼ国営農場からの汚染水と断定しても誤りがない。

同様に津蔵渕川と中筋川の汚染が、津蔵渕の養殖場のアオサノリの養殖に影響を及ぼしていると考えて差支えない。中筋川の四万十川大橋の麓では濁度が41.0FTUであり先年2月28日の47.9FTUと変わらない。津蔵渕川（地点⑦）では濁度（FTU）が316.0FTUと極めて高い値であった。これは一年前では1.4FTUであった。また、津蔵渕アオサノリの養殖場では40.4FTUであり、昨年は3.1FTUであった。

津蔵渕川と海苔養殖場と中筋川の四万十大橋下でも高い濁度（FTU）を観測した。これらの傾向はこれまでの計測値を更に大幅に更新した。四万十川水系の汚染・汚濁の悪化が急速に進んでいると懸念される。後川でも四万十川との合流点で4.8FTU（2023年2月28日は2.1FTU）、中央排水施設の排水口は69.9FTU（先年は2.6FTU）と急速に悪化している。

3）溶存酸素量に関しては下流域の多くの地区も90％〜100％を超える良好な値を示した。

4）山崎清実氏によれば下田地区の竹島川のアオサノリ養殖場の種付けは実施。2024年に収穫は望めないが、何もしないわけにもいかない。作付け者は半分以下に減少している。津蔵渕の養殖場では1人に減少した。

後川の中央排水場付近では、69.9FTU（水深1.7メートル）ある。そして、今回も塩素系化合物の悪臭が感じられた。至急に塩化化合物の除去対策が必要である。

2. 調査の体制

今回の調査も調査リーダーは小松正之並びに調査のアシスタントは阿佐谷仁調査員である。

四万十川下流域の調査では、調査に乗船した山崎明洋氏：四万十川下流漁業協同組合と山崎清実氏が参加した。

西土佐と広見川水系では四万十川漁業協同組合連合会長であり、四万十川西部漁業協組合長の金谷光人氏が経営する㈱竹村綜合開発の成川晃祥氏に、広見川水系を案内していただいた。

広見川水系の調査日程の調整と四万十町大正地区と昭和地区の農家との調整などに関して高知銀行大正支店長山崎洋二氏にお世話になった。窪川地区の生姜農家アレンジには高知銀行の百田幸生窪川支店長にお世話になった。厚く御礼を申し上げたい。

3. 調査の目的
河川環境把握と汚染とその原因の推定

　2023年9月の調査から第3年度に入ったので、2021年度と2022年度の下流域調査と窪川地区での調査結果と2023年度（2024年1月を含む）の比較が可能となって、四万十川の汚濁・汚染を含む水質・環境の変化がより鮮明に理解できるようになった。

　今回の調査結果から①国営農場からの汚染水が流れ込む竹島川の水質の悪化②河口域の水質の悪化③後川の都市下水排出での水質の悪化が分かった。都市下水の塩素系化合物を添加した後の排出は、四万十市のみならず日本全国の都市下水場からの排出の問題である。

4. 調査の結果
1）下流域
(1) 溶存酸素量（DO）

　冬場では溶存酸素量（DO）は比較的高い値を占める。表面でも川底でも概して100%を超える値である。最も低かったのは津蔵渕の表面の92.5%であった。

(2) クロロフィル量（μg/ℓ）

　概ね表面水では0.3～1.2μg/ℓと低い。汚染が進んでいる津蔵渕以外は表面では1.0μg/ℓを下回る。川底では汚濁に比例してクロロフィル量が増大する。その典型的な例が津蔵渕川の川底の326.4μg/ℓである。中央排水口の15.8μg/ℓとアオサノリの養殖場（地点⑤）の25.5μg/ℓが極端に高いが、これは汚濁物質を植物プランクトンがクロロフィル量として構成するからと推測される。地点⑤は汚濁の進行が著しく、アオサノリの養殖場の環境にはとても適していないと考えられる。

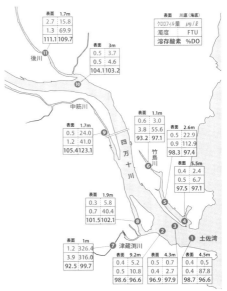

図1　2024年1月16日四万十川下流域のクロロフィル、濁度と溶存酸素

(3) 濁度（FTU）

注清浄水の FTU は 0.3FTU である。

　濁度（FTU）は中筋川、後川、本流と竹島川のいずれも高い。特に川底の値が高い。中央都市排水場付近では、川底は 69.9FTU（水深 1.7 メートル）で正常値の 230 倍で異常に高く、塩素系化合物（次亜塩素酸（$HOCl_2$）であると考えられる）による悪臭がいつものように調査員に感じられた。塩素は人体にとって有害である。日本では、塩素ガスに対しては 0.5ppm と定められるが次亜塩素酸に対する基準値は定められていない。

　今回の計測で最も濁度（FTU）の値が悪かったのは津蔵渕川（地点⑦）の 316.0FTU である。清浄水の 1000 倍の汚濁度である。また、竹島川下流のアオサノリの養殖場の内部（地点⑤）で 112.9FTU であり、清浄水（0.3FTU）の 300 倍の汚濁度であり、その上流の国営農場の下流の竹島橋の下に存在する地点⑥では 55.6FTU で清浄水（0.3FTU）の 160 倍である。国営農場に近付くにつれて汚濁度が増す傾向にある。また、今回の計測値では、これまでは低かった冬でも濁度（FTU）が年々高くなる傾向がある。汚濁は、すなわちアオサノリの不作の明快な原因の一つは国営農場であると断言できる。

写真 2　中央排水処理場の排水口付近の後川
塩素化合物の臭いがする（2024 年 1 月 16 日著者撮影）

写真 3　四万十川本流から見た竹島川沿いの
　　　　国営農場（2024 年 1 月 16 日）

　津蔵渕の養殖場でも 40.4FTU（水深 1.9 メートル）で、津蔵渕川の値 316.0FTU と合わせて、いずれもかなりの汚濁度の高さである。これでは養殖場としては不向きである。

(4) 流向・流速

　流向・流速調査は、今回 1 月 16 日は満潮が午前 9 時 53 分で、干潮が午後 15 時 53 分であったが、午前 9 時 10 分に河口域に到達して実施した。この時間から午前 9 時 53 分までは上げ潮時の調査で、その後は下げ潮時の調査となった。地点①の土佐湾に近い河口と初崎の地点②並びに下田漁港そとの地点⑩では特に特徴的なものは観測されなかった。表面の流速は河口域 18〜20.5 センチ／秒と下田養殖場内 19.0〜19.6 センチ／秒ともほぼ同様な値であった。

しかし、竹島川の上流では7.2センチ／秒と流速が低下する。津蔵渕川のそれは5.8センチ／秒であり、一般に流速が遅いと濁度（FTU）が高い傾向がみられる。もっとも速い流速は後川と本流の合流地点（地点⑩）であり、

51.7センチ／秒であった。また、中央都市下水処理場の排水口では26.2センチ／秒であった。通常の速さである。

（5）アオサノリ養殖悪化の原因は何か

アオサノリの2023/2024年度漁期の育成状況は全くよくない。作柄は目視観測で葉状体の長さは2～3センチ程度とみられほぼ収穫が見込めない（山崎明洋氏）。

本流右岸の対岸の小学校の跡地を利用したアオサノリないしは、スジ青ノリの養殖を手掛けることを取り組みたい意向であるが、6月からは下流組合長が改選され、執行部に変更がもたらされ山崎明洋氏から沖辰巳氏に変わったので、この話も現在は停滞状態である。

（6）アオサノリの養殖場と河口との比較

山崎明洋前組合長から、下田漁港がある左岸に沖に延びる護岸堤が30～40年前に完成してから、河口域と下田湾内で滞留していた外洋起源の砂が河口と下田港口に一切蓄積しなくなった。それで河口域の砂州が消失してしまった。その結果、砂州があれば緩やかに海水が流入していたが、現在ではそれがないので一気に海水が入り込む。

外洋水が直接下田港と養殖場に流入することが強くなった。その結果アオサノリの養殖に好適な汽水域の塩分濃度（15～25‰）を更生する時間が短くなって、汽水である以上に海水に近くなったのではないか。

両方の地点とも水深1.5メートルに躍層がある。しかし、塩分躍層15～25‰が全く存在しない。地点①では表面で28.8‰であり、地点③では

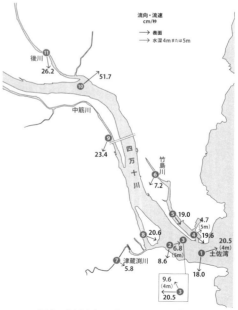

図2　2024年1月16日の四万十川下流域の流向・流速

4. 調査の結果

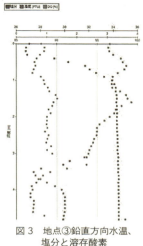

図3　地点③鉛直方向水温、
塩分と溶存酸素

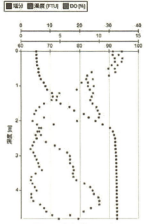

図4　地点⑤の同左

31.6‰、地点⑤では31.1‰である。これではアオサノリ養殖の好適な塩分の躍層が全く存在しないこととなる。

2）汚かった黒尊川

黒尊川はきれいな川であると聞いていたが、私たちの調査の結果は、その前評判とは全く異なる結果となった。黒尊川と四万十川本流の合流点は、水不足で黒

写真4　竹島川下流のアオサノリ養殖場
海苔養殖の杭と緑の数センチの葉状体が見える。
（2024年1月16日撮影）

尊川の水が全くなくなっており、地下に河川水がもぐってしまう状態となっていた。

下流域の計測は天皇橋（地点①）から計測した。一見清浄な川に見えたが、計測値を見ると川底の0.3メートルでクロロフィル量が19.0μg/ℓと高く、濁度が39.4FTUもあった。そこから上流に20分ほどさかのぼると土手があり、そこを下って計測した。一見きれいであったが、足を入れると滑り、小石の表面は小さな綿状の繊維のような微生物が付着していた（地点②）。

これで、汚濁も進んでおり、濁度（FTU）は65.7FTUとかなり高い値であった。更に上流の玖木橋の上から計測したが、これも濁度（FTU）が67.5FTUと極めて高かった。これを反映してクロロフィル量も32.8μg/ℓであった。

このように四万十川の他の地域にみられない汚濁度合であるが、その原因は、地元の人に尋ねてもわからない。唯一の反応は水量が少ないことではないかとのこと。

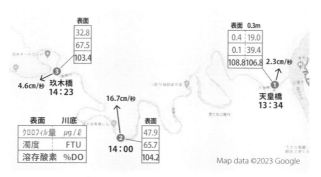

図5　2024年1月16日黒尊川中・下流域のクロロフィル、濁度、溶存酸素と流向・流速

写真5　干上がってしまった黒尊川と四万十川本流との合流点（2024年1月16日）

写真6　黒尊川の中流地点②
一見きれいだがぬめりあり（2024年1月16日）

　これはその通りである。しかし、そのほかの理由が存在しよう。次回も黒尊川での計測を実施する。できるだけ黒尊川の上流のほうまで遡上し、上流の水質の状態を測定したい。

　また流速も下流の地点①と玖木橋の地点③では 2.3 センチ／秒と 4.6 センチ／秒であり、流れがないのとほぼ同様であり、これでは河川の水質が悪化するのは当然である。

3）広見川水系：奈良川と三間川

　広見川水系の広見川、奈良川と三間川はどの計測点をとっても汚濁度合が極度かつ深刻に進行しているとみられる。

　西が方の沈下橋付近は、濁度が 49.4FTU、松野町の「虹の森」公園前は 40.6FTU である。三間川の宮ノ下も 19.1FTU であった。

　最も汚濁度合がひどかったのは金谷光人組合長がリッパー掘削をかけた奈良川である。農業用とみられる堰が多数存在し、水枯れ状態である奈良川の架橋下で、濁度（FTU）は 140.3FTU であり、広見川水系の計測値としては最も汚濁度が進行して

4. 調査の結果

図6　広見川、奈良川と三間川のクロロフィル、濁度と
溶存酸素と流向流速（2024年1月16日）

写真7　西が方の沈下橋で、㈱竹村綜合開発の
成川晃祥氏と高知銀行大正支店山崎洋二支店長と。
（2024年1月16日）

写真8　リッパー掘削をかけた奈良川と堰
堰が水流と土壌流を止めている
（2024年1月16日）

いた。クロロフィル量は372.8μg/ℓという高い値である。この奈良川は渇水状態であり、ほとんど水が流れていない。これでは濁度（FTU）が高くなり、沈殿物もヘドロ化していよう。リッパー掘削をかけたが、まず水量がないこと、前後に無数の堰が存在し、これらが水と土砂・土壌の流れを阻害していることが課題である。

　鬼北町役場から、奈良川の堰の役割と建設の経緯並びに今後の水質対策などについて、説明を受ける機会を得ることが重要で、金谷光人組合長にこの点を相談することとした。（了）

おわりに

小松正之

科学的読み物としての出版

　一般社団法人生態系総合研究所は、2015年5月13日に設立され、10周年を迎え、四万十川での国際NBSシンポジウムを開催します。

　このシンポジウムに合わせて四万十川とNBSについての理解を深めていただくことを目的として出版に至ったのが本書です。従来の四万十川に関する出版物が歴史的かつ文化人類学的で、読み物として物語調であったものを本書は科学的な内容とした初めての出版です。その意味で四万十川の水質と生態系などを科学的かつ客観的に眺めることができます。

米国の例をふんだんに

　また、米国におけるNBSの事例がふんだんにあり日本との比較対象が可能なことも本書の特徴であります。

　2023年4月から5月には、米国ホワイトハウス環境クオリティー委員会(CEQ)、メリーランド州政府とスミソニアン環境研究所(SERC)他を訪問し、NBSの現場を多数視察しました。8月には四万十川シンポジウムを四万十市と四万十町で開催し、「四万十川決意表明」を採択し、将来の清流への復活への決意を新たにしました。

四万十川の清流を復活させる

　1983年に「NHK特集　土佐・四万十川〜清流と魚と人〜」で「最後の清流」として放送され四万十川は一躍脚光を浴びましたが、現在では、河川環境の悪化に住民が総じて懸念し、改善策をとる必要を強く意識しています。土砂の流出、水量の極端な不足、水質の悪化と漁業資源の大幅な減少とトンボなど水生昆虫の激減など目に余る現状が住民の多くからも心配されています。

　四万十川は河川が氾濫し、旧中村市などが何度も水害に見舞われました。このために河岸工事やダムの建設が盛んに行われましたが自然が壊されました。また、農業と都市化・工業化が原因で汚染も進みました。自然が人間に、恵みを遮断しその提供をやめてしまい、かつ住みづらくするような現状は、自然が

人間に報復をしていると思えます。

　四万十川水系の津賀ダムと佐賀堰についても環境保護と自然生態系との調和の観点が今後ますます必要です。現状のままの存続はあってはなりません。

　四万十川の再生には、科学的情報と科学的根拠に基づく四万十川の科学的評価そしてそれに基づくNBSの導入が最も効果的です。

海外研究機関と大学との連携活動

　2023年4月から5月には米ホワイトハウス環境クオリティー委員会（CEQ）とメリーランド州政府を訪問し、チェサピーク湾沿いのNBSの現場を多数視察しました。また、メリーランド州政府のスーザン・リー州務長官と山口壮元環境大臣並びに鶴保庸介元国務大臣との間でNBSに関する協力合意を締結しました。

　これを受けて2025年3月に四万十川NBS国際シンポジウムが開催されます。今後は国連食糧農業機関（FAO）と豪マルーン農場（NBSの実践農場）との関係も深まる予定です。

謝辞

　本書を作成し、出版するに際しては、国内と国外の数多くの方々と政府関係者と科学者ならびに民間活動家に多大なるご協力をいただきました。ここに全員のお名前は列記できませんが、私の有能なアシスタントとして、本書の構成と校正に尽力をして頂いた、阿佐谷（山本）仁氏と中村智子氏に心からの謝意を表します。また、四万十川調査では種々のアレンジをご提供いただいた高知銀行の田村忍常務、百田幸人窪川支店長、青木幹人中村支店長他の皆様に感謝の意を表します。四万十市農林水産課の岡田圭一課長補佐、四万十町の四万十川振興室長津野史司氏、四万十川漁業協同組合連合会の金谷光人組合長、四万十川下流漁業協同組合の山崎清実理事と山崎明洋理事と神田修公益財団法人四万十川財団事務局長にも御礼を申し上げます。

　最後に、本出版を実現する労をとっていただいた（株）雄山閣の宮田哲男社長と編集と校正に尽力していただいた八木崇氏に心より感謝の意を表します。

　何とぞ、今後ともご指導ご鞭撻のほどよろしくお願い申し上げます。

敬具

■編著者紹介

小松正之（こまつ まさゆき）

1953年岩手県生まれ。水産庁参事官、独立行政法人水産総合研究所理事、政策研究大学院大学教授等を経て、一般社団法人生態系総合研究所代表理事、アジア成長研究所客員教授。FAO水産委員会議長、インド洋マグロ委員会議長、在イタリア日本大使館一等書記官、内閣府規制改革委員会専門委員を歴任。鹿島平和研究所「北太平洋海洋生態系と海洋秩序・外交安全保障に関する研究会」主査、「天然循環水とNBS研究会」主査、「スウェーデンと日本気候変動協力プロジェクト」主査。日本経済調査協議会「第三次水産業改革委員会」委員長、「新海洋生態系捕鯨検討委員会」委員長。2025年4月から「第4次水産業改革委員会」委員長（予定）

著書に『クジラは食べていい！』（宝島新書）、『国際マグロ裁判』（岩波新書）、『日本人の弱点』（IDP新書）、『宮本常一とクジラ』『豊かな東京湾』『東京湾再生計画』『日本人とくじら 歴史と文化 増補版』『地球環境 陸・海の生態系と人の将来』『地球環境 陸・海の生態系と人の将来 世界の水産資源管理』『日本漁業・水産業の復活戦略』（雄山閣）、『自然活用の水辺再生プロジェクト2021〜2023年度報告書』など多数。

2025（令和7）年1月25日　初版第一刷発行　　《検印省略》

四万十川の現在と未来
─水と生き物の再生に向けて─

編著者	小松正之
発行者	宮田哲男
発行所	株式会社 雄山閣

〒102-0071　東京都千代田区富士見2-6-9
TEL：03-3262-3231(代) ／ FAX：03-3262-6938
URL：https://www.yuzankaku.co.jp
e-mail：contact@yuzankaku.co.jp
振 替：00130-5-1685

印刷・製本　株式会社 ティーケー出版印刷

©KOMATSU Masayuki 2025
Printed in Japan

ISBN978-4-639-03016-4　C3030
N.D.C.660　272p　21cm

法律で定められた場合を除き、本書からの無断のコピーを禁じます。